中国珍贵气象档案

（第一辑）

中国气象局气象档案馆◎编

气象出版社
China Meteorological Press

《中国珍贵气象档案（第一辑）》

编委会

主　　编：肖文名

副 主 编：张　强　孙英锐

编写人员：兰　平　王　妍　鞠晓慧　范邵华
战云健　陈东辉

序言

气象档案作为记录中国气象事业发展脉络的珍贵史料，不仅记录天气，也记载了中国气象的发展历程，是气象文化的重要载体。用好中国气象局气象档案馆的馆藏资源，深化气象档案数据信息的利用，加强气象人文科技历史的发掘，弘扬气象文化，传承红色基因，强化气象优良传统和作风的传承与教育，是新时代气象档案人的光荣职责和使命。

今年是中华人民共和国成立七十五周年，也是新中国气象事业七十五周年。《中国珍贵气象档案（第一辑）》（以下简称《珍贵档案》）的编辑出版，不仅是对新中国成立七十五周年的深情献礼，也是对新中国气象事业七十五周年的深切祝福。今年同样是国家气象信息中心成立二十周年，《珍贵档案》的编辑出版，可以说是国家气象信息中心推进气象科技能力现代化与社会服务现代化的具体成果展现。

习近平总书记指出，档案工作存史资政育人，是一项利国利民、惠及千秋万代的崇高事业。而通过本次编辑出版的《珍贵档案》，我们得以窥见中国气象从明清时期到新中国初期的历史印记。书中不仅收录了 1849 年俄国东正教会建立“地磁气象台”的档案记录以及 19 世纪中叶保存较完整的海关气象观测原始记录，同时记录了中国近现代气象事业发端及延安时期开始的人民气象事业早期历史，也收录了部分近现代气象事业开拓者的手迹和著作。这些珍贵的档案如同一部生动的历史长卷，让我们深刻感受到中国近代社会的深刻变革和气象事业的孕育发展。随着全国珍贵气象档案分级鉴定工作的有序推进，更多的历史记忆将被唤醒，更多的气象故事将被传颂。未来，希望气象档案工作立足新发展阶段，鼓足干劲、再接再厉，继续推出优质档案编研成果，从不同角度挖掘气象档案的业务价值和文化价值，为推进气象高质量发展、服务国家和人民做出更大的贡献！

2024 年 8 月

导读

明清时期

001-033

明清时期是我国近代气象观测体系建立的初始阶段，也是气象观测从目测描述向定量器测的转变阶段。这一时期的很多档案资料是西方传教士和教会利用近代气象观测仪器观测形成的原始记录和整编出版物。观测地点设在我国多地的海关和教堂。明清时期最具代表性的珍贵气象档案主要有“海关气象观测月总簿”“天主堂观测资料”等。

抗日战争时期

民国时期是我国气象事业逐步走向自主发展的时期，相继设立了“中央观象台”和“国立中央研究院气象研究所”。这一时期全国测候站网得到了蓬勃发展，除了北洋军阀外，地方政府、高等院校、民间也相继设立了气象观测台（站）。中国气象局气象档案馆馆藏这一时期的珍贵气象档案非常丰富。

035-091

民国时期

093-109

抗日战争时期，许多气象台（站）遭到破坏或停止工作。中华民国政府为此临时成立了航空委员会气象总台，综管全国各地气象台（站）的技术督导。由于连年战乱，造成了大量珍贵气象档案损毁、遗失。

其他

123-157

中国气象局气象档案馆还藏有各历史时期的观测规范、规程、手册，以及《兰州雷雨纪要》《中国降雹调查》等灾害天气记录资料。

解放战争时期

解放战争时期，中共中央军委在延安清凉山成立气象训练队，培养了共产党八路军第一批气象工作者，先后接收或建立了各种气象观测站 100 多处，在中国东北地区建立了气象台（站）网。1950 年以后，全国气象台站统一由军委气象局和各大军区气象处管理和建设。

111-121

序言

明清时期 001-033

民国时期 035-091

目录

抗日战争时期 093-109

解放战争时期 111-121

其他 123-157

后记 159

明清时期

明清时期是我国全面开展气象活动的初始阶段，也是气象观测体系建立阶段。中国气象局气象档案馆馆藏这一时期的档案有数千余卷。其中，19 世纪中叶西方传教士在我国沿海地区建立了 60 余个海关观测站，留下的各类气象观测记录至今已有一百多年的历史。这一时期，先进的气象科学理论和观测仪器传入中国，存留的宝贵原始气象观测记录为后人研究我国气候变化提供了宝贵资料。

《越缦堂日记晴雨录》

档案内容简介：

康熙十六年（1677 年），清朝政府在北京地区多地设立了观测点，将观测结果记录成册。据《清会典》记载，钦天监掌观天象，设观象台于京城东南隅，凡晴、雨、风、云、雷、霓、晕、珥、流星、异星皆察而记之。晴、明、风、雨按日记注，汇录于册，称为《晴雨录》。中国气象局气象档案馆存有一册民国时期的《越缦堂日记晴雨录》（手抄本），记载了从同治二年（1863 年）至光绪十五年（1889 年）逐日晴、雨、雷雨、雪、大风天气情况，还有当天出现的月食、月晕、日食、虹、黄沙、暴风、黄晦、黄霾、雷、雹、霰、霜、雾、霓以及地震、物候等现象，观测要素之详细、记录内容之完整实属罕见。

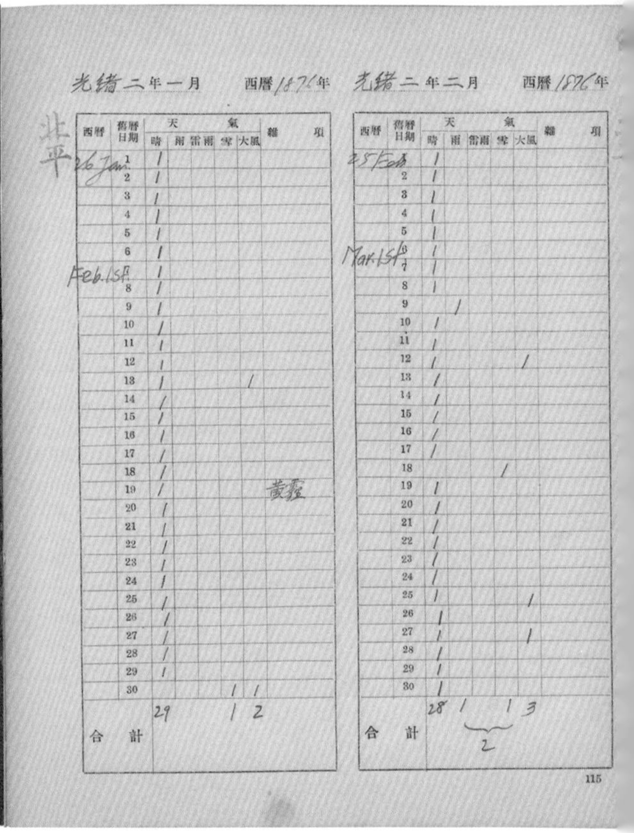
北平

光绪二年一月　西曆1876年

西曆	舊曆日期	晴	雨	雷雨	雪	大風	雜項
26 Jan.	1	/					
	2	/					
	3	/					
	4	/					
	5	/					
	6	/					
Feb.1st	7	/					
	8	/					
	9	/					
	10	/					
	11	/					
	12	/					
	13	/				/	
	14	/					
	15	/					
	16	/					
	17	/					
	18	/					
	19	/					黄霾
	20	/					
	21	/					
	22	/					
	23	/					
	24	/					
	25	/					
	26	/					
	27	/					
	28	/					
	29	/					
	30				/	/	
合計		29			1	2	

光绪二年二月　西曆1876年

西曆	舊曆日期	晴	雨	雷雨	雪	大風	雜項
25 Feb.	1	/					
	2	/					
	3	/					
	4	/					
	5	/					
Mar.1st	6	/					
	7	/					
	8	/					
	9		/				
	10	/					
	11	/					
	12	/				/	
	13	/					
	14	/					
	15	/					
	16	/					
	17	/					
	18				/		
	19	/					
	20	/					
	21	/					
	22	/					
	23	/					
	24	/					
	25	/				/	
	26	/					
	27	/				/	
	28	/					
	29	/					
	30	/					
合計		28	1		1	3	
			2				

115

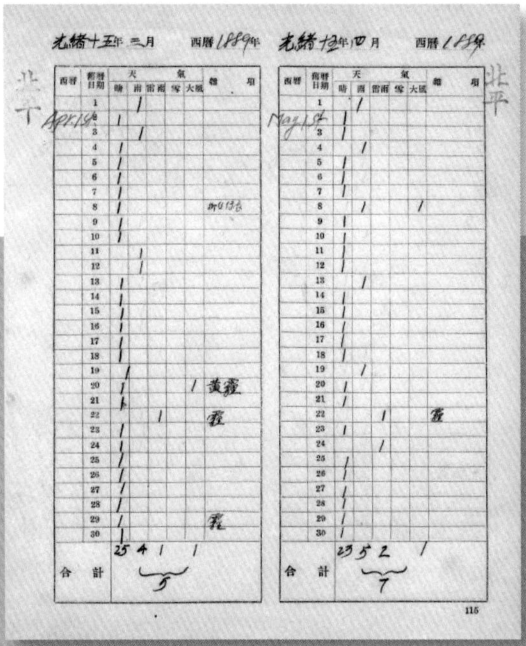

《越缦堂日记晴雨录》（民国时期手抄本，原件保存在中国第一历史档案馆）

1863—1889年

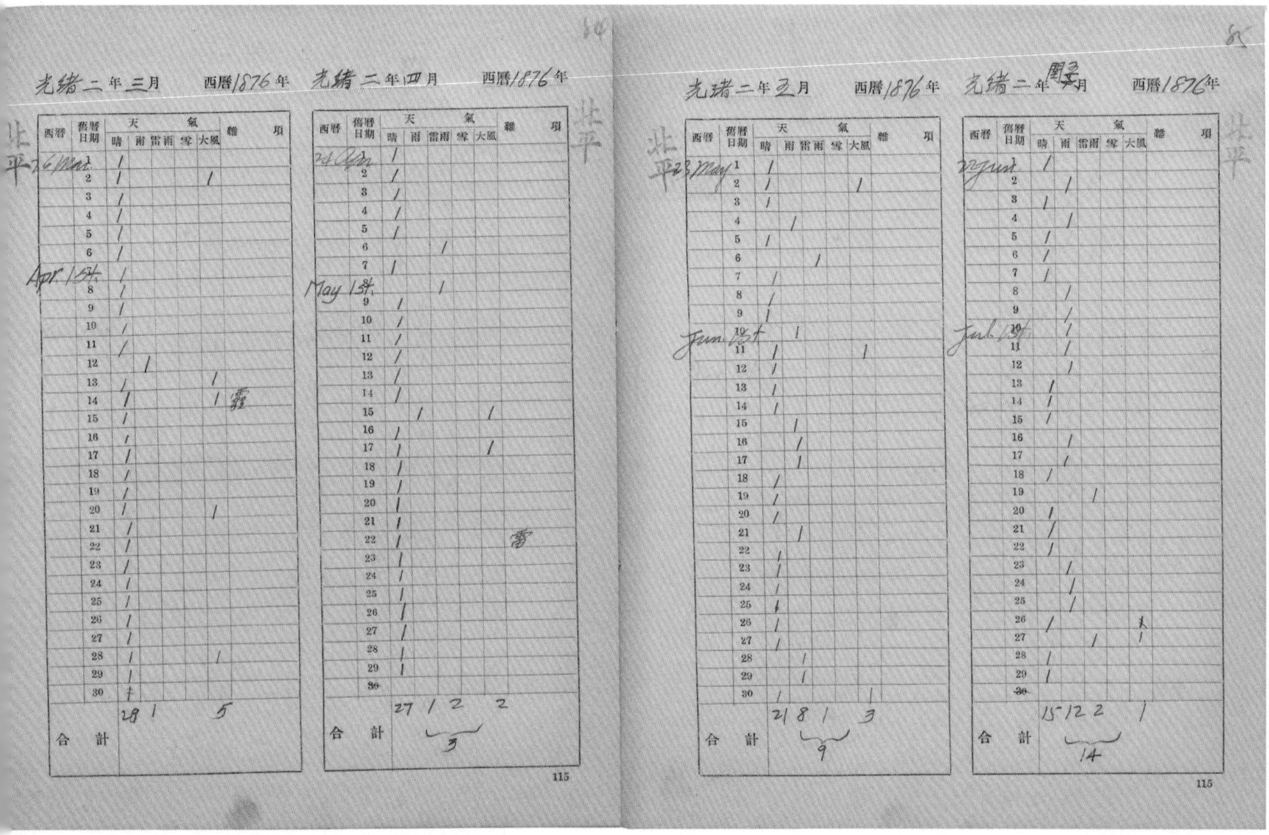

海关气象观测月总簿

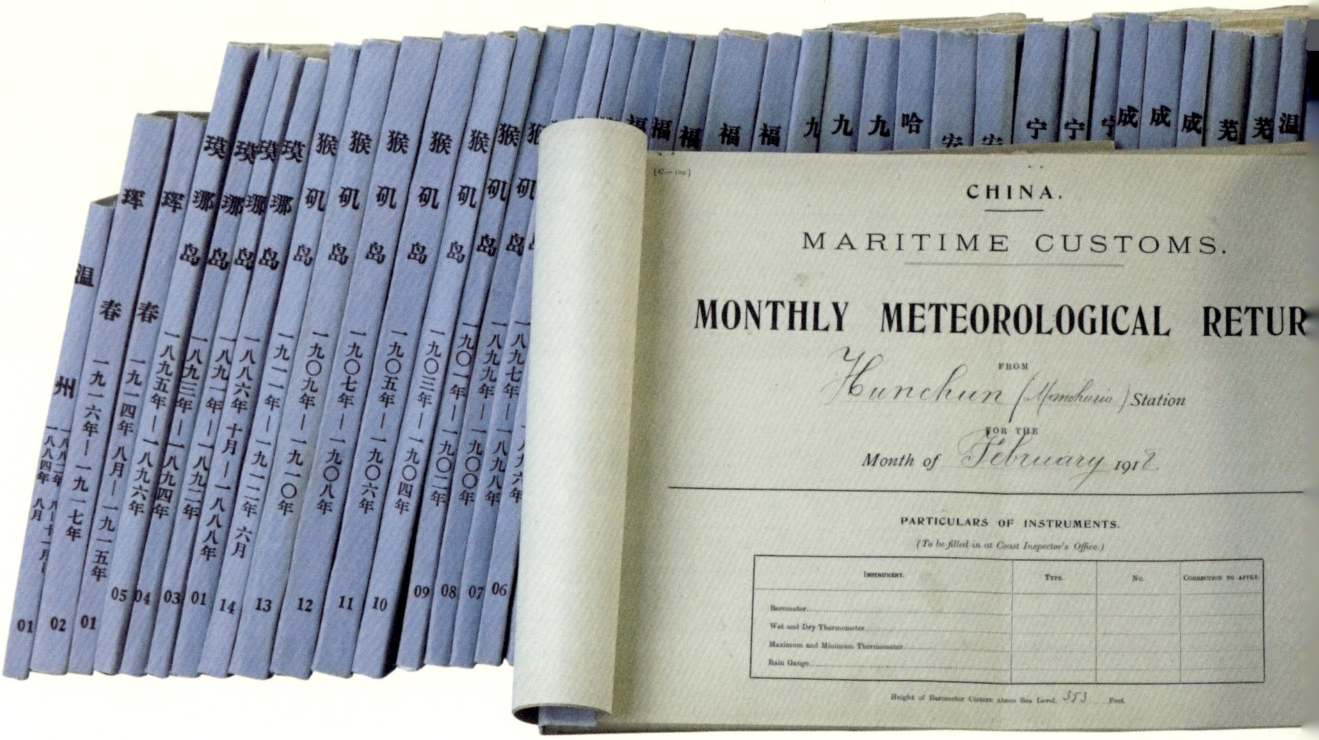

珍贵档案类型：　海关气象观测月总簿

档案形成年代：　1879—1949 年

档 案 责 任 者：　中国气象局气象档案馆

档案内容简介：

海关气象观测是近代中国气象观测站网的一个重要组成部分，具有站点多、年代长的特点，在近代中国气象观测史上有着极其重要的影响，也是研究这一时期气象事业发展历程的原始凭证。海关总署在我国沿海地区建立的气象观测站中，现存记录最早的是天津大沽观测站，始于 1876 年。有连续十年以上观测记录的有 50 余站，其中山东猴矶岛气象观测记录从 1885 年一直延续到 1944 年。

海关气象观测月总簿

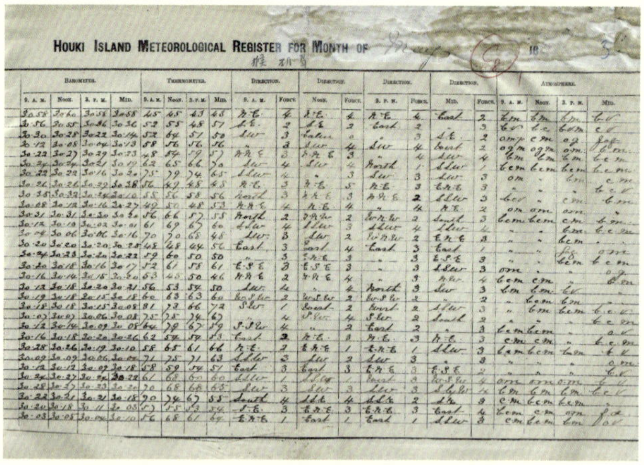

山东猴矶岛海关气象观测月总簿

1885—1944 年

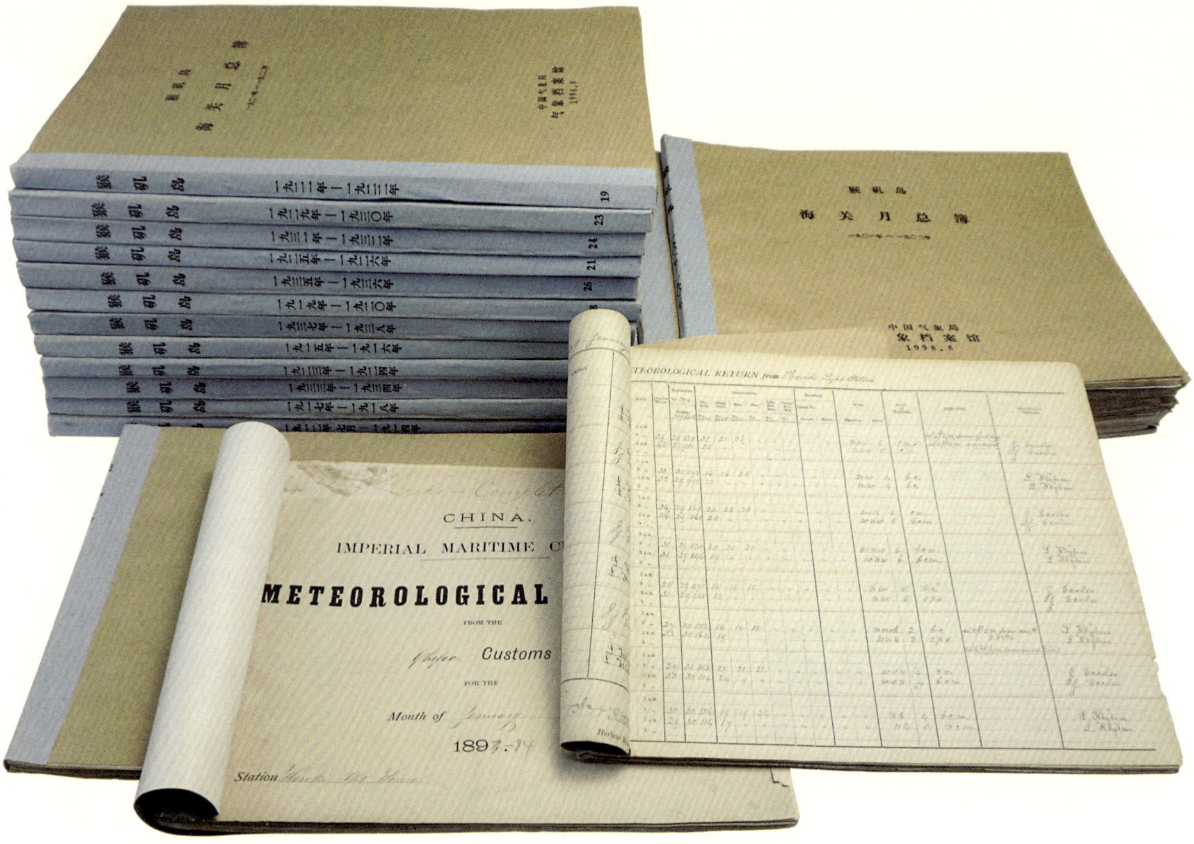

EOROLOGICAL RETURN from Howki

Hour (A.T. Zone.)	Attached Thermometer	Barometer	Thermometer: Dry Bulb	Thermometer: Wet Bulb	Thermometer: Maximum	Thermometer: Minimum	Rainfall: Inches	Rainfall: Hours	Wind: Direction	Wind: Force	Clouds: Percentage	Clouds: Kind	Clouds: Direction	State of Weather
3 A.M.	40	30.13	29	28					W.N.W.	4				B.Z.
6 "	39	.10	30	—						5				bB.Z.
9 "	36	.14	31	31		28			" W.	3	6	Cu.n	W	b.Z.
12 (Noon)	39	.12	36	35						"	2	Ci.S	"	B.m.
3 P.M.	39	.09	36	35					"	"	7	N.S.	"	"
6 "	42	.13	32	30	36				N.W.	4				"
9 "	42	.14	33	32					W.	3				"
12 (Mdt.)	41	.12	33	32					N.W.	2				B.
3 A.M.	41	30.11	34	32					W.	"				B.V.
6 "	42	.11	33	32					N.W.	"				"
9 "	41	.12	34	33		32			W.S.W.	"	3	Cu	S.W.	B.b.m.
12 (Noon)	41	.05	35	32					"	"	"	"	"	"
3 P.M.	42	.00	35	31					"	"	4	"	"	"
6 "	42	29.97	32	31	36				S.W.	"				B.Z.
9 "	43	.95	34	30					S.S.W.	"				B.m.
12 (Mdt.)	42	.89	35	31					S.W.	3				"
3 A.M.	43	29.88	34	33					"	2				"
6 "	43	.90	33	33					"	"				"
9 "	43	.85	34	33		31			"	"	2	Cu	S.	B.b.m.
12 (Noon)	43	.82	38	35					"	"	"	"	"	"
3 P.M.	44	.76	39	34					"	"	—	—	—	B.m.
6 "	43	.78	35	32	38				"	"				"
9 "	44	.79	37	32					"	"				"
12 (Mdt.)	45	.79	36	34					"	"				"
3 A.M.	45	29.77	36	33					"	"				B.
6 "	44	.75	36	35					W.	3				"
9 "	44	.78	40	37		36			"	"	8	Ci.S	N.W.	B.
12 (Noon)	43	.73	39	34					W.N.W.	5	"	"	"	
3 P.M.	42	.76	39	32					"	4	"	"	"	
6 "	44	.96	35	31	[illegible]				N.W.					
9 "	45	.91	34	33					"	3				B.m
12 (Mdt.)	44	.92	33	32					"	"				B.
3 A.M.	44	29.95	31	30					"	"				B.C.
6 "	43	.92	30	30					"	4				"
9 "	42	.98	31	31		31			"	"	3	Cu	W	B.b.m.
12 (Noon)	44	.94	35	35					"	"	4	"	"	"
3 P.M.	45	.87	36	33					W.	5	1	"	"	B.Z.
6 "	44	.88	33	32	37				"	4				"
9 "	44	.89	35	35					W.S.W.	3				B.m.
12 (Mdt.)	45	.87	34	34					S.W.	"				"
3 A.M.	44	29.84	33	33					"	"				"
6 "	43	.81	33	32					"	"				"
9 "	44	.85	34	34		32			"	2	2	Ci.S	S.W.	"
12 (Noon)	43	.83	36	36					"	"	"	"	"	"
3 P.M.	45	.83	41	36					W.	"	—	—	—	B.Z.
6 "	45	.87	35	32	42				N.N.E.	1				B.m.
9 "	45	.91	35	32					N.E.	2				"
12 (Mdt.)	45	.81	34	32					"	4				B.b.
3 A.M.	43	29.88	35	32					E.N.E.	"				b.m.
6 "	44	.88	35	32					"	"				"
9 "	43	.90	36	33		34			E.	3	9	S.	E.	O.V.
12 (Noon)	44	.89	37	33					"	"	10	"	"	"
3 P.M.	43	.88	36	32					"	2	8	Cu	"	B.b.
6 "	42	.95	33	32	37				N.E.	3				"
9 "	44	30.00	31	—					"	"				"
12 (Mdt.)	43	.06	28	—					N.N.E.	4				B.b.m.
3 A.M.														

1838 1709 96

海关气象观测月总簿

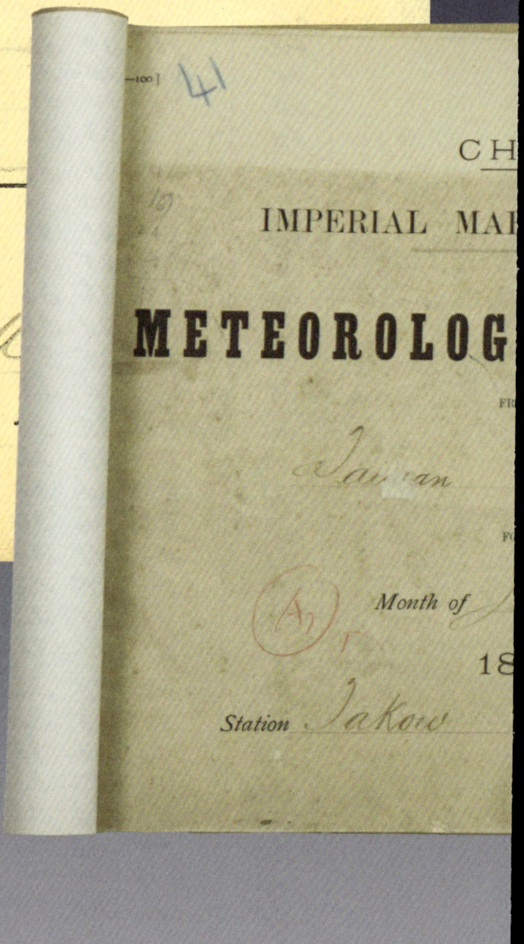

台湾打狗海关气象观测印章

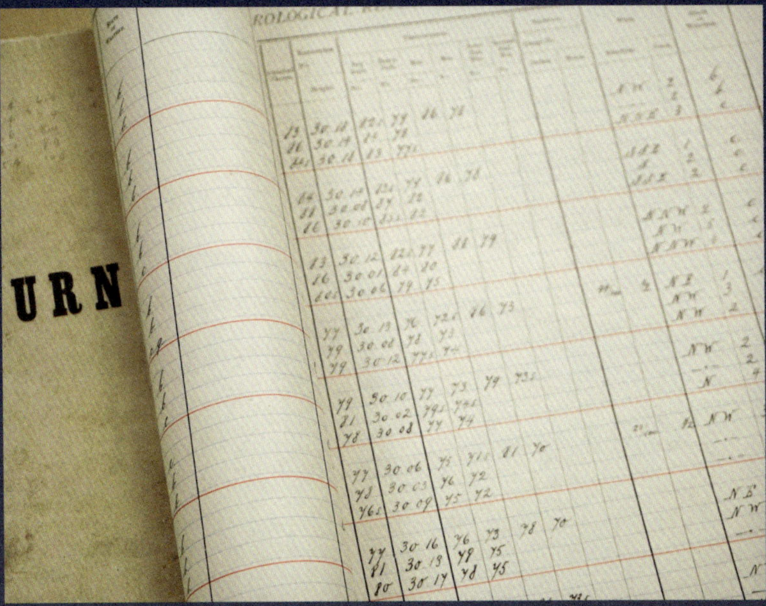

台湾打狗海关气象观测月总簿

1887—1895 年

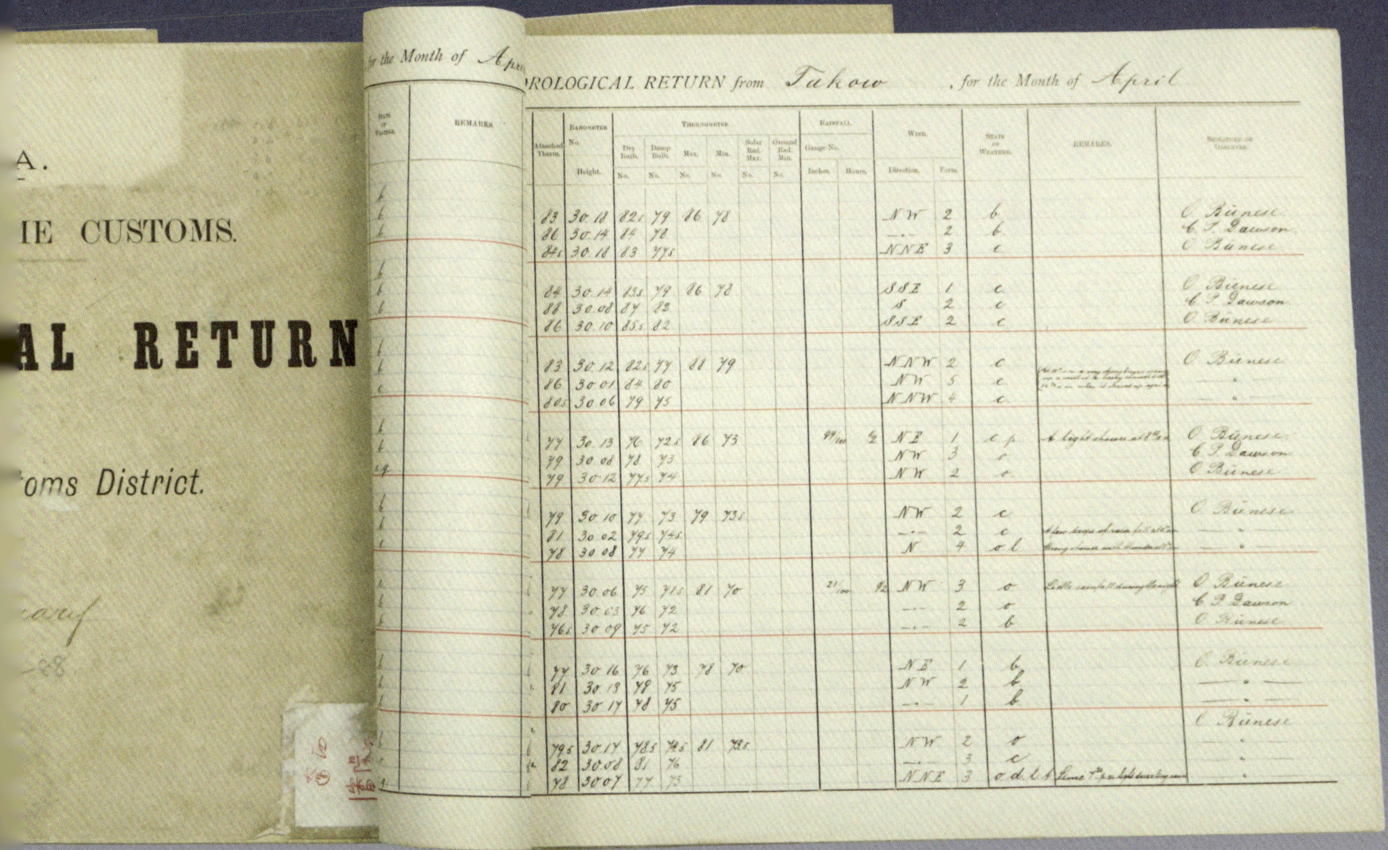

海关气象观测月总簿

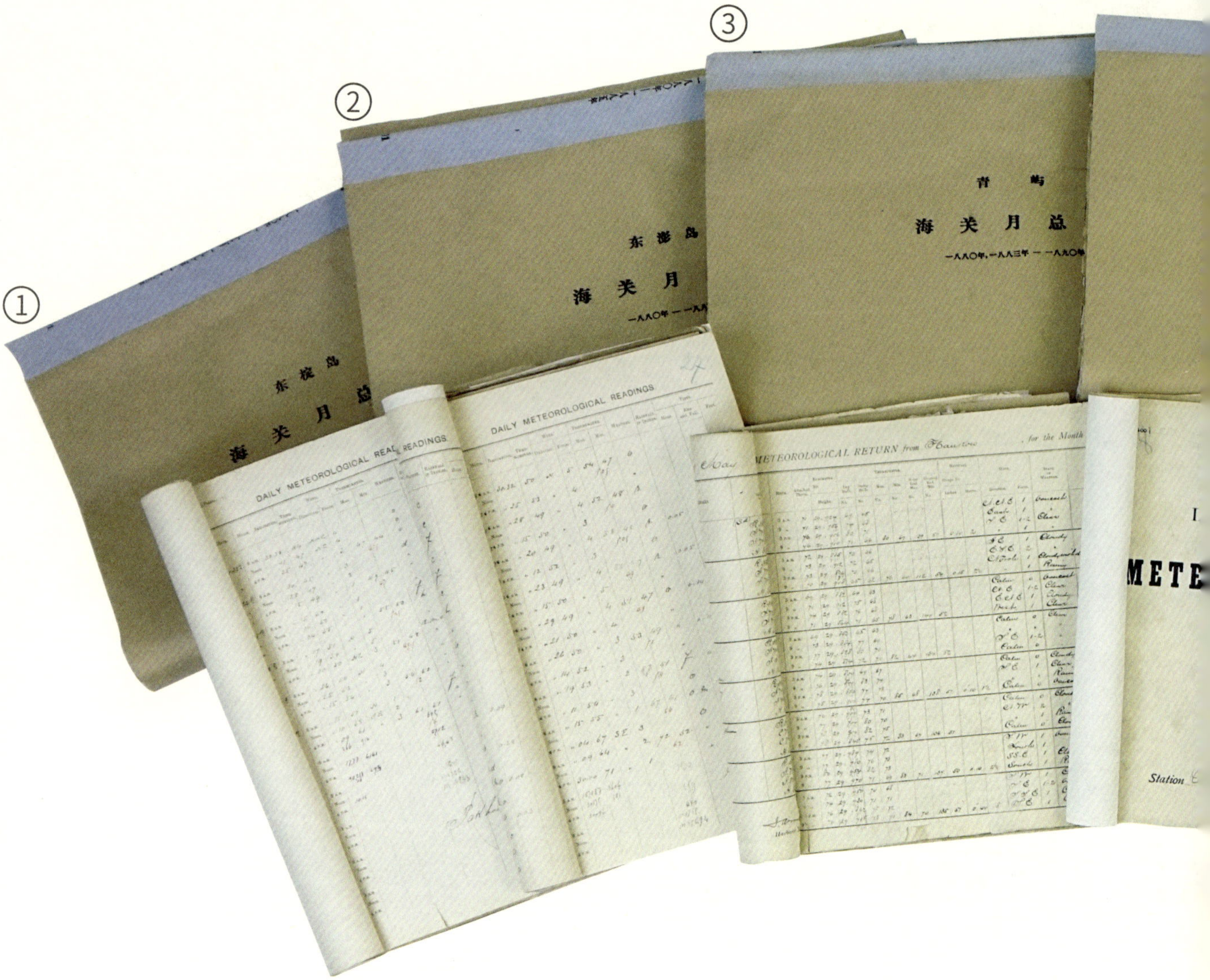

1880 年海关气象观测月总簿

① 福建东椗岛海关气象观测月总簿
② 广东东澎岛海关气象观测月总簿
③ 福建青屿海关气象观测月总簿
④ 福建东犬海关气象观测月总簿

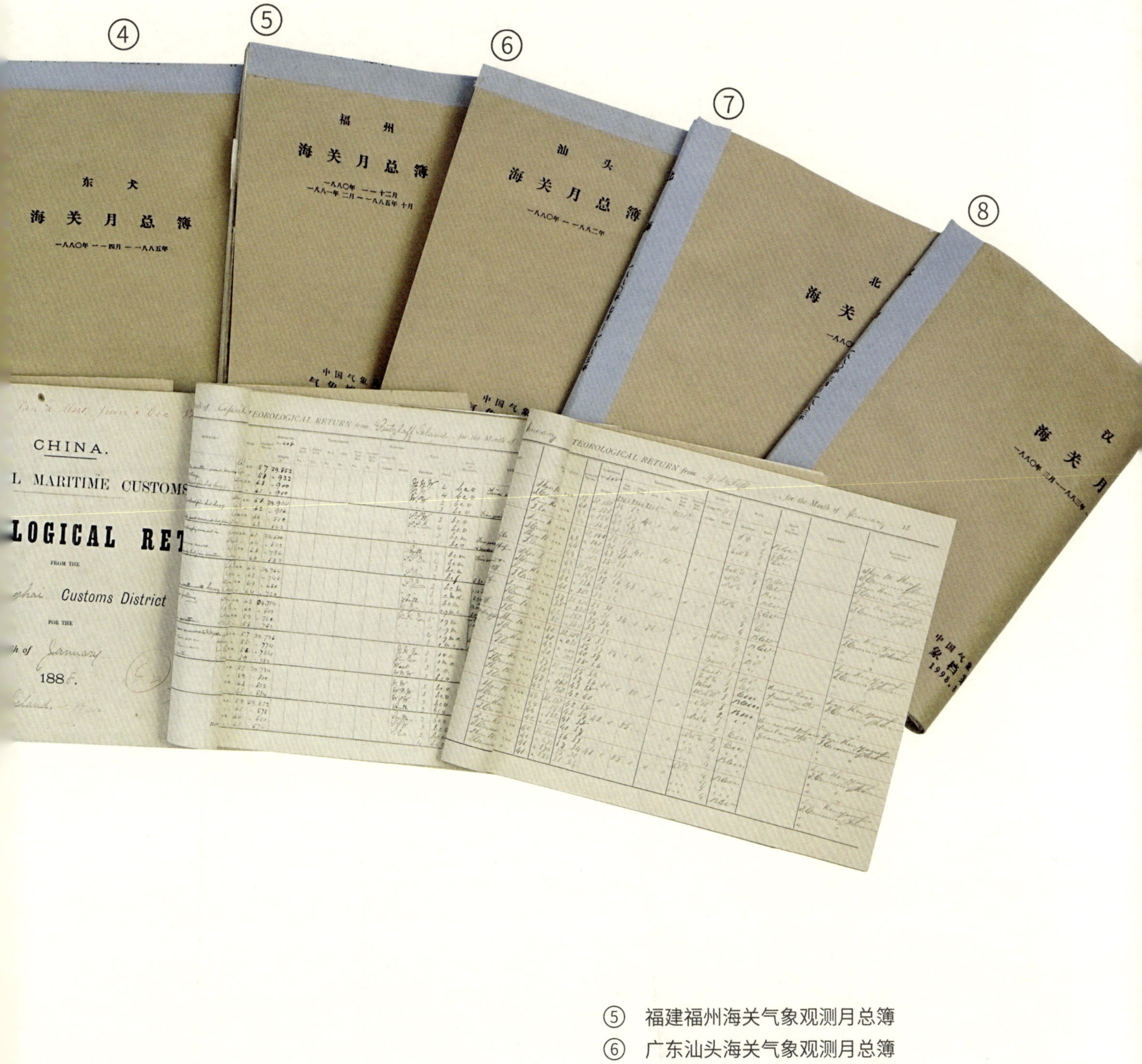

⑤ 福建福州海关气象观测月总簿
⑥ 广东汕头海关气象观测月总簿
⑦ 广西北海海关气象观测月总簿
⑧ 湖北汉口海关气象观测月总簿

珍贵档案类型：　珍贵档案资料——天主堂专题

档案形成年代：　1881—1948 年

档 案 责 任 者：　中国气象局气象档案馆

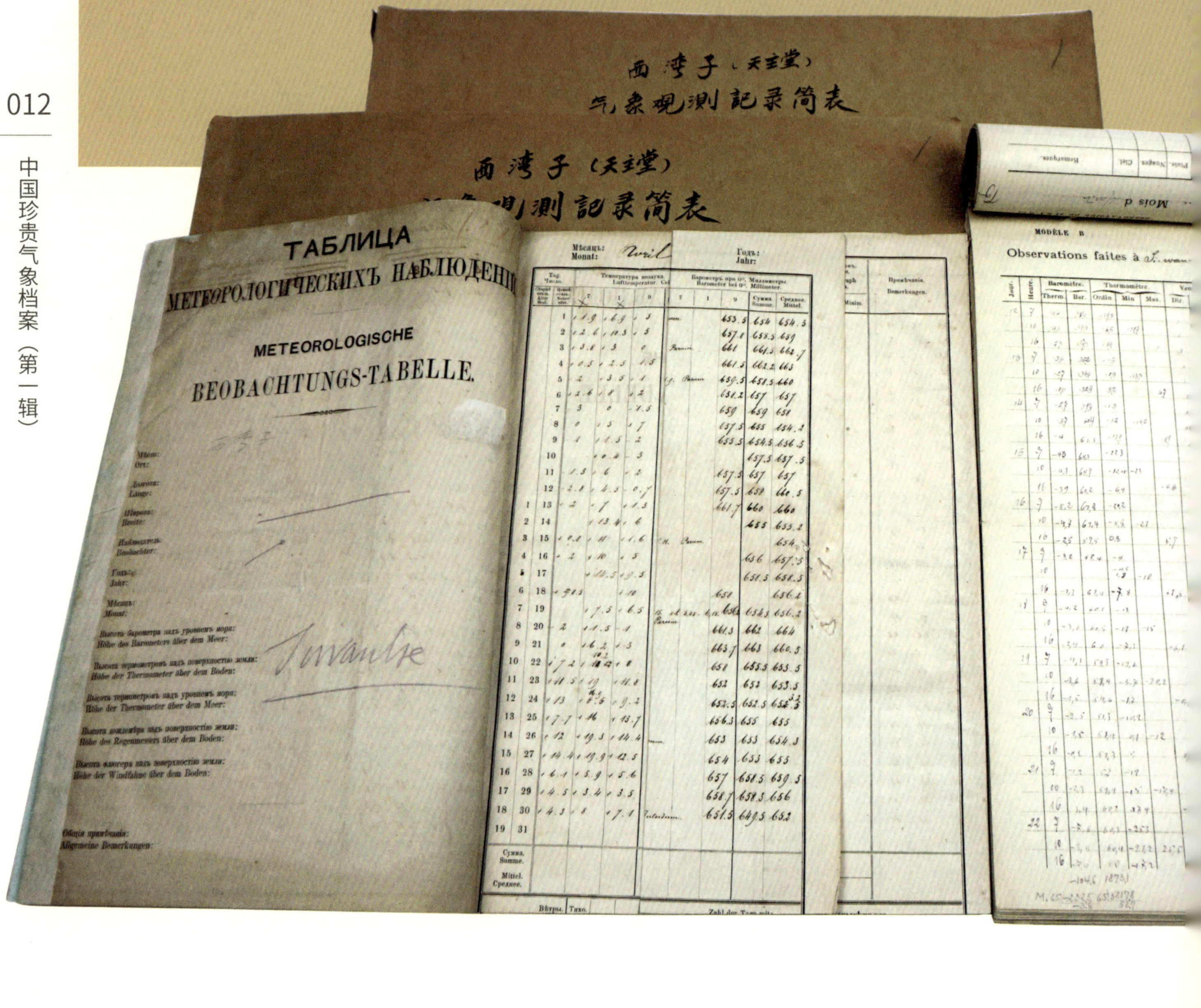

档案内容简介：

16 世纪，随着西方的文艺复兴达到了顶峰，气象观测方法和温度计、气压计、湿度计、风速器等各种气象仪器也随之传入中国。明末清初，西方天主教耶稣会传教士积极推动“西学东渐”，在我国河北、上海、北京、山东等多地建立的天主教堂内设立气象观测点，委派传教士从事气象活动。有些天主教堂气象观测点持续观测长达 60 余年。

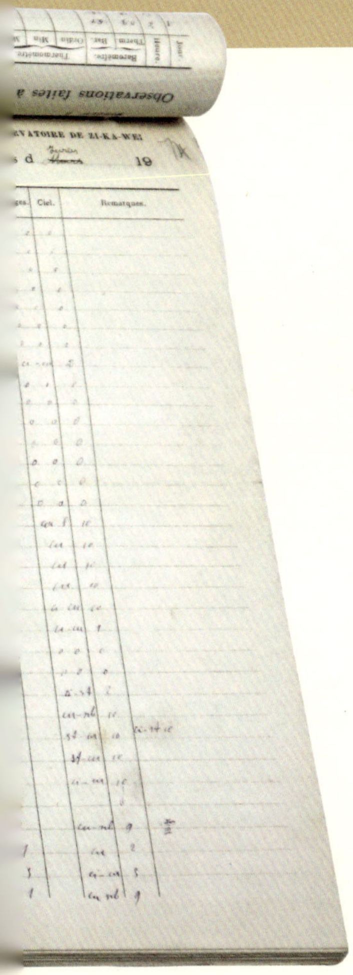

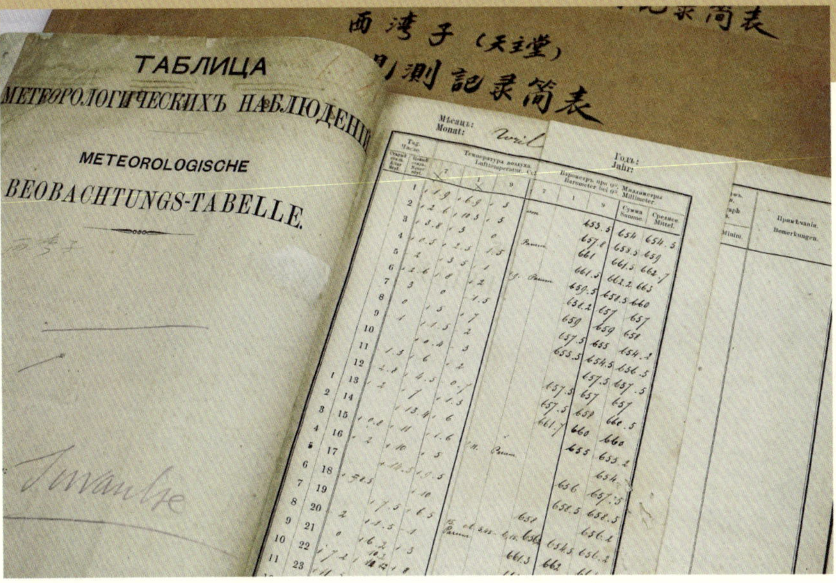

西湾子（天主堂）
气象观测记录月简表
1881 年

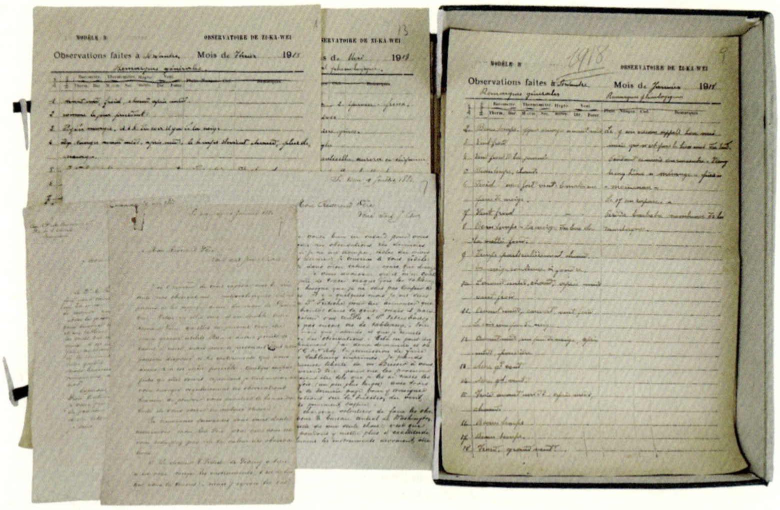

河北西湾子天主堂
总修院气象札记
1881—1937 年

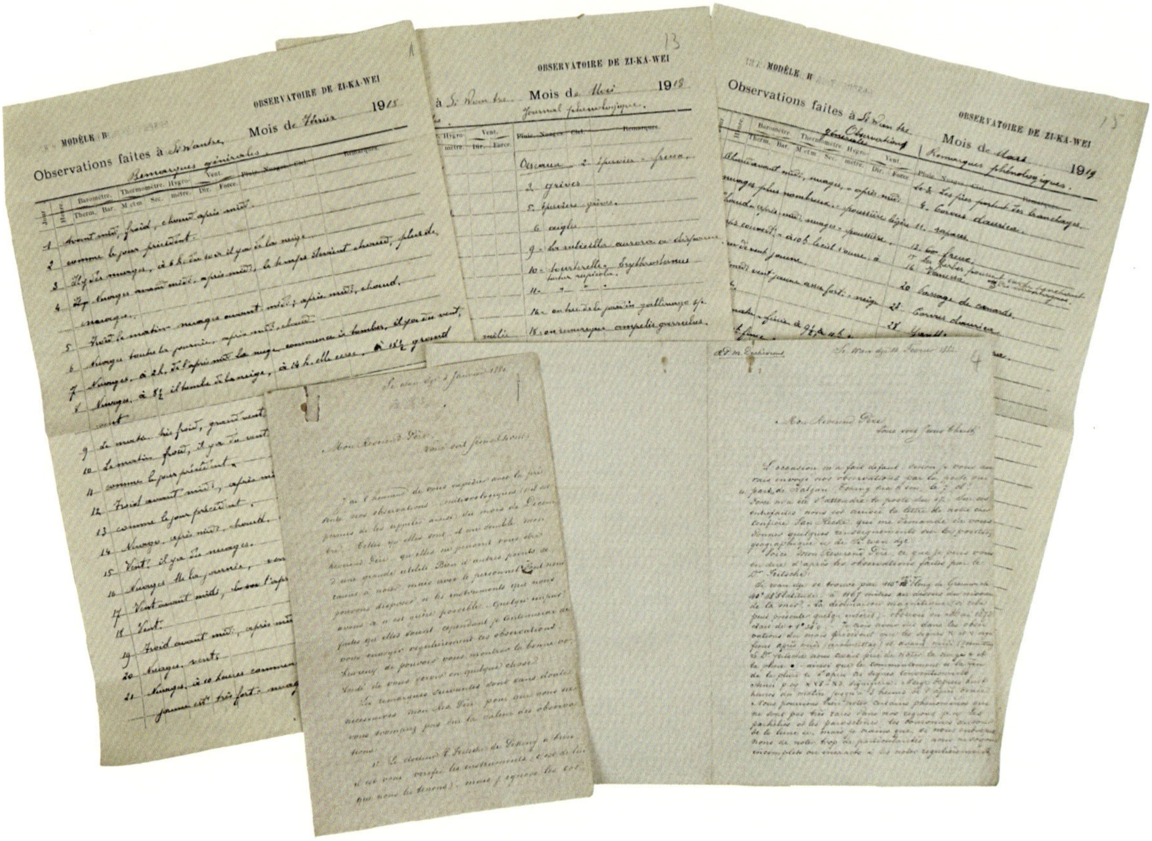

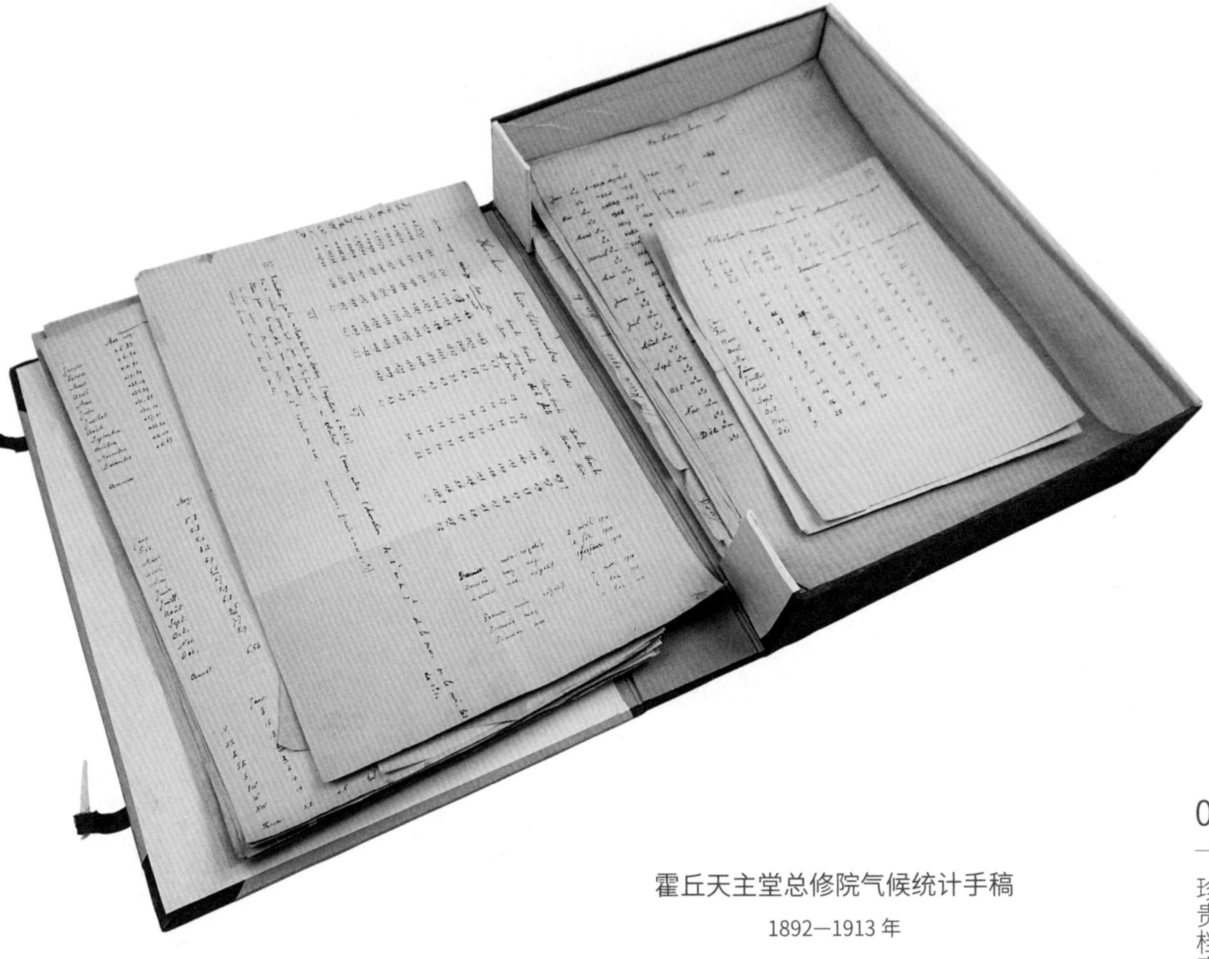

霍丘天主堂总修院气候统计手稿

1892—1913 年

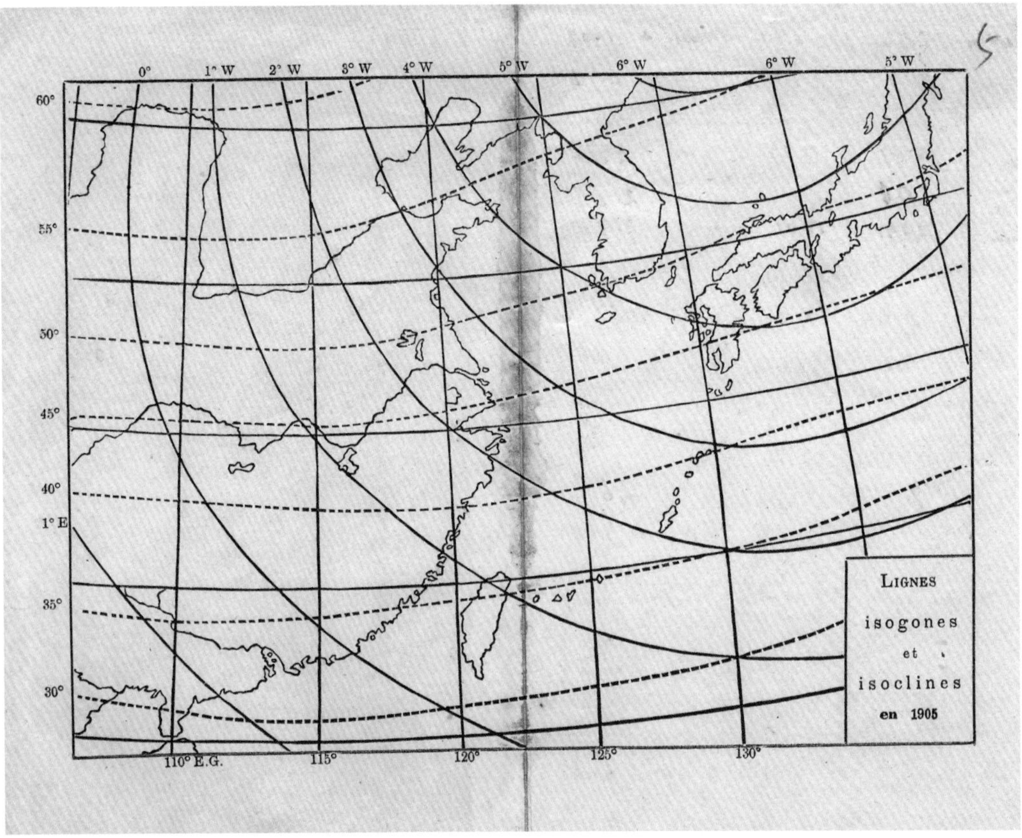

徐家汇观象台外景

徐家汇观象台百叶箱

珍贵档案类型：珍贵档案资料——徐家汇专题

档案形成年代：1873—1949 年

档 案 责 任 者：中国气象局气象档案馆

档案内容简介：

1872 年 12 月，巴黎耶稣会神父在上海徐家汇建立了观象台，其观测业务、科研领域广泛，涉及天文、气象、地磁、地震、大气物理等学科，成为著名的综合性观象台。同时，上海徐家汇观象台也是近代西方教会组织及外国殖民者在我国进行气象科学交流和气象情报活动的中心。徐家汇观象台的气象观测自 1872 年建台以来从未中断，一直延续到中华人民共和国成立后，是我国近代气象观测连续记录最长、保存较完整的珍贵档案资源，现大量原始观测记录保存于上海市气象档案馆。

中国气象局气象档案馆现存的第一部气候志

1904 年出版

《徐家汇气象年报》

1877—1941 年

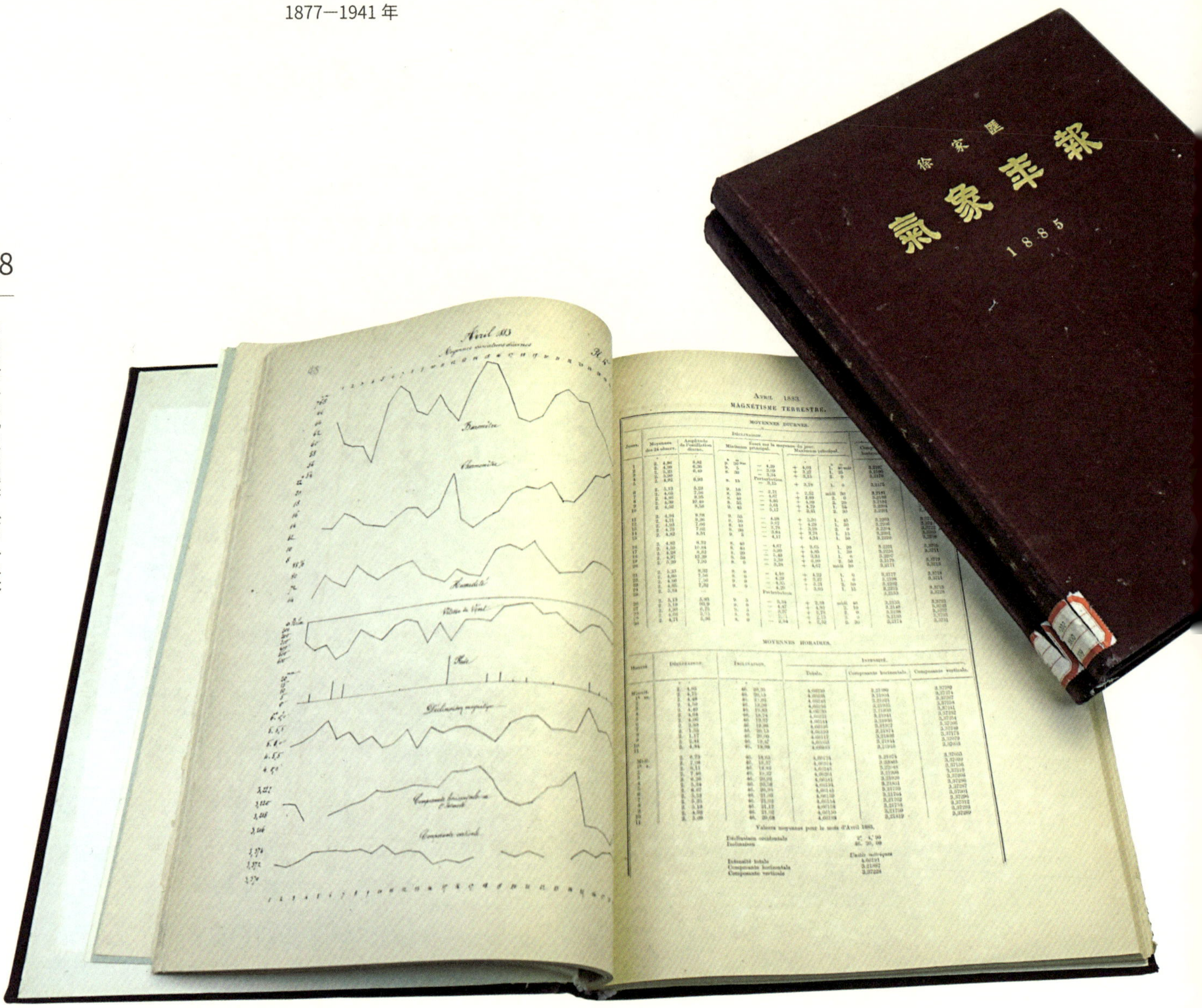

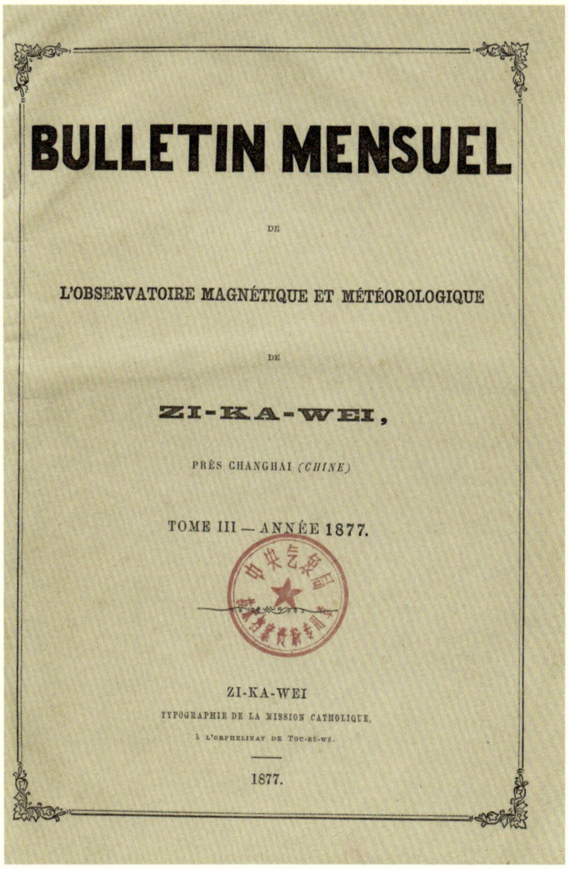

BULLETIN MENSUEL

DE

L'OBSERVATOIRE MAGNÉTIQUE ET MÉTÉOROLOGIQUE

DE

ZI-KA-WEI,

PRÈS CHANGHAI *(CHINE)*

TOME III — ANNÉE 1877.

中央气象局

ZI-KA-WEI

TYPOGRAPHIE DE LA MISSION CATHOLIQUE,

À L'ORPHELINAT DE TOU-SÈ-WÈ.

1877.

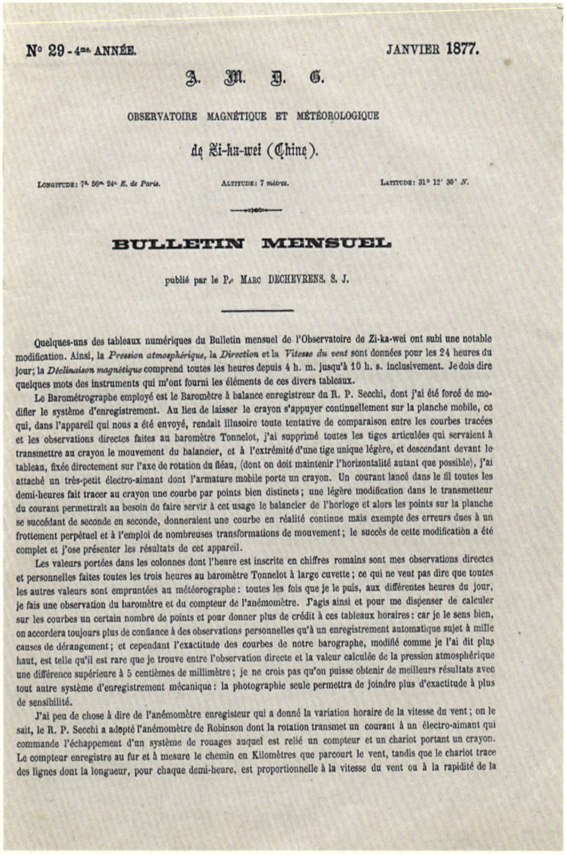

N° 29 - 4me ANNÉE. JANVIER 1877.

A. M. D. G.

OBSERVATOIRE MAGNÉTIQUE ET MÉTÉOROLOGIQUE

de Zi-ka-wei (Chine).

LONGITUDE: 7h 56m 24s *E. de Paris.* ALTITUDE: 7 *mètres.* LATITUDE: 31° 12' 30" *N.*

BULLETIN MENSUEL

publié par le P. MARC DECHEVRENS. S. J.

Quelques-uns des tableaux numériques du Bulletin mensuel de l'Observatoire de Zi-ka-wei ont subi une notable modification. Ainsi, la *Pression atmosphérique*, la *Direction* et la *Vitesse du vent* sont données pour les 24 heures du jour; la *Déclinaison magnétique* comprend toutes les heures depuis 4 h. m. jusqu'à 10 h. s. inclusivement. Je dois dire quelques mots des instruments qui m'ont fourni les éléments de ces divers tableaux.

Le Barométrographe employé est le Baromètre à balance enregistreur du R. P. Secchi, dont j'ai été forcé de modifier le système d'enregistrement. Au lieu de laisser le crayon s'appuyer continuellement sur la planche mobile, ce qui, dans l'appareil qui nous a été envoyé, rendait illusoire toute tentative de comparaison entre les courbes tracées et les observations directes faites au baromètre Tonnelot, j'ai supprimé toutes les tiges articulées qui servaient à transmettre au crayon le mouvement du balancier, et à l'extrémité d'une tige unique légère, et descendant devant le tableau, fixée directement sur l'axe de rotation du fléau, (dont on doit maintenir l'horizontalité autant que possible), j'ai attaché un très-petit électro-aimant dont l'armature mobile porte un crayon. Un courant lancé dans le fil toutes les demi-heures fait tracer au crayon une courbe par points bien distincts; une légère modification dans le transmetteur du courant permettrait au besoin de faire servir à cet usage le balancier de l'horloge et alors les points sur la planche se succédant de seconde en seconde, donneraient une courbe en réalité continue mais exempte des erreurs dues à un frottement perpétuel et à l'emploi de nombreuses transformations de mouvement; le succès de cette modification a été complet et j'ose présenter les résultats de cet appareil.

Les valeurs portées dans les colonnes dont l'heure est inscrite en chiffres romains sont mes observations directes et personnelles faites toutes les trois heures au baromètre Tonnelot à large cuvette; ce qui ne veut pas dire que toutes les autres valeurs sont empruntées au météorographe: toutes les fois que je le puis, aux différentes heures du jour, je fais une observation du baromètre et du compteur de l'anémomètre. J'agis ainsi et pour me dispenser de calculer sur les courbes un certain nombre de points et pour donner plus de crédit à ces tableaux horaires: car je le sens bien, on accordera toujours plus de confiance à des observations personnelles qu'à un enregistrement automatique sujet à mille causes de dérangement; et cependant l'exactitude des courbes de notre barographe, modifié comme je l'ai dit plus haut, est telle qu'il est rare que je trouve entre l'observation directe et la valeur calculée de la pression atmosphérique une différence supérieure à 5 centièmes de millimètre; je ne crois pas qu'on puisse obtenir de meilleurs résultats avec tout autre système d'enregistrement mécanique: la photographie seule permettra de joindre plus d'exactitude à plus de sensibilité.

J'ai peu de chose à dire de l'anémomètre enregisteur qui a donné la variation horaire de la vitesse du vent; on le sait, le R. P. Secchi a adopté l'anémomètre de Robinson dont la rotation transmet un courant à un électro-aimant qui commande l'échappement d'un système de rouages auquel est relié un compteur et un chariot portant un crayon. Le compteur enregistre au fur et à mesure le chemin en Kilomètres que parcourt le vent, tandis que le chariot trace des lignes dont la longueur, pour chaque demi-heure, est proportionnelle à la vitesse du vent ou à la rapidité de la

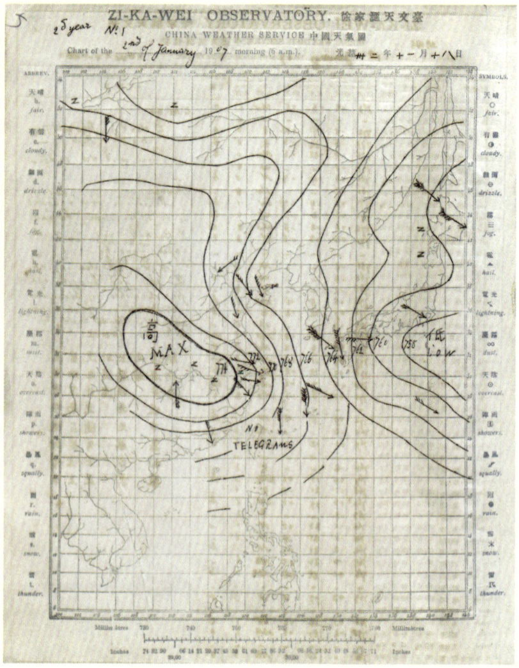

徐家汇天气图

1907—1949 年

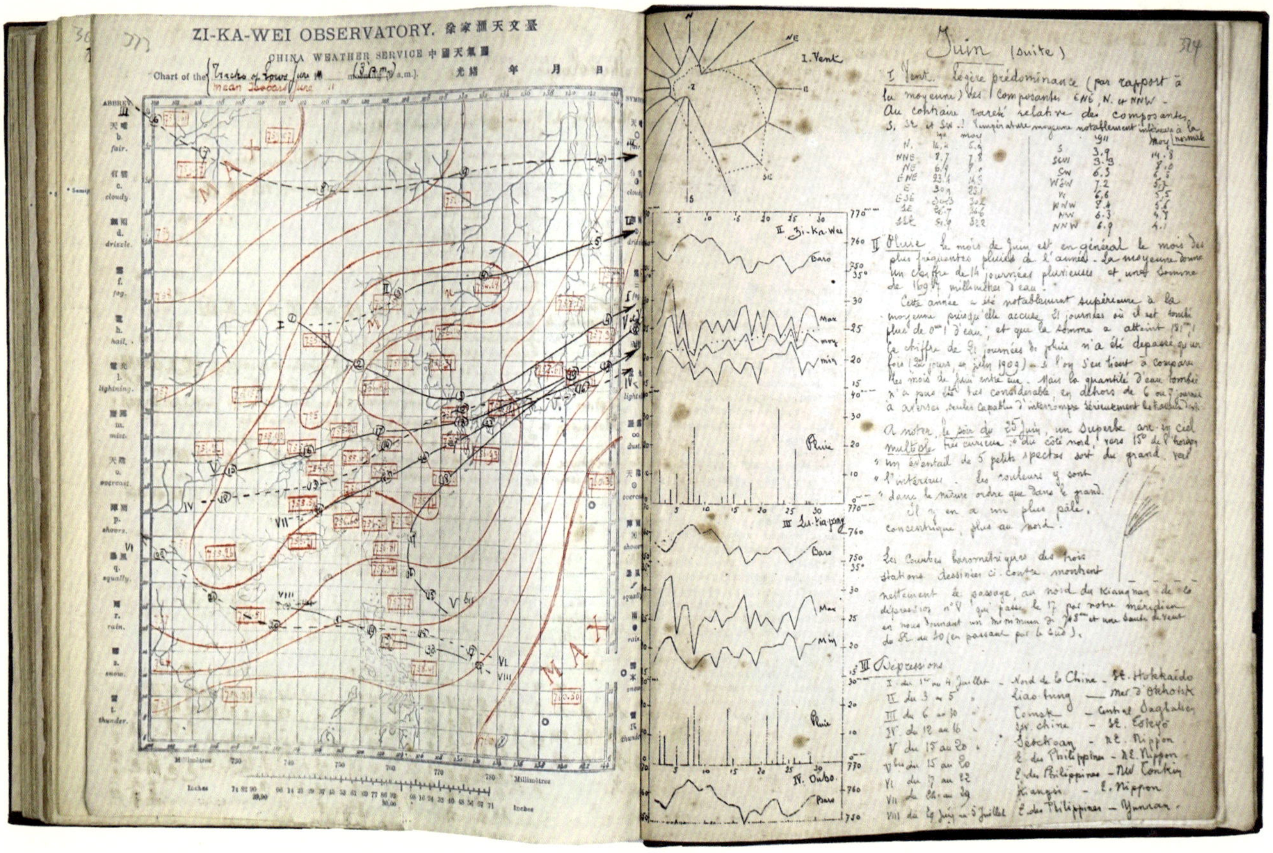

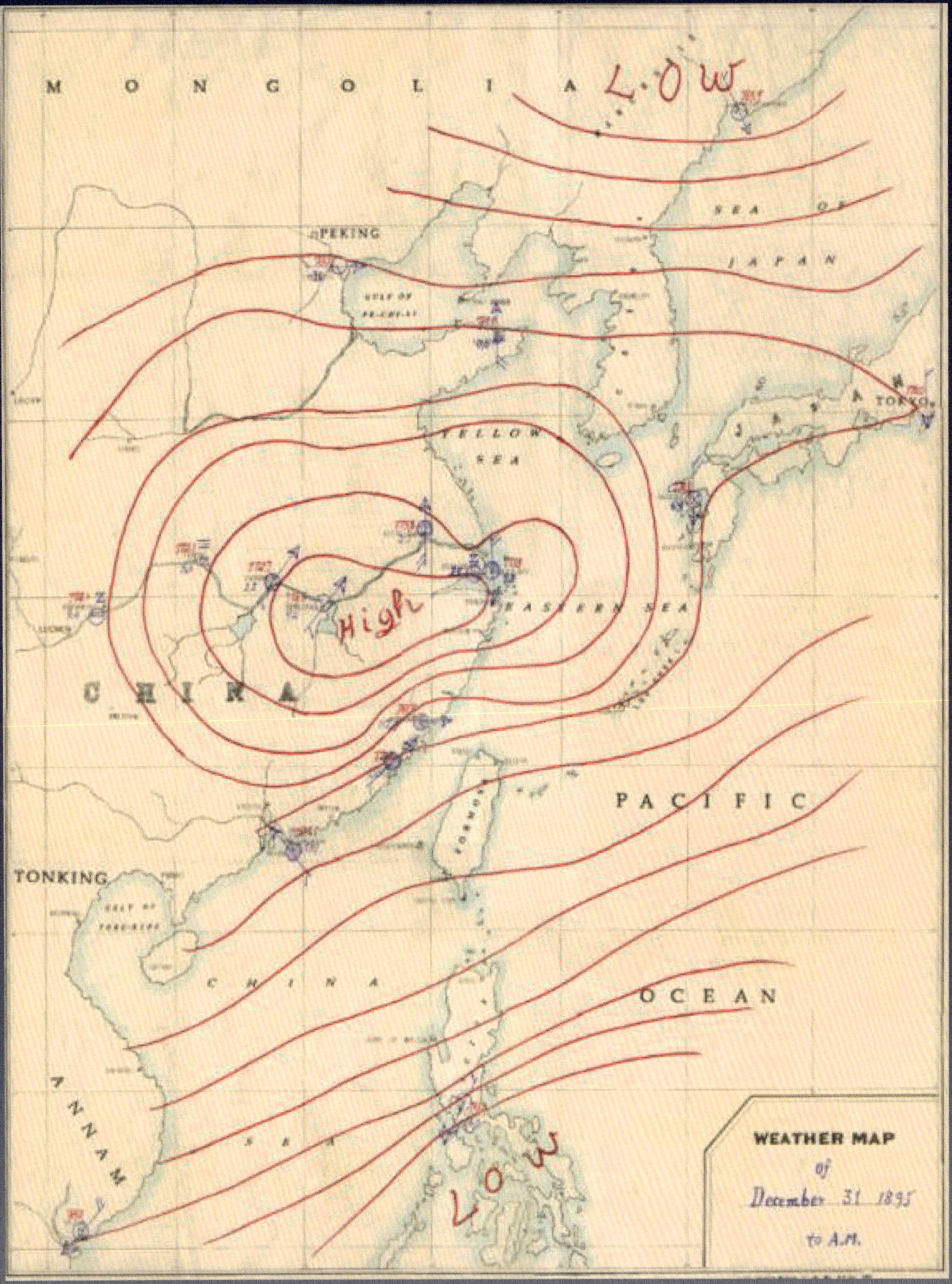

上海徐家汇天文台天气图（上海市气象档案馆提供）

1895 年 12 月 31 日，上海徐家汇观象台
绘制了我国第一张东亚地区天气图

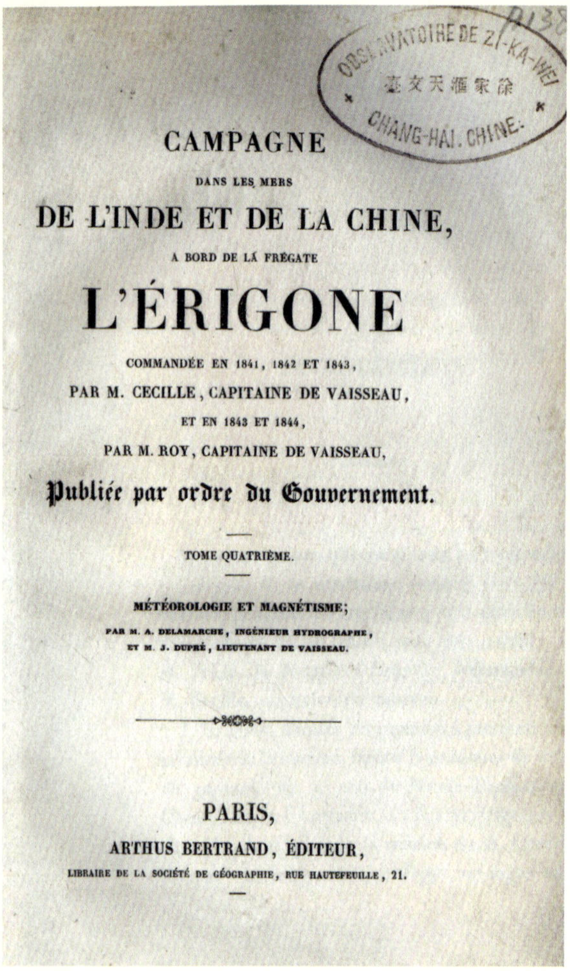

CAMPAGNE

DANS LES MERS

DE L'INDE ET DE LA CHINE,

A BORD DE LA FRÉGATE

L'ÉRIGONE

COMMANDÉE EN 1841, 1842 ET 1843,

PAR M. CECILLE, CAPITAINE DE VAISSEAU,

ET EN 1843 ET 1844,

PAR M. ROY, CAPITAINE DE VAISSEAU,

Publiée par ordre du Gouvernement.

TOME QUATRIÈME.

MÉTÉOROLOGIE ET MAGNÉTISME;

PAR M. A. DELAMARCHE, INGÉNIEUR HYDROGRAPHE,
ET M. J. DUPRÉ, LIEUTENANT DE VAISSEAU.

PARIS,

ARTHUS BERTRAND, ÉDITEUR,

LIBRAIRE DE LA SOCIÉTÉ DE GÉOGRAPHIE, RUE HAUTEFEUILLE, 21.

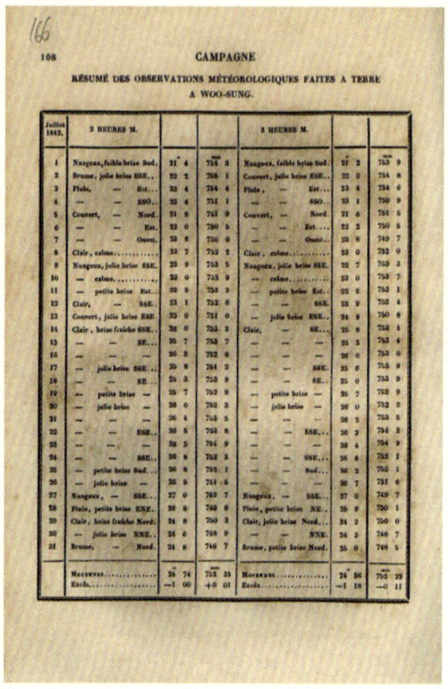

166

108 CAMPAGNE

RÉSUMÉ DES OBSERVATIONS MÉTÉOROLOGIQUES FAITES A TERRE A WOO-SUNG.

Juillet 1842.	2 HEURES M.			3 HEURES M.		
1	Nuageux, faible brise Sud.	21 4	754 3	Nuageux, faible brise Sud.	21 2	753 9
2	Brume, jolie brise ESE..	22 2	756 1	Couvert, jolie brise ESE..	22 0	754 8
3	Pluie, — Est...	23 4	754 4	Pluie, — Est...	23 4	754 6
4	— — SSO..	22 4	751 1	— — SSO..	22 1	750 9
5	Couvert, — Nord.	21 8	751 9	Couvert, — Nord.	21 6	751 5
6	— — Est.	22 0	750 5	— — Est....	22 2	750 5
7	— — Ouest.	23 8	750 0	— — Ouest..	23 8	749 7
8	Clair, calme...........	23 7	752 2	Clair, calme..........	23 0	752 0
9	Nuageux, jolie brise SSE.	23 9	753 5	Nuageux, jolie brise SSE.	22 7	753 3
10	— calme...........	23 0	753 9	— calme..........	23 0	753 7
11	— petite brise Est..	22 5	753 3	— petite brise Est..	22 6	753 1
12	Clair, — SSE..	23 1	752 6	— — SSE.	23 9	752 4
13	Couvert, jolie brise ESE.	25 0	751 0	— jolie brise ESE..	24 8	750 9
14	Clair, brise fraîche SSE..	26 0	753 3	Clair, — SE...	25 8	753 1
15	— — SE...	25 7	753 7	— — —	25 3	753 4
16	— — —	26 3	752 6	— — —	26 0	753 0
17	— jolie brise SSE..	25 8	754 2	— — SSE.	25 6	753 9
18	— — SE...	25 3	753 9	— — SE..	25 0	753 9
19	— petite brise —	25 7	752 9	— petite brise —	25 7	752 9
20	— jolie brise —	26 0	752 3	— jolie brise —	26 0	752 2
21	— — —	26 4	753 5	— — —	26 2	753 5
22	— — ESE..	26 5	753 8	— — ESE...	26 3	754 2
23	— — —	26 5	754 9	— — —	26 4	754 9
24	— — SSE..	26 8	752 2	— — SSE...	26 6	752 1
25	— petite brise Sud..	26 8	755 1	— — Sud...	26 2	752 1
26	— jolie brise —	26 8	751 5	— — —	26 7	751 6
27	Nuageux, — SSE...	27 0	749 7	Nuageux, — SSE...	27 0	749 7
28	Pluie, petite brise ENE..	26 8	749 9	Pluie, petite brise NE..	25 9	750 1
29	Clair, brise fraîche Nord.	24 8	750 2	Clair, jolie brise Nord...	24 2	750 0
30	— jolie brise NNE..	24 6	748 9	— — NNE.	24 3	748 7
31	Brume, — Nord.	24 8	748 7	Brume, petite brise Nord.	25 0	748 5
	Moyennes.............	24 74	752 31	Moyennes.............	24 56	752 29
	Excès...............	−1 00	+0 01	Excès...............	−1 18	−0 11

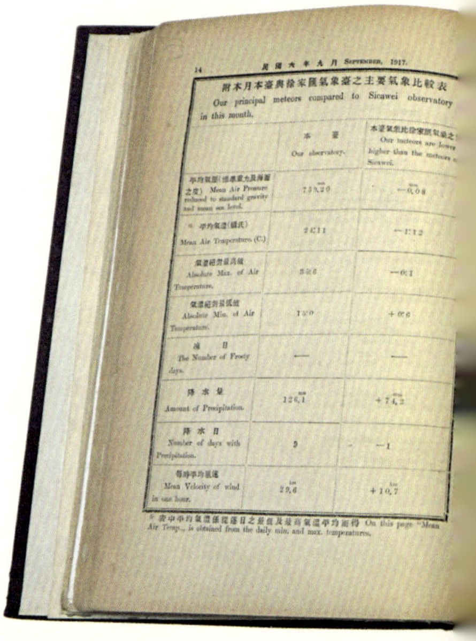

14 民國六年九月 September, 1917.

附本月本臺與徐家匯氣象臺之主要氣象比較表

Our principal meteors compared to Sicawei observatory in this month.

	本臺 Our observatory.	本臺氣象比徐家匯氣象之… Our meteors are lower … higher than the meteors … Sicawei.
平均氣壓(標準重力及海面之度) Mean Air Pressure reduced to standard gravity and mean sea level.	759,20	−0,08
* 平均氣溫(攝氏) Mean Air Temperature (C.)	24,11	−1,12
氣溫絕對最高值 Absolute Max. of Air Temperature.	32,6	−0,1
氣溫絕對最低值 Absolute Min. of Air Temperature.	17,0	+0,6
霜日 The Number of Frosty days.	—	—
降水量 Amount of Precipitation.	126,1	+74,2
降水日 Number of days with Precipitation.	9	−1
每時平均風速 Mean Velocity of wind in one hour.	29,6	+10,7

* 表中平均氣溫係從每日之最低及最高氣溫平均而得 On this page "Mean Air Temp." is obtained from the daily min. and max. temperatures.

法国舰艇吴淞口观测的气象探测资料

1841—1844 年

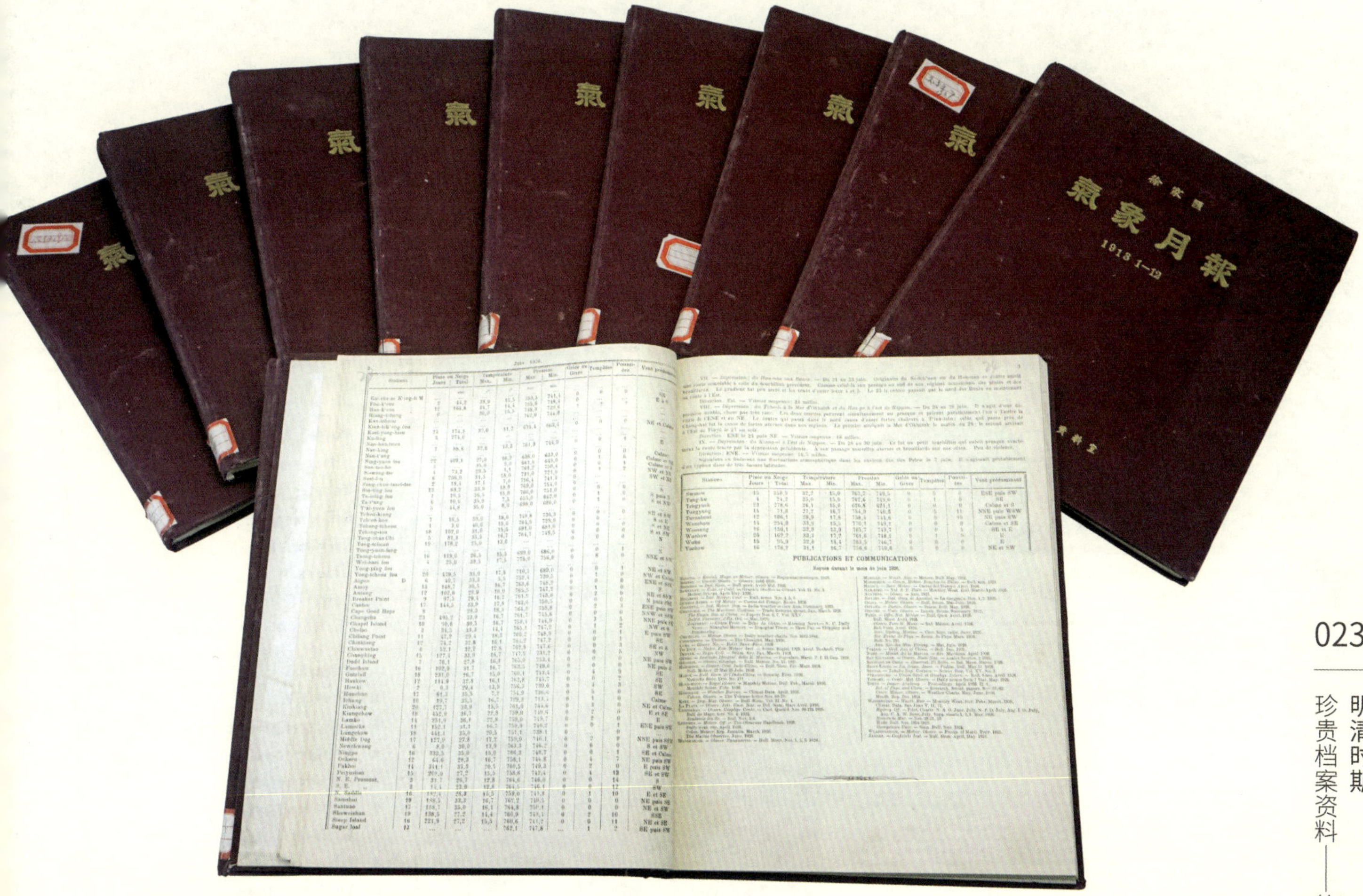

《徐家汇气象月报》
1878 年

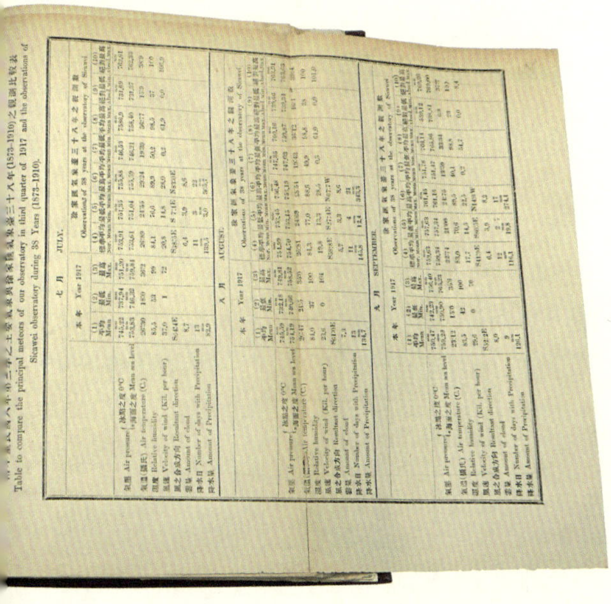

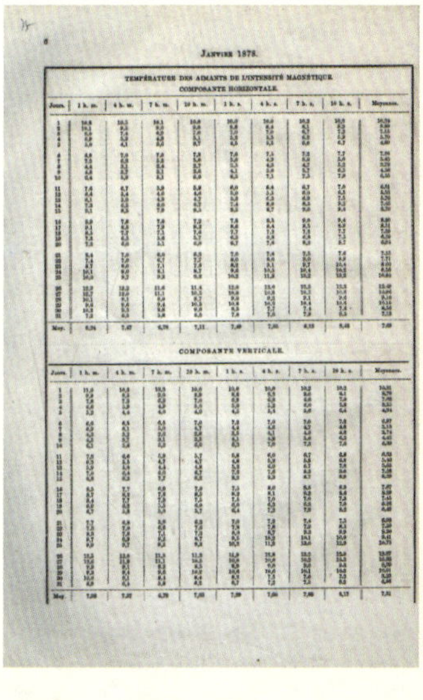

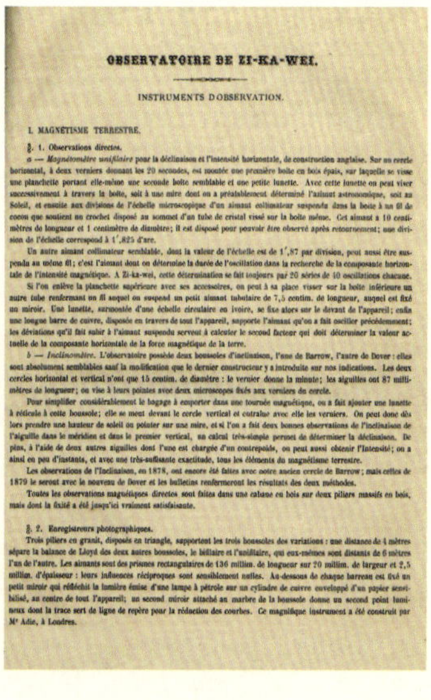

徐家汇雨量资料

1900—1910 年

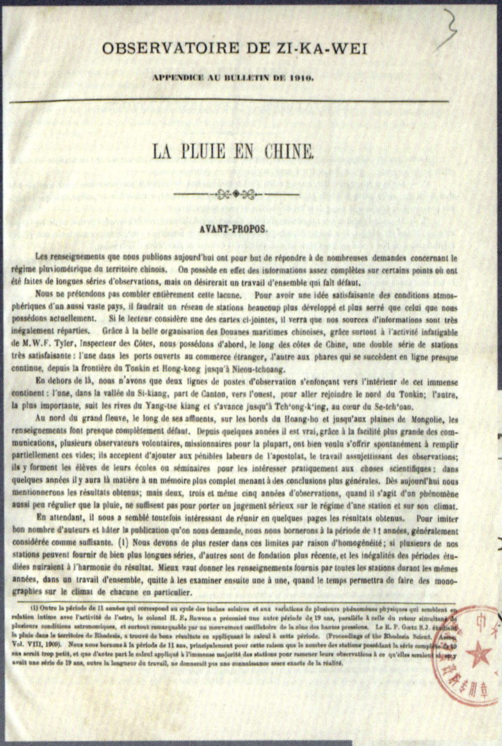

OBSERVATOIRE DE ZI-KA-WEI

APPENDICE AU BULLETIN DE 1910.

LA PLUIE EN CHINE.

AVANT-PROPOS.

Les renseignements que nous publions aujourd'hui ont pour but de répondre à de nombreuses demandes concernant le régime pluviométrique du territoire chinois. On possède en effet des informations assez complètes sur certains points où ont été faites de longues séries d'observations, mais on désirerait un travail d'ensemble qui fait défaut.

Nous ne prétendons pas combler entièrement cette lacune. Pour avoir une idée satisfaisante des conditions atmosphériques d'un aussi vaste pays, il faudrait un réseau de stations beaucoup plus développé et plus serré que celui que nous possédons actuellement. Si le lecteur considère une des cartes ci-jointes, il verra que nos sources d'informations sont très inégalement réparties. Grâce à la belle organisation des Douanes maritimes chinoises, grâce surtout à l'activité infatigable de M.W.F. Tyler, Inspecteur des Côtes, nous possédons d'abord, le long des côtes de Chine, une double série de stations très satisfaisante : l'une dans les ports ouverts au commerce étranger, l'autre aux phares qui se succèdent en ligne presque continue, depuis la frontière du Tonkin et Hong-kong jusqu'à Nieou-tchoang.

En dehors de là, nous n'avons que deux lignes de postes d'observation s'enfonçant vers l'intérieur de cet immense continent : l'une, dans la vallée du Si-kiang, part de Canton, vers l'ouest, pour aller rejoindre le nord du Tonkin; l'autre, la plus importante, suit les rives du Yang-tse kiang et s'avance jusqu'à Tch'ong-k'ing, au cœur du Se-tch'oan.

Au nord du grand fleuve, le long de ses affluents, sur les bords du Hoang-ho et jusqu'aux plaines de Mongolie, les renseignements font presque complètement défaut. Depuis quelques années il est vrai, grâce à la facilité plus grande des communications, plusieurs observateurs volontaires, missionnaires pour la plupart, ont bien voulu s'offrir spontanément à remplir partiellement ces vides; ils acceptent d'ajouter aux pénibles labeurs de l'apostolat, le travail assujettissant des observations; ils y forment les élèves de leurs écoles ou séminaires pour les intéresser pratiquement aux choses scientifiques : dans quelques années il y aura là matière à un mémoire plus complet menant à des conclusions plus générales. Dès aujourd'hui nous mentionnerons les résultats obtenus; mais deux, trois et même cinq années d'observations, quand il s'agit d'un phénomène aussi peu régulier que la pluie, ne suffisent pas pour porter un jugement sérieux sur le régime d'une station et sur son climat.

En attendant, il nous a semblé toutefois intéressant de réunir en quelques pages les résultats obtenus. Pour imiter bon nombre d'auteurs et hâter la publication qu'on nous demande, nous nous bornerons à la période de 11 années, généralement considérée comme suffisante. (1) Nous devons de plus rester dans ces limites par raison d'homogénéité ; si plusieurs de nos stations peuvent fournir de bien plus longues séries, d'autres sont de fondation plus récente, et les inégalités des périodes étudiées nuiraient à l'harmonie du résultat. Mieux vaut donner les renseignements fournis par toutes les stations durant les mêmes années, dans un travail d'ensemble, quitte à les examiner ensuite une à une, quand le temps permettra de faire des monographies sur le climat de chacune en particulier.

(1) Outre la période de 11 années qui correspond au cycle des taches solaires et aux variations de plusieurs phénomènes physiques qui semblent en relation intime avec l'activité de l'astre, le colonel H. E. Rawson a préconisé une autre période de 19 ans, parallèle à celle du retour simultané de plusieurs conditions astronomiques, et surtout remarquable par un mouvement oscillatoire de la zône des hautes pressions. Le R. P. Gœtz S.J. étudiant la pluie dans le territoire de Rhodesia, a trouvé de bons résultats en appliquant le calcul à cette période. (Proceedings of the Rhodesia Scient. Assoc. Vol. VIII, 1909). Nous nous bornons à la période de 11 ans, principalement pour cette raison que le nombre des stations possédant la série complète de 19 ans serait trop petit, et que d'autre part le calcul appliqué à l'immense majorité des stations pour ramener leurs observations à ce qu'elles seraient si on y avait une série de 19 ans, outre la longueur du travail, ne donnerait pas une connaissance assez exacte de la réalité.

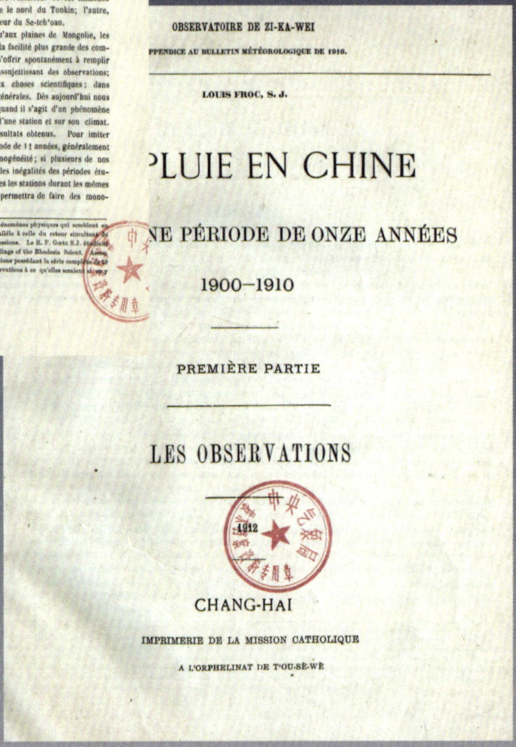

OBSERVATOIRE DE ZI-KA-WEI

APPENDICE AU BULLETIN MÉTÉOROLOGIQUE DE 1910.

LOUIS FROC, S. J.

PLUIE EN CHINE

NE PÉRIODE DE ONZE ANNÉES

1900—1910

PREMIÈRE PARTIE

LES OBSERVATIONS

CHANG-HAI

IMPRIMERIE DE LA MISSION CATHOLIQUE

A L'ORPHELINAT DE T'OU-SÈ-WÈ

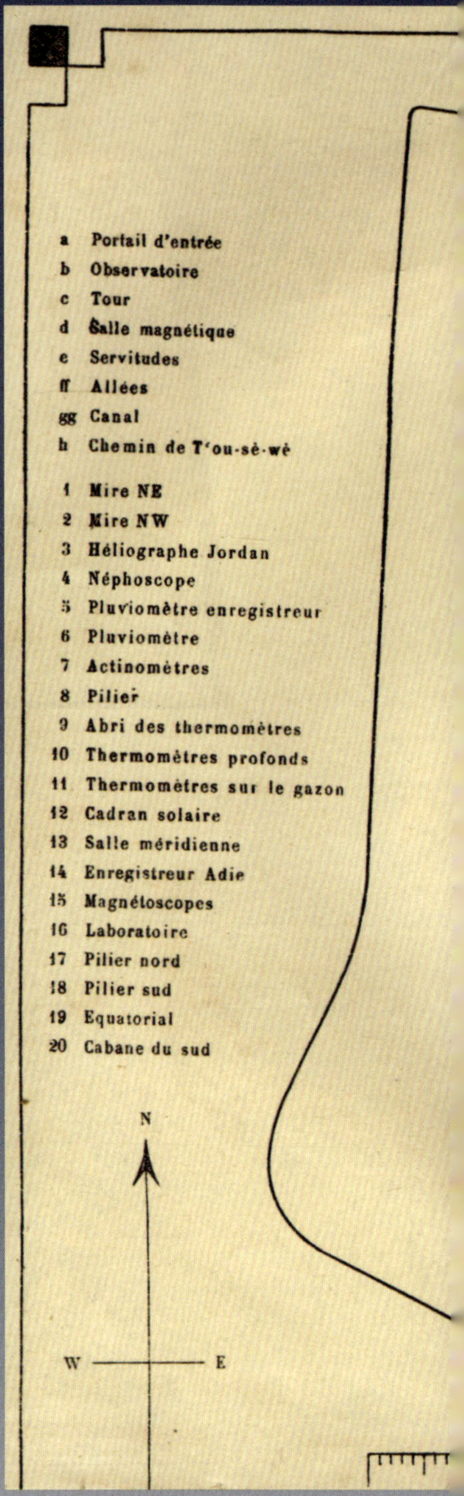

徐家汇观测场平面图

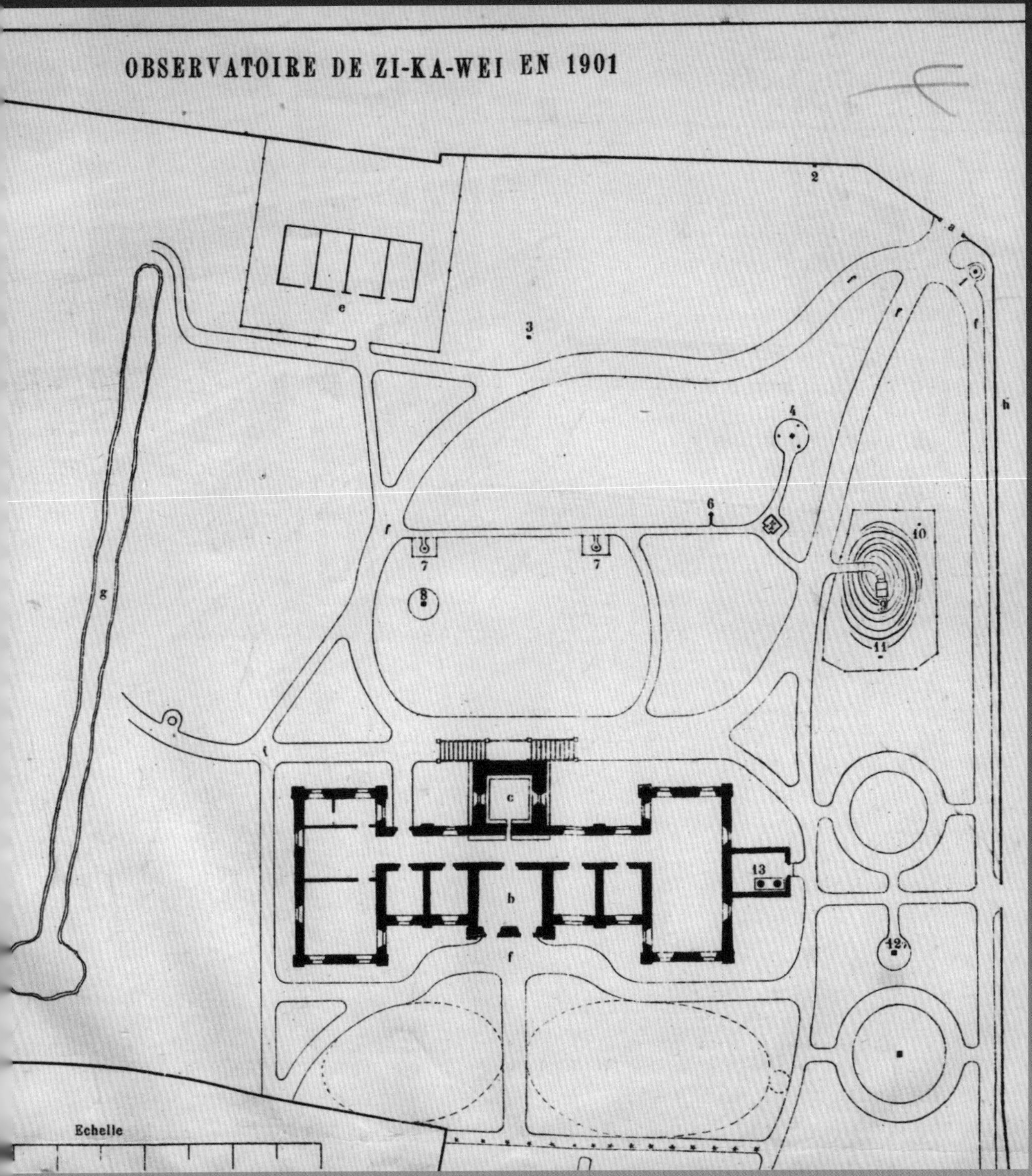
OBSERVATOIRE DE ZI-KA-WEI EN 1901
a
b
c
e
f
g
h
1
2
3
4
6
7
7
8
9
10
11
12
13
Echelle

国外珍贵档案——出版物专题

珍贵档案类型：　国外珍贵档案——出版物专题

档案形成年代：　1878 年至今

档 案 责 任 者：　中国气象局气象档案馆

档案内容简介：

中国气象局气象档案馆存档很多国外气象资料出版物，最早的出版物为近代气象仪器观测的 1796—1798 年法国出版的《气象观测公告》（*Tableaa des Obs ervations Mé té orogiques*）。历史最悠久的独立气象资料出版物为日本气象厅于 19 世纪 80 年代出版的《日本气象月报》，记录从 1878 年开始至今，除 1941 年 7 月—1944 年 12 月中断外全部齐全，有 140 余年的历史。中国气象局气象档案馆现存国外珍贵气象档案出版物 1100 余卷。

INTRODUCTION.

Les observations qui composent les trois volumes précédents et ce quatrième volume ont été recueillies pendant la campagne que fit dans les mers de l'Inde et de la Chine, en 1841, 1842, 1843 et 1844, la frégate *l'Érigone*, commandée par M. Cecille, capitaine de vaisseau.

L'*Érigone*, d'après les premières instructions du ministre de la marine, devait faire le tour du monde en passant par le cap de Bonne-Espérance, la Chine, l'Inde, l'Australie, Taïti, l'Amérique du Sud et le Brésil, et quoique la mission de M. Cecille ne fût pas spécialement scientifique, on jugea conve-

《法国大型驱逐舰印度洋和中国海航海记录》（第三卷）
1841—1844 年

RÉSUMÉ DES OBSERVATIONS MÉTÉOROLOGIQUES FAITES A TERRE EN DIFFÉRENTS POINTS DE LA MER DE CHINE.

LIEUX ET ÉPOQUES des OBSERVATIONS.	MOYENNES. GÉNÉRALES. Therm.	GÉNÉRALES. Barom. à 0°.	A MINUIT. Therm.	A MINUIT. Barom. à 0°.	A 1h M. Therm.	A 1h M. Barom. à 0°.	A 2h M. Therm.	A 2h M. Barom. à 0°.	A 3h M. Therm.	A 3h M. Barom. à 0°.	A 4h M. Therm.	A 4h M. Barom. à 0°.	A 5h M. Therm.	A 5h M. Barom. à 0°.
MACAO.	°	mm	°	mm	°	mm	°	mm	°	mm	°	mm	°	mm
1er novem. 1843—1er décem. Id...	21 57	763 21	21 25	763 31	21 19	763 28	21 08	763 29	20 95	763 01	20 84	762 88	20 67	763 11
16 Id. 1842 — 1er décem. Id.....	18 38	763 82	18 45	763 73	18 31	763 65	18 15	763 59	17 95	763 58	17 83	763 65	17 65	763 76
1er décem. 1842. — 1er janv. 1843.	17 26	764 86	16 72	764 87	16 60	764 86	16 53	764 79	16 40	764 72	16 28	764 59	16 19	764 71
17 décemb. 1841—1er janv. 1842...	10 26	765 85	10 23	765 85	10 15	765 84	10 03	765 79	9 85	765 75	9 69	765 73	9 75	765 66
1er janv. 1842—16 Id..........	13 83	767 74	13 29	767 93	13 13	768 14	12 89	768 14	12 77	767 97	12 65	767 81	12 65	767 77
1er janvier 1843—1er févr. Id....	13 72	766 30	13 53	766 21	13 31	766 21	13 12	766 14	12 95	766 02	12 83	765 99	12 78	766 02
1er février Id. — 1er mars Id....	14 44	764 83	13 88	764 95	13 71	764 87	13 56	764 85	13 48	764 78	13 48	764 73	13 47	764 78
1er mars Id. — 1er avril Id.....	14 59	761 6^{2}	14 03	781 80	13 90	761 66	13 87	761 52	13 70	761 30	13 61	761 21	13 70	761 32
1er avril Id. — 1er mai Id.......	21 76	760 16	20 94	760 49	20 83	760 32	20 63	760 18	20 50	759 98	20 41	759 19	20 42	760 06
TING-HAE.														
17 mai 1842 au 1er juin Id.......	17 69	759 57	16 97	759 86	16 73	759 61	16 44	759 49	16 36	759 40	16 25	759 41	16 28	759 43
1er juin — 16 Id...............	20 14	754 86	19 36	755 13	19 29	754 94	19 20	754 93	19 11	754 83	19 10	754 67	18 99	754 68
WOO-SUNG.														
1er juillet 1842 — 1er août Id...	25 74	752 33	25 06	752 52	24 86	752 39	24 74	752 34	24 56	752 22	24 39	752 16	24 39	752 20
1er août Id. — 1er septembre Id.	26 09	754 68	25 39	754 68	25 21	754 58	25 03	754 46	24 92	754 37	24 84	754 26	24 86	754 41
TOURANE.														
13 mai 1843. — 23 Id.........	26 76	756 70	25 98	757 13	25 79	756 85	25 24	756 50	25 24	756 41	25 15	756 38	25 14	756 41
29 mai 1843. — 8 juin Id.......	28 68	754 02	27 80	754 44	27 52	754 19	27 42	754 06	27 35	753 97	27 24	753 90	27 04	754 09

CAMPAGNE DE L'ÉRIGONE.

1

《北京地磁观象台气象观测表》（俄文版）

1889—1895 年

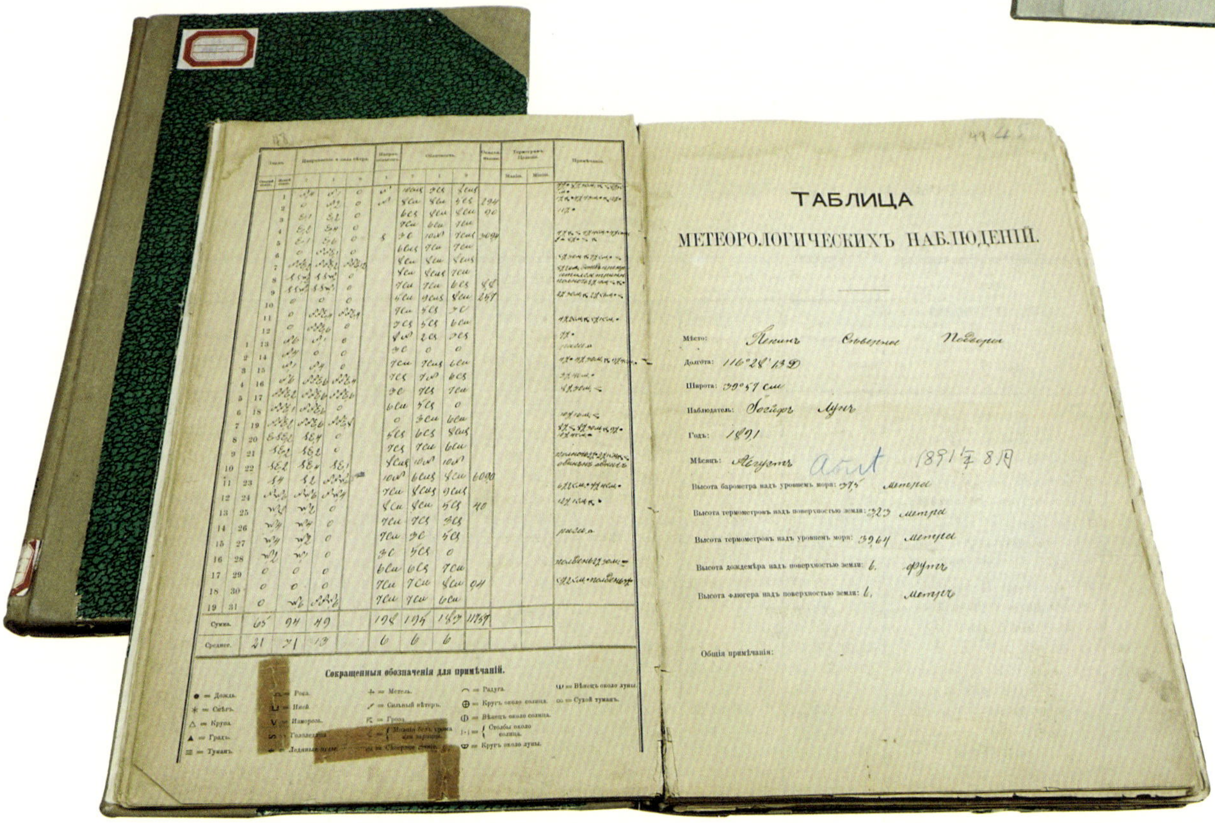

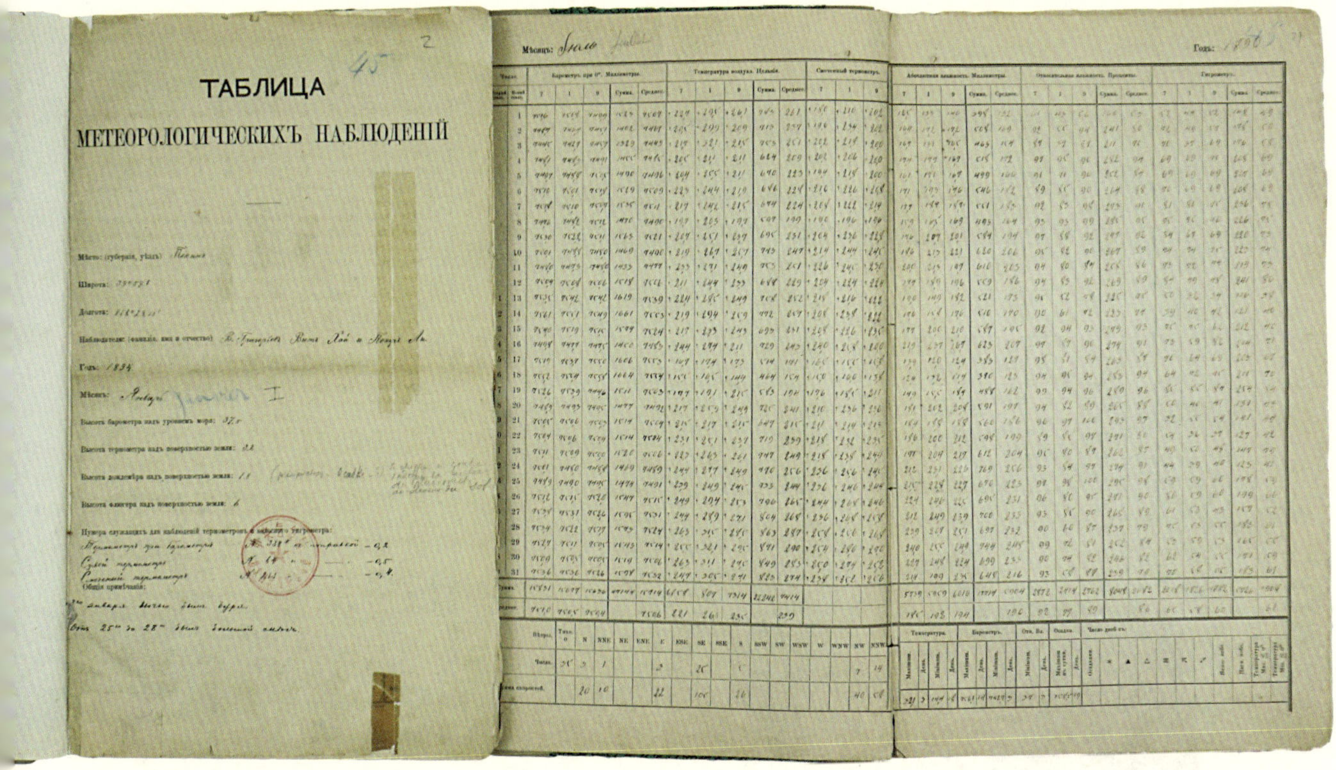

清道光二十九年（1849 年），俄国东正教会在北京建立了测候所，并扩建为北京地磁观象台（东直门外 39° 57′ N，116° 29′ E，海拔高度 37.5 m）。北京地磁观象台是外国教会组织在中国创建的第一个综合性观象台，主要从事天文、气象观测，也是在中国最早使用近代气象仪器连续进行观测的气象台（站）。

《俄国圣彼得堡地球物理观象台年报》

1844 年出版，记录北京 1841 年的气象观测资料，
这也是最早系统发表我国气象资料的出版物

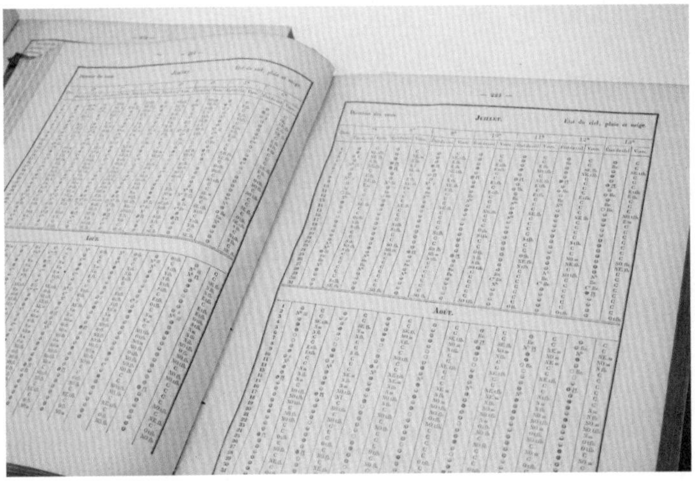

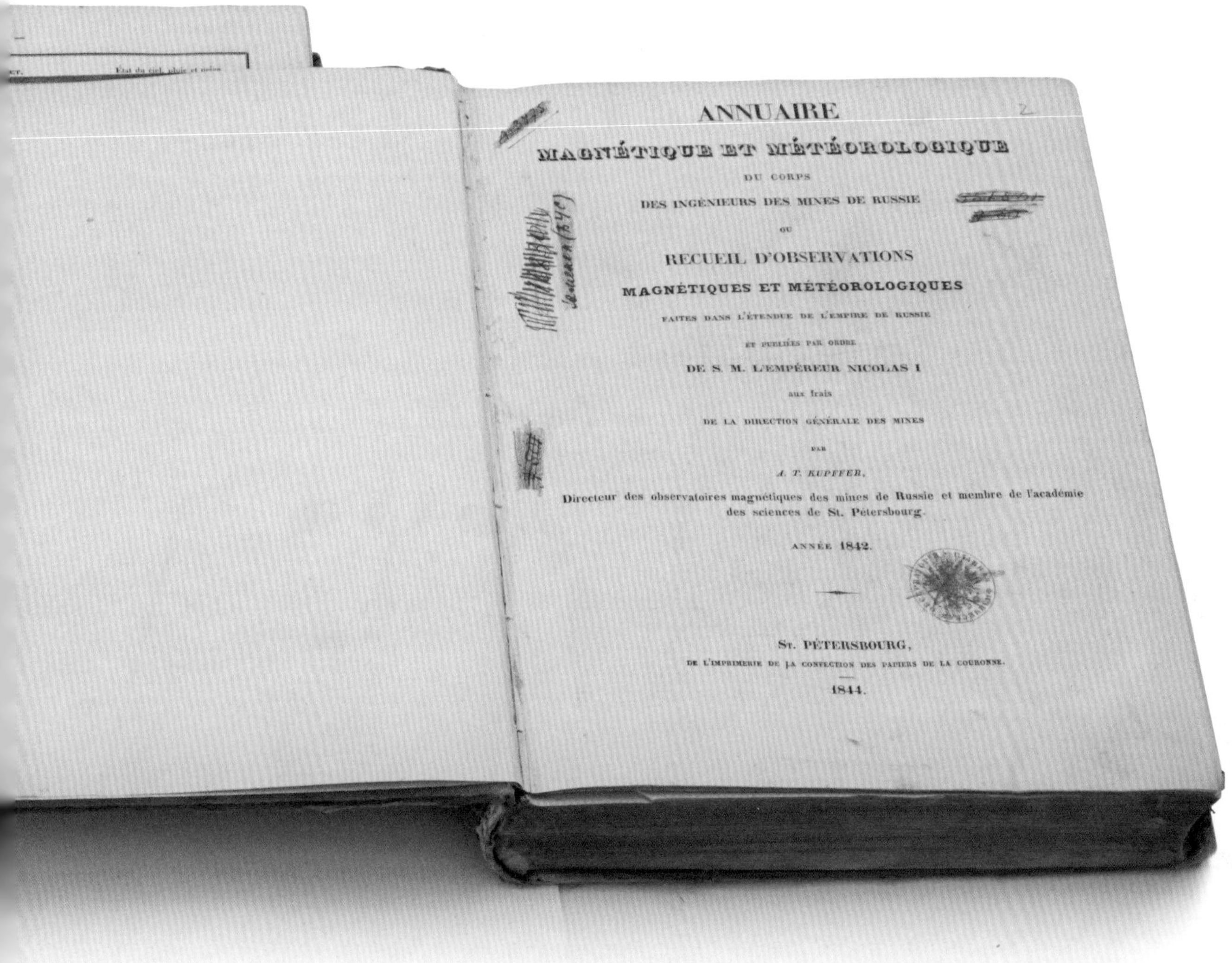
ANNUAIRE
MAGNÉTIQUE ET MÉTÉOROLOGIQUE
DU CORPS
DES INGÉNIEURS DES MINES DE RUSSIE
OU
RECUEIL D'OBSERVATIONS
MAGNÉTIQUES ET MÉTÉOROLOGIQUES
FAITES DANS L'ÉTENDUE DE L'EMPIRE DE RUSSIE
ET PUBLIÉES PAR ORDRE
DE S. M. L'EMPÉREUR NICOLAS I
aux frais
DE LA DIRECTION GÉNÉRALE DES MINES
PAR
A. T. KUPFFER,
Directeur des observatoires magnétiques des mines de Russie et membre de l'académie des sciences de St. Pétersbourg.
ANNÉE 1842.
St. PÉTERSBOURG,
DE L'IMPRIMERIE DE LA CONFECTION DES PAPIERS DE LA COURONNE.
1844.

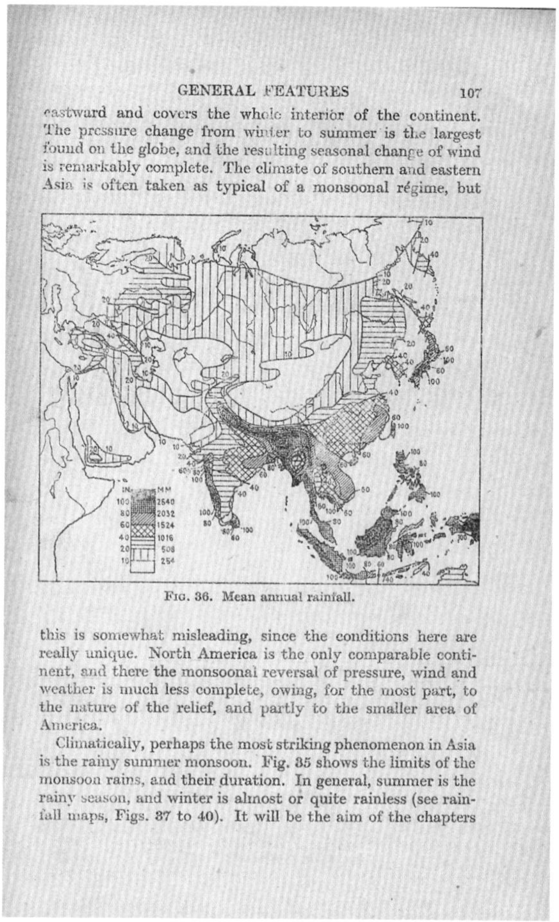

GENERAL FEATURES 107

eastward and covers the whole interior of the continent. The pressure change from winter to summer is the largest found on the globe, and the resulting seasonal change of wind is remarkably complete. The climate of southern and eastern Asia is often taken as typical of a monsoonal régime, but

FIG. 36. Mean annual rainfall.

this is somewhat misleading, since the conditions here are really unique. North America is the only comparable continent, and there the monsoonal reversal of pressure, wind and weather is much less complete, owing, for the most part, to the nature of the relief, and partly to the smaller area of America.

Climatically, perhaps the most striking phenomenon in Asia is the rainy summer monsoon. Fig. 35 shows the limits of the monsoon rains, and their duration. In general, summer is the rainy season, and winter is almost or quite rainless (see rainfall maps, Figs. 37 to 40). It will be the aim of the chapters

《大陆气候》（张乃召夫人赠送）

1876—1911 年

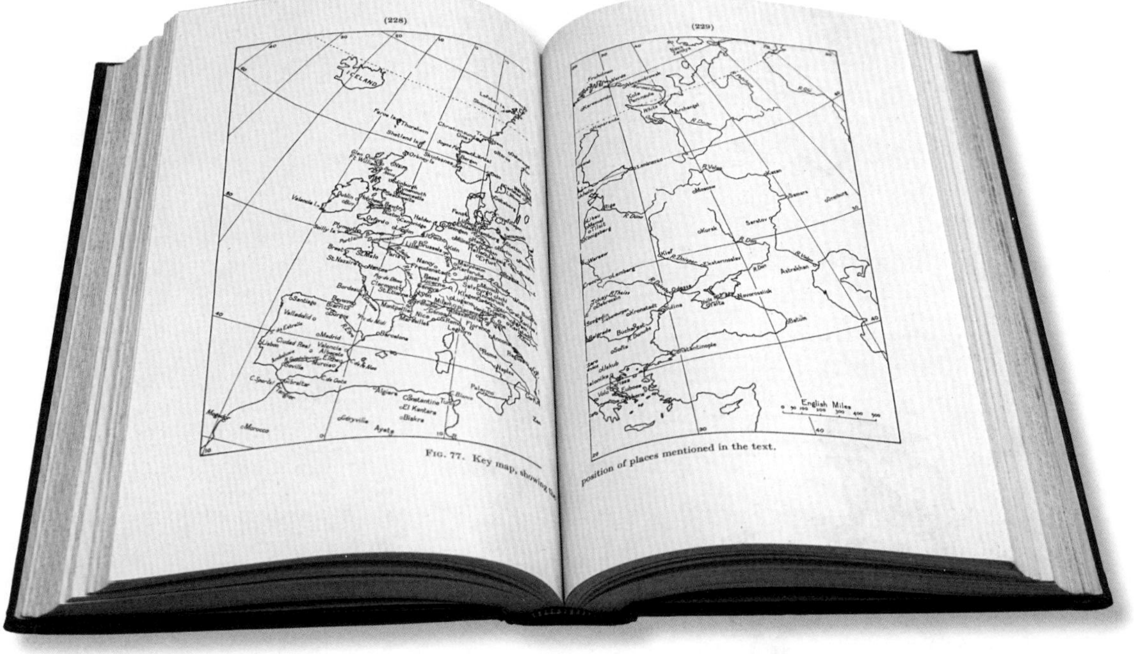

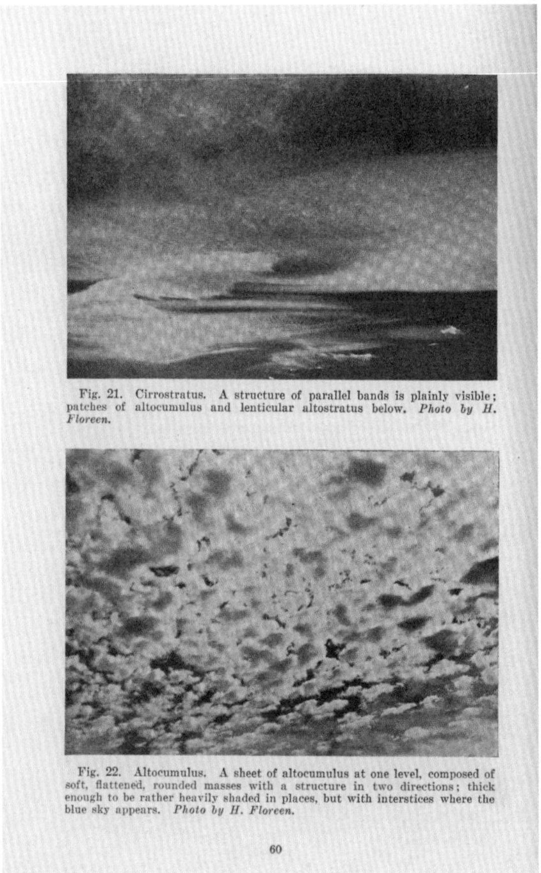

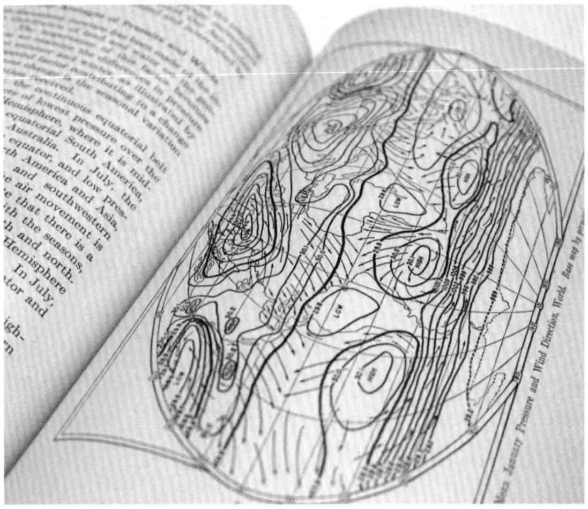

《基本气象学讲义》(张乃召夫人赠送)

1875—1931 年

民国时期

民国时期是中国气象事业逐步走向自主发展的时期，气象观测涉及的领域拓展到航空、水利、海洋、农业等。1912 年，中华民国临时政府设立“中央观象台”，在北京建国门古观象台遗址建立了我国第一个官办气象观测和地磁观测的综合性国家观象台。1929 年 1 月，成立了“中央研究院气象研究所”。除官办外，地方政府、民间、高等院校等也相继开展了气象观测业务。这一时期涌现出了许多杰出的科学家，如竺可桢、蒋丙然、涂长望、吕炯、张骞、高鲁、陈一得等。他们著书、立说，提倡科学救国、实业救国，将气象业务推广到全国，为中国的气象事业发展壮大起到了积极作用。民国时期气象档案的形成较之明清时期具有来源广泛、内容丰富、完整性强等特点。

高鲁（1877—1947）

字曙青，号叔钦。福建福州长乐人。中国现代天文学奠基人之一，著名的天文学家。

早年就读于福建马江船政学堂，1905 年去比利时布鲁塞尔大学留学，后获该校工科博士学位。

1909 年追随孙中山先生参加同盟会，1911 年回国，辛亥革命后任中华民国临时政府秘书，不久任中央观象台首任台长。1918 年去欧洲，任留欧学生监督。1921 年回国后仍任中央观象台台长。1928 年任中央研究院天文研究所所长。1929 年任驻法国公使。

1913 年创办《气象月刊》，普及气象学和天文学知识。1915 年该刊改为《观象丛报》，1930 年更名为《宇宙》。1922 年发起成立中国天文学会，并任首任会长。1927 年筹划建立南京紫金山天文台。参与组织 1936 年和 1941 年两次日全食观测。1929 年发明天璇式中文打字机。

著有《日晷通论》《星象统笺》《中央观象台过去与未来》《相对论原理》等。

中央观象台成立于 1912 年 11 月 29 日，是中华民国政府官办的第一个利用仪器观测的气象台。1912 年，教育总长蔡元培选派高鲁和常福元负责中央观象台建设任务。教育部接收钦天监后，选取钦天监的泡子河观象台作为中央观象台台址。同年，国会参、众两院讨论通过《中央观象台组织条例》，设了历数、气象、天文、磁力四科，高鲁任台长，掌管观察天文，编撰历书，鉴定观象用器械。1913 年，蒋丙然先生应中央观象台台长高鲁之邀，任北京中央观象台技正、气象科科长。

1912 年 11 月，蒋丙然学成回国后，任苏州垦殖学校教务长。

1913 年夏，应中央观象台台长高鲁之邀，到北京中央观象台任技正、气象科科长，并兼航空署气象科代理科长。

1924 年 2 月，他代表中央观象台接收日本管理的青岛测候所，并将该所改名青岛观象台，他出任台长。

1932 年蒋丙然被意大利气象学会聘为名誉副会长，成为中国有史以来获此殊荣的第一人。同时他在我国现代地震、地磁研究的开创中均有重要贡献。

蒋丙然

（1883—1966）

原名幼聪，字右沧。
福建闽侯人。
中国近代气象事业的开创者、
中国气象学会的主要发起人
和领导者。

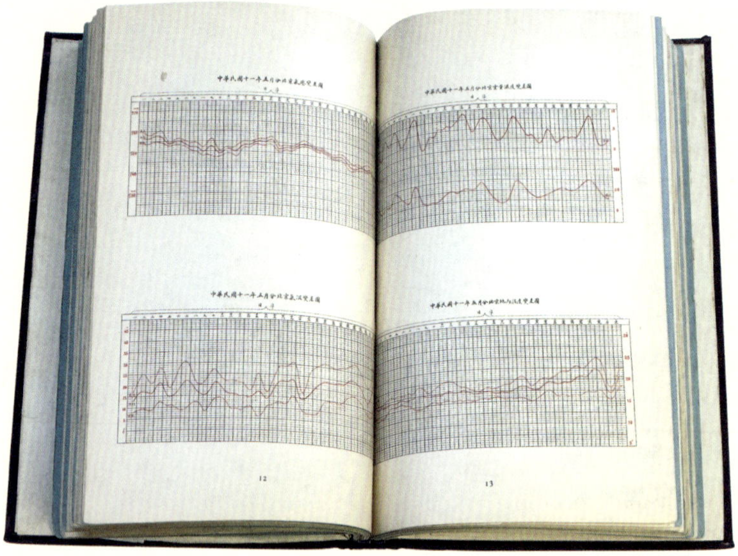

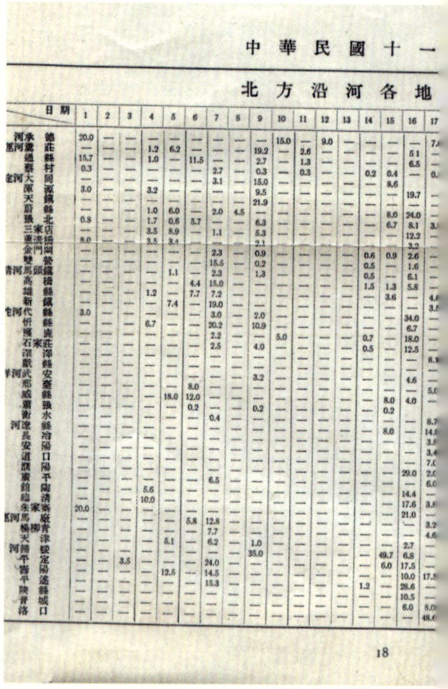
中華民國十一
北方沿河各地
18

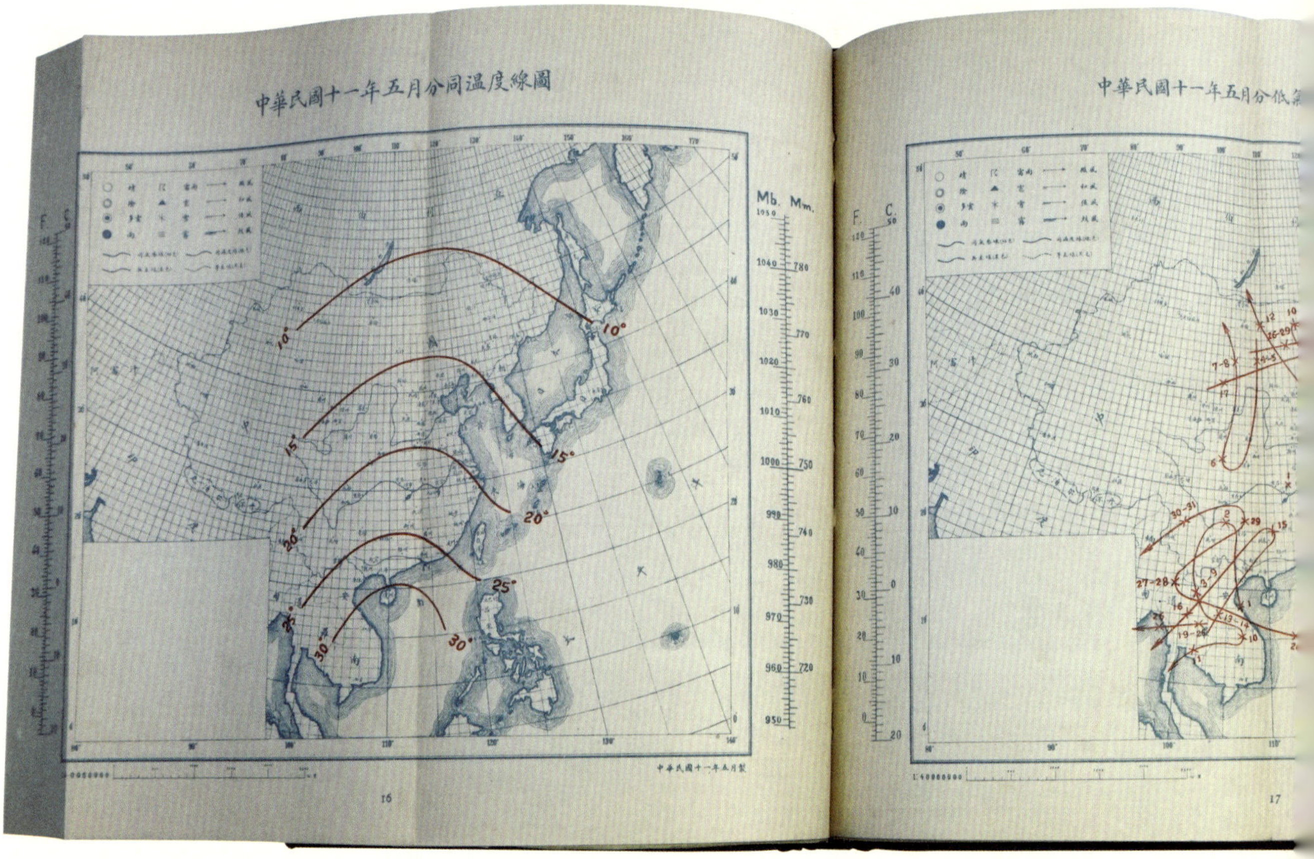
中華民國十一年五月分同溫度線圖
16
17

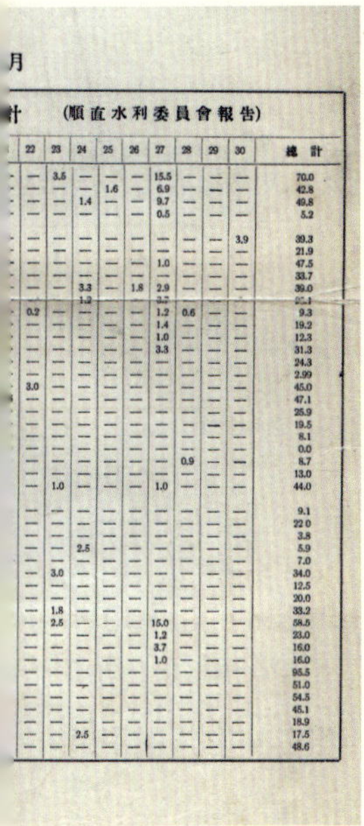

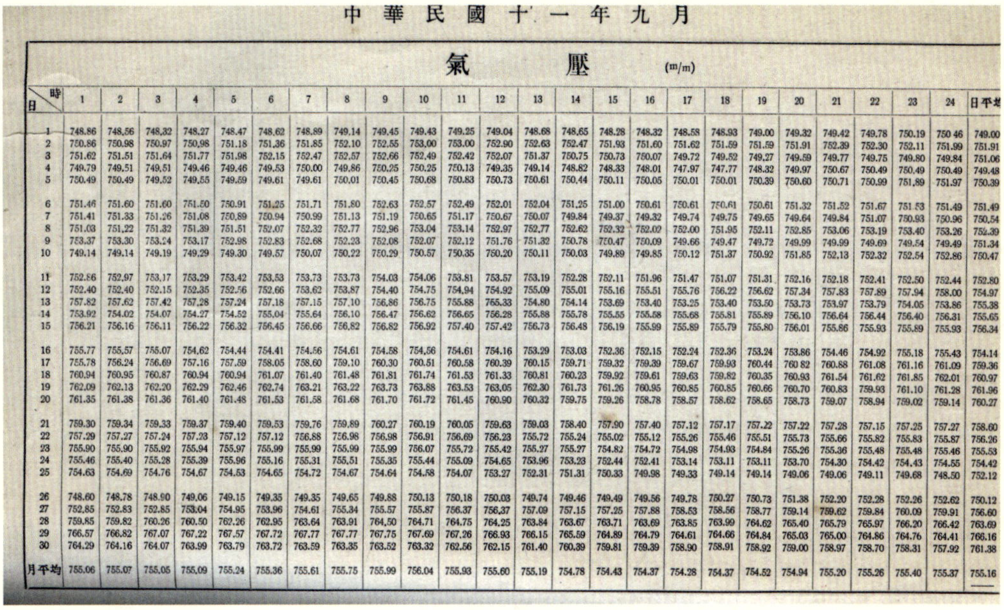

中華民國十一年九月

氣壓 (m/m)

日＼時	1	2	3	4	5	6	7	8	9	10	11	12	13	14	15	16	17	18	19	20	21	22	23	24	日平均
1	748.86	748.56	748.32	748.27	748.47	748.62	748.89	749.14	749.45	749.43	749.25	749.04	748.68	748.65	748.28	748.32	748.58	748.93	749.00	749.32	749.42	749.78	750.19	750 46	749.00
2	750.86	750.98	750.97	750.98	751.18	751.36	751.85	752.10	752.55	753.00	753.00	752.90	752.63	752.47	751.93	751.60	751.62	751.59	751.59	751.91	752.39	752.30	752.11	751.99	751.91
3	751.62	751.51	751.64	751.77	751.98	752.15	752.47	752.57	752.66	752.49	752.42	752.07	751.37	750.75	750.73	750.07	749.72	749.52	749.27	749.59	749.77	749.75	749.80	749.84	751.06
4	749.79	749.51	749.51	749.46	749.46	749.53	750.00	749.86	750.25	750.25	750.13	749.35	749.14	748.82	748.33	748.01	747.97	747.77	748.32	749.97	750.67	750.49	750.49	750.49	749.48
5	750.49	750.49	749.52	749.55	749.59	749.61	749.61	750.01	750.45	750.68	750.83	750.73	750.61	750.44	750.11	750.05	750.01	750.01	750.39	750.60	750.71	750.99	751.89	751.97	750.39
6	751.46	751.60	751.60	751.50	750.91	751.25	751.71	751.80	752.63	752.57	752.49	752.01	752.04	751.25	751.00	750.61	750.61	750.61	750.61	751.32	751.52	751.67	751.53	751.49	751.49
7	751.41	751.33	751.26	751.08	750.89	750.94	750.99	751.13	751.19	750.65	751.17	750.67	750.07	749.84	749.37	749.32	749.74	749.75	749.65	749.64	749.84	751.07	750.93	750.96	750.54
8	751.03	751.22	751.32	751.39	751.51	752.07	752.32	752.77	752.96	753.04	753.14	752.97	752.77	752.62	752.32	752.02	752.00	751.95	752.11	752.85	753.06	753.19	753.40	753.26	752.39
9	753.37	753.30	753.24	753.17	752.98	752.83	752.68	752.23	752.08	752.07	752.12	751.76	751.32	750.78	750.47	750.09	749.66	749.47	749.72	749.99	749.99	749.69	749.54	749.49	751.34
10	749.14	749.14	749.19	749.29	749.30	749.57	750.07	750.22	750.29	750.57	750.35	750.20	750.11	750.03	749.89	749.85	750.12	751.37	750.92	751.85	752.13	752.32	752.54	752.86	750.47
11	752.86	752.97	753.17	753.29	753.42	753.53	753.73	753.73	754.03	754.06	753.81	753.57	753.19	752.28	752.11	751.96	751.47	751.07	751.31	752.16	752.18	752.41	752.50	752.44	752.80
12	752.40	752.40	752.15	752.35	752.56	752.66	753.62	753.87	754.40	754.75	754.94	754.92	755.09	755.01	755.16	755.51	755.76	756.22	756.62	757.34	757.83	757.89	757.94	758.00	754.97
13	757.82	757.62	757.42	757.28	757.24	757.18	757.15	757.10	756.86	756.75	755.88	765.33	754.80	754.14	753.69	753.40	753.25	753.40	753.50	753.73	753.97	753.79	754.05	753.86	755.38
14	753.92	754.02	754.07	754.27	754.52	755.04	755.64	756.10	756.47	756.62	756.65	756.28	755.88	755.78	755.55	755.58	755.68	755.81	755.89	756.10	756.64	756.44	756.40	756.31	755.65
15	756.21	756.16	756.11	756.22	756.32	756.45	756.66	756.82	756.82	756.92	757.40	757.42	756.73	756.48	756.19	755.99	755.89	755.79	755.80	756.01	755.86	755.93	755.89	755.93	756.34
16	755.77	755.57	755.07	754.62	754.44	754.41	754.56	754.61	754.58	754.56	754.61	754.16	753.29	753.03	752.36	752.15	752.24	752.36	753.24	753.86	754.46	754.92	755.18	755.43	754.14
17	755.78	756.24	756.69	757.16	757.59	758.05	758.60	759.10	760.30	760.51	760.58	760.39	760.15	759.71	759.32	759.39	759.67	759.93	760.44	760 82	760.88	761.08	761.16	761.09	759.36
18	760.94	760.95	760.87	760.94	760.94	761.07	761.40	761.48	761.81	761.74	761.53	761.33	760.81	760.23	759.92	759.61	759.63	759.82	760.35	760.93	761.54	761.62	761.85	762.01	760.97
19	762.09	762.13	762.20	762.29	762.46	762.74	763.21	763.22	763.73	763.88	763.53	763.05	762.30	761.73	761.26	760.95	760.85	760.85	760.66	760.70	760.83	759.93	761.10	761.28	761.96
20	761.35	761.38	761.36	761.40	761.48	761.53	761.58	761.68	761.70	761.72	761.45	760.90	760.32	759.75	759.26	758.78	758.57	758.62	758.65	758.73	759.07	758.94	759.02	759.14	760.27
21	759.30	759.34	759.33	759.37	759.40	759.53	759.76	759.89	760.27	760.19	760.05	759.63	759.03	758.40	757.90	757.40	757.12	757.17	757.22	757.22	757.28	757.15	757.25	757.27	758.60
22	757.29	757.27	757.24	757.23	757.12	757.12	756.88	756.98	756.98	756.91	756.69	756.23	755.72	755.24	755.02	755.12	755.26	755.46	755.51	755.73	755.66	755.82	755.83	755.87	756.26
23	755.90	755.90	755.92	755.94	755.97	755.99	755.99	755.99	755.99	756.07	755.72	755.42	755.27	755.27	754.82	754.72	754.98	754.93	754.84	755.26	755.36	755.48	755.48	755.46	755.53
24	755.46	755.40	755.28	755.39	755.96	755.16	755.31	755.51	755.35	755.44	755.09	754.65	753.96	753.23	752.44	752.41	753.14	753.11	753.11	753.70	754.30	754.42	754.43	754.55	754.42
25	754.63	754.69	754.76	754.67	754.53	754.65	754.72	754.67	754.64	754.58	754.07	753.27	752.31	751.31	750.33	749.98	749.33	749.14	749.14	749.06	749.06	749.11	749.68	748.50	752.12
26	748.60	748.78	748.90	749.06	749.15	749.35	749.35	749.65	749.88	750.13	750.18	750.03	749.74	749.46	749.49	749.56	749.78	750.27	750.73	751.38	752.20	752.28	752.26	752.62	750.12
27	752.85	752.83	752.85	753.04	754.95	753.96	754.61	755.34	755.57	755.87	756.37	756.37	757.09	757.15	757.25	757.88	758.53	758.56	758.77	759.14	759.62	759.84	760.09	759.91	756.60
28	759.85	759.82	760.26	760.50	762.26	762.95	763.64	763.91	764.50	764.71	764.75	764.25	763.84	763.67	763.71	763.69	763.85	763.99	764.62	765.40	765.79	765.97	766.20	766.42	763.69
29	766.57	766.82	767.07	767.22	767.57	767.72	767.77	767.77	767.75	767.69	767.26	766.93	766.15	765.59	764.89	764.79	764.61	764.66	764.84	765.03	765.00	764.86	764.76	764.41	766.16
30	764.29	764.16	764.07	763.99	763.79	763.72	763.59	763.35	763.52	763.32	762.56	762.15	761.40	760.39	759.81	759.39	758.90	758.91	758.92	759.00	758.97	758.70	758.31	757.92	761.38
月平均	755.06	755.07	755.05	755.09	755.24	755.36	755.61	755.75	755.99	756.04	755.93	755.60	755.19	754.78	754.43	754.37	754.28	754.37	754.52	754.94	755.20	755.26	755.40	755.37	755.16

中央观象台气象月刊

1922 年

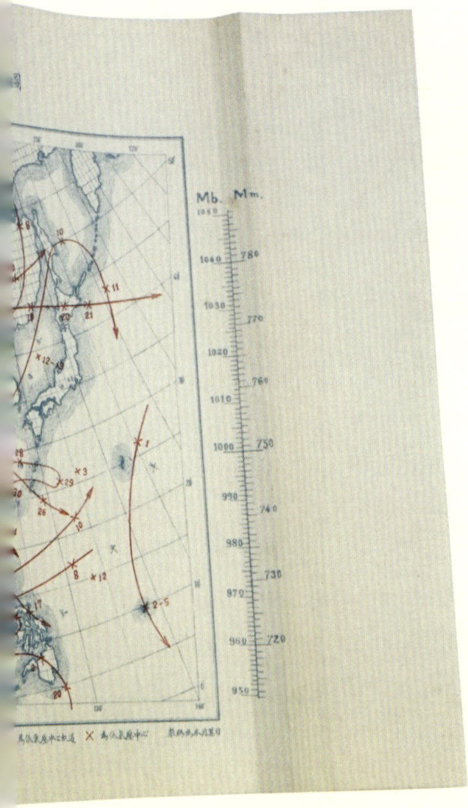

中华民国成立以前，一些气象基础科学知识、气象技术多通过外国人创办的报纸、期刊等途径传播。面对如此国情，中央观象台成立后，积极筹备尝试出版期刊。1914 年 7 月，中央观象台发行了我国第一本气象期刊——《气象月刊》。月刊每期都会刊登气象统计资料，并以图、表的形式刊载，如每月的风向来源图、同温度线图，北京气压、温度、雨量及最高最低温度表，东亚最低最高温度所在表，中国境内最低最高温度所在表等。其中对北京地区的观测记录较为详细，包含北京每月（日）的气压、温度、雨计、最高温度、最低温度、温度较差、纪要等数据。此外，月刊中还刊载了气象相关内容介绍，包括气象仪器，如《雷雨预知器》《预测气候之无线电机亚东》；气象灾害及奇异天象，如《日本大雪》《纪巴黎及其附近之黑云灰雨》《红雪考》；气象科技等。1915 年 7 月，《气象月刊》改为《观象丛报》，除气象学译著外，增加天文、地磁、地震、历象等学科内容。

中央观象台气象月刊

1922 年

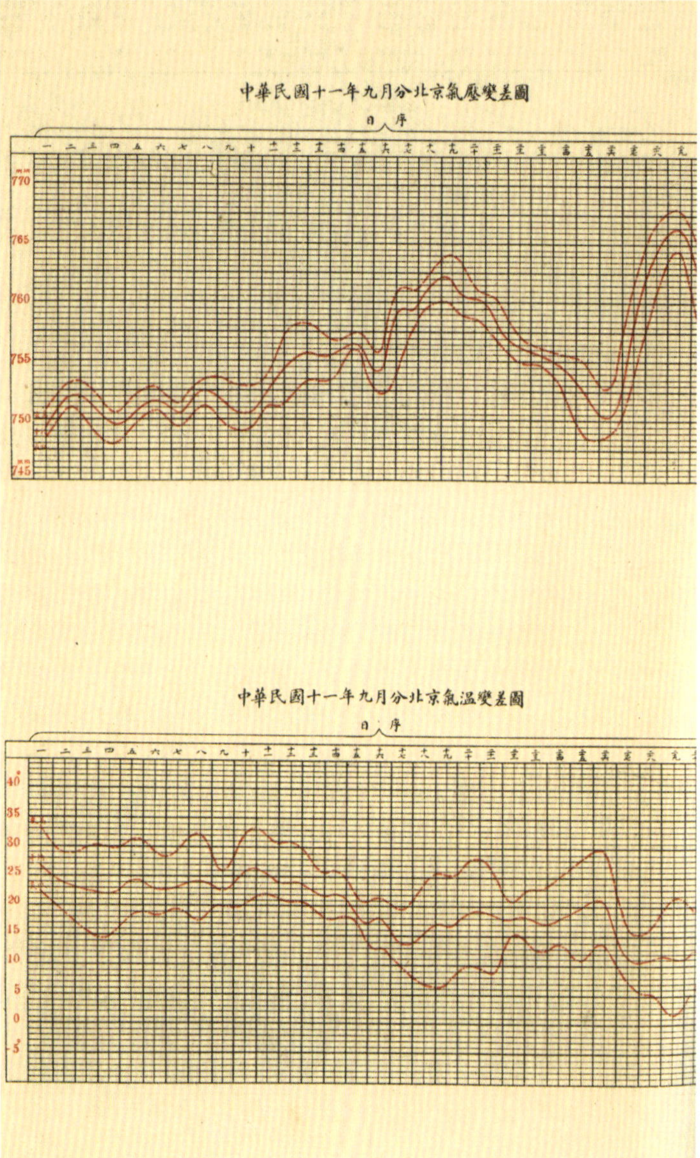

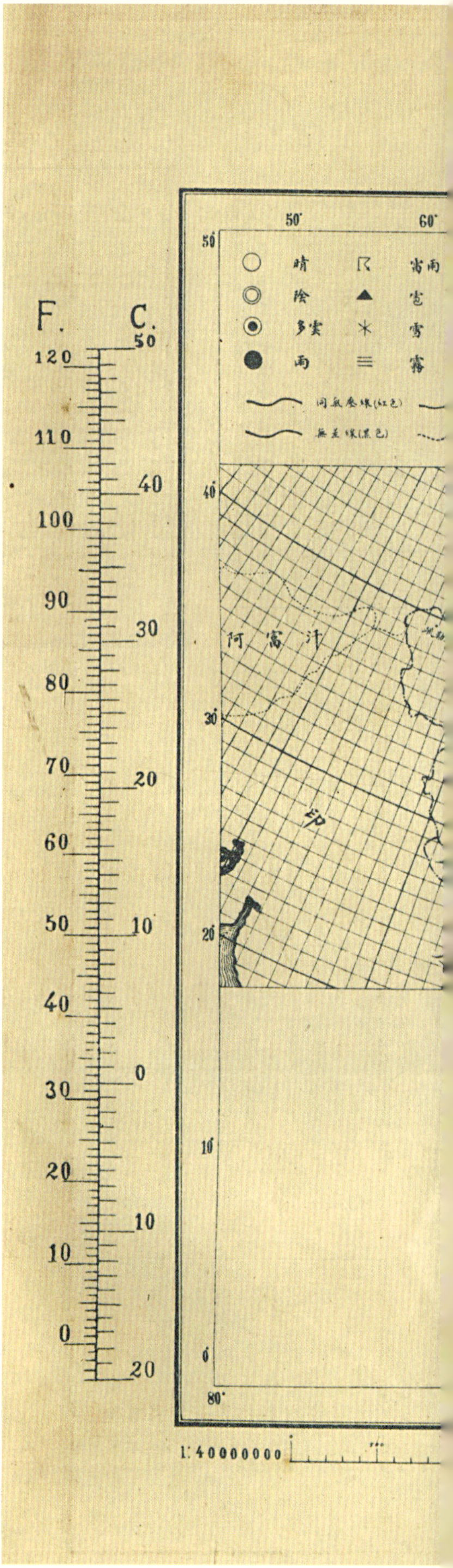

中華民國十一年九月分低氣壓中心軌道圖

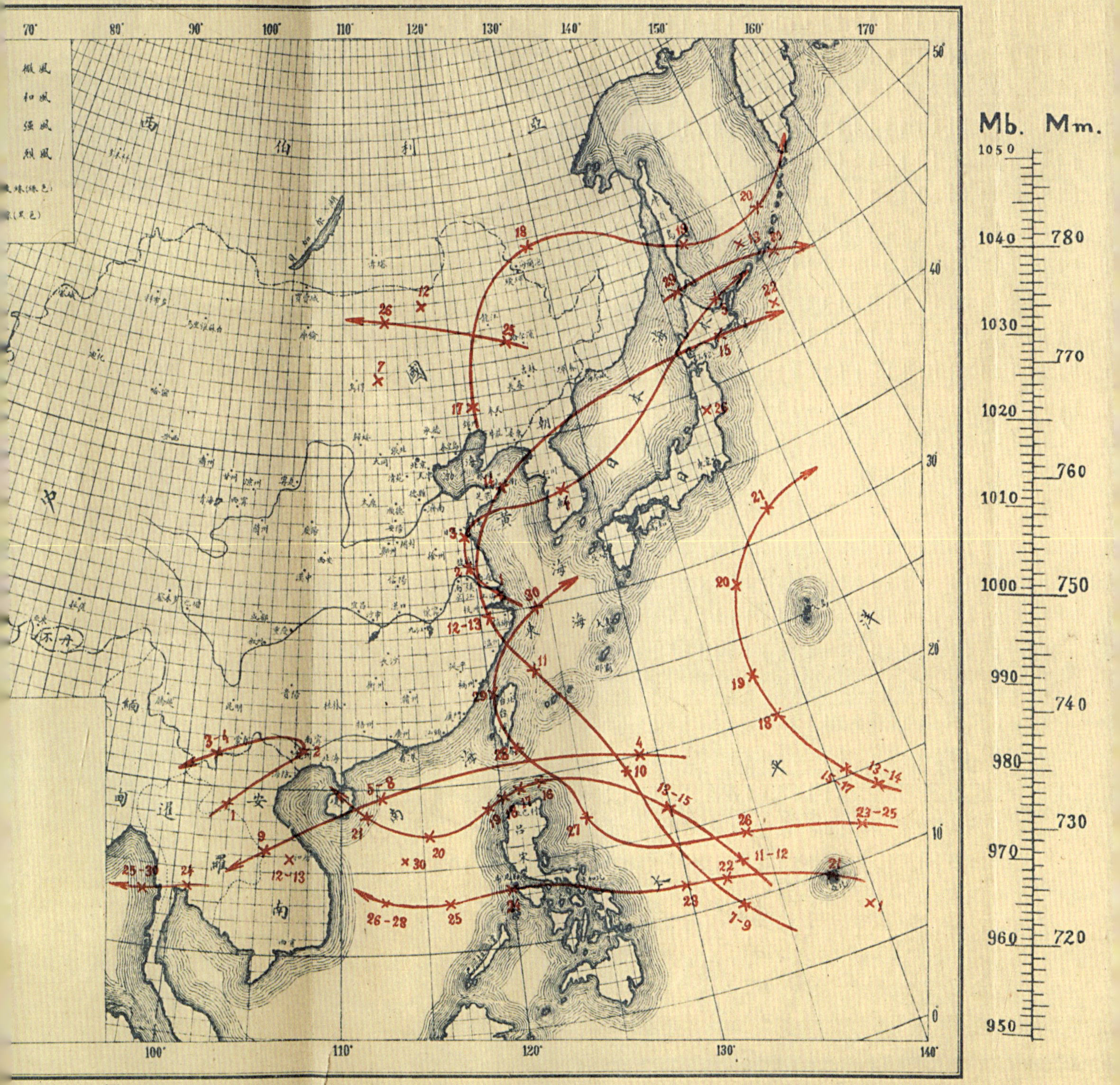

←為低氣壓中心軌道　×為低氣壓中心　數碼為本月某日

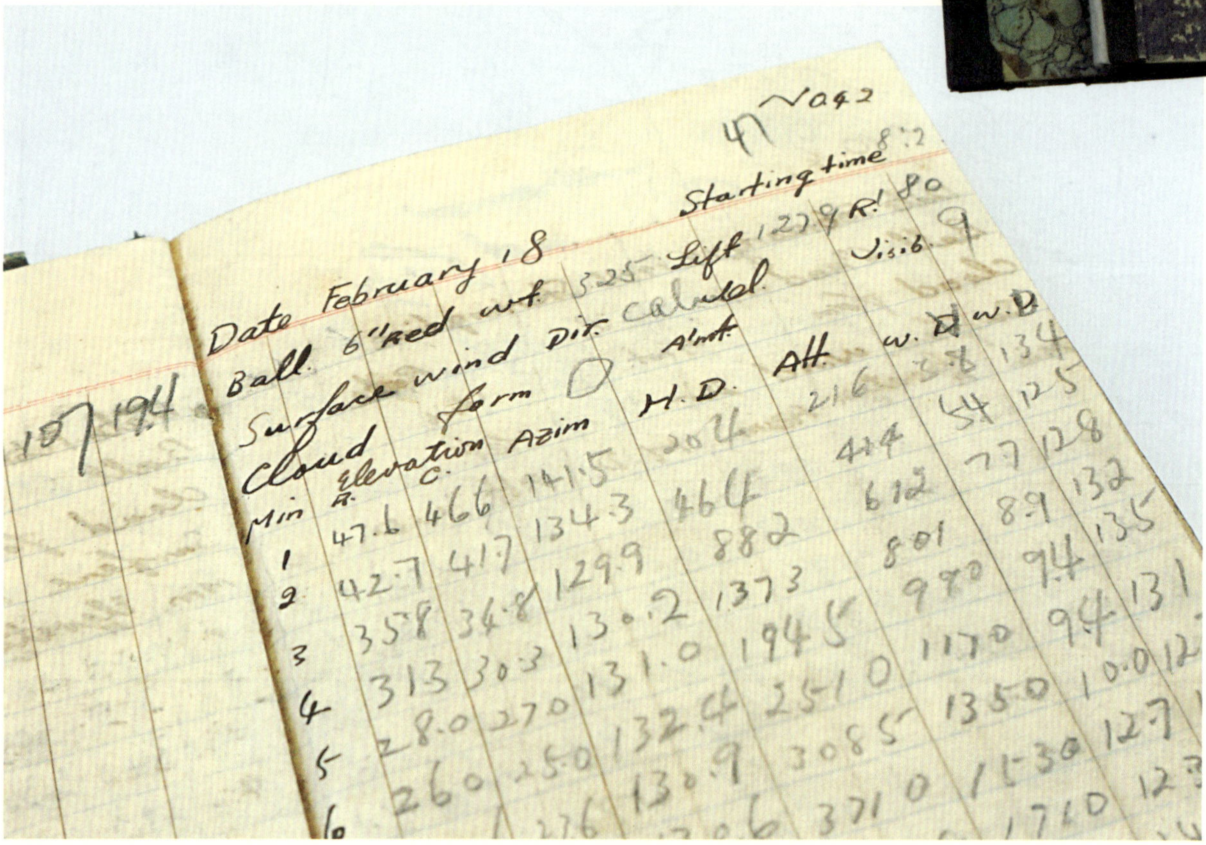
Date February 18
Starting time
Ball 6" red wt.
Surface wind Dir.
Cloud form
Min
Elevation
Azim
H. D.
Alt.

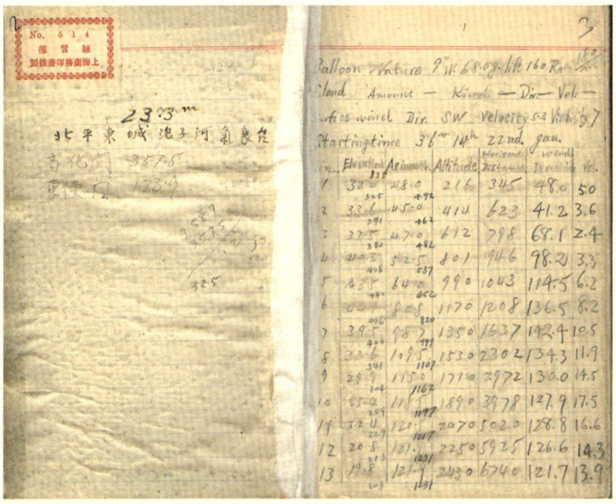

北京泡子河测风气球观测簿

1932—1935 年

中华民国国立中央研究院

1927年4月17日，中华民国国民政府会议提出设立中央研究院议案，推荐李石曾（煜瀛）、蔡元培（孑民）、张人杰（静江）共同起草《中央研究院组织法》。同年11月9日《中央研究院组织法》公布，明定"中央研究院直隶于中华民国政府，为中华民国最高学术研究机关"，设立物理、化学、工程、地质、天文、气象、历史语言、国文学、考古学、心理学、教育、社会科学、动物、植物等14个研究所。研究范围包括数学、天文学与气象学等11组科学。1928年4月20日，中华民国政府委员会任命蔡元培为院长。1928年，竺可桢应中央研究院蔡元培院长之聘，在南京北极阁筹建气象研究所，任气象研究所所长。

南京北极阁
中华民国国立中央研究院
气象研究所

中华民国国立中央研究院气象研究所施放探空气球

南京北极阁

南京北极阁是中国近代气象发祥地，又名鸡鸣山、钦天山，南朝时为皇家苑囿之一，位于南京市鼓楼区鼓楼东面。明代朱元璋在此建“观象台”，又名“钦天台”。明洪武十八年（1385 年），在此组建观象台，上设铜铸的浑天仪、简仪、圭表等天文仪器。因亭阁位于明代“万真武庙”后上方，故称北极阁。北极阁在中国气象界和世界气象界都有举足轻重的地位，2010 年在北极阁建成的中国北极阁气象博物馆是中国第一个气象专业博物馆。

竺可桢

(1890—1974)

中央研究院院士、中国科学院院士，中国近代气象学家、地理学家、教育学家，中国近代地理学、物候学和气象学的奠基者。

竺可桢曾经在国内建立了由 40 多个气象站和 100 多个雨量观测站组成的中国气象观测网。1916 年留学美国期间，竺可桢在《中国之雨量及风暴说》中提出我国因不能预测降水量而导致大范围的饥荒与灾难，强调设立气象台的重要性。1928 年，竺可桢在任国立中央研究院气象研究所所长期间，出版了所著的中国第一本近代《气象学》。1929—1936 年，全力创建北极阁气象台的地面和高空观测、天气预报和气象广播等业务，推动全国气象台站建设，培养了大批气象人才。1948 年，竺可桢被选聘为中央研究院院士；1955 年，被选聘为中国科学院学部委员（院士）。他在台风、中国季风及大气环流、气候区划、物候、气候变迁等研究方面都做出了开拓性的贡献。

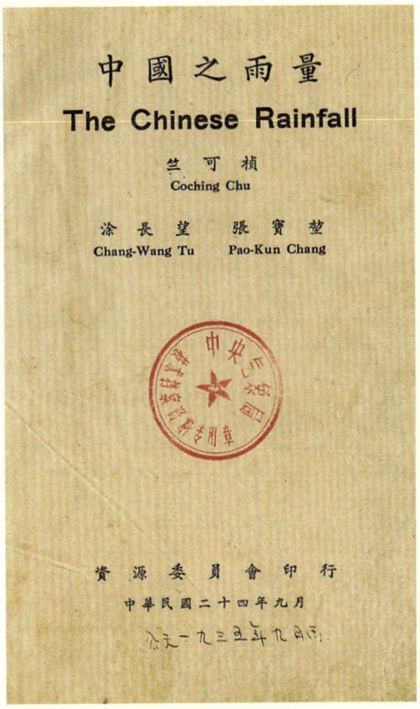
中國之雨量
The Chinese Rainfall
竺可楨
Coching Chu
涂長望 張寶堃
Chang-Wang Tu Pao-Kun Chang
資源委員會印行
中華民國二十四年九月
公元一九三五年九月

《中国之雨量》
1935 年出版

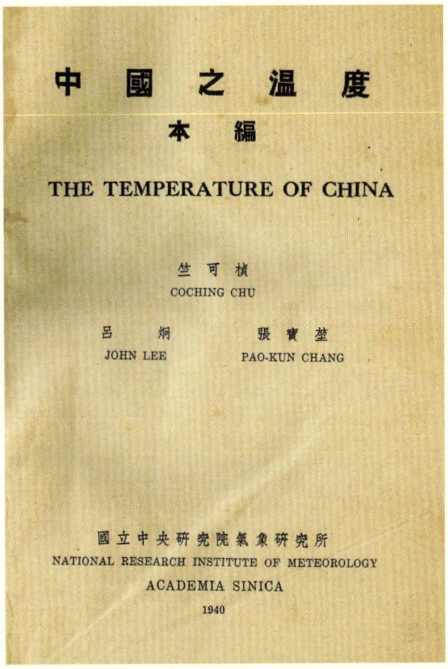
中國之溫度
本編
THE TEMPERATURE OF CHINA
竺可楨
COCHING CHU
呂炯 張寶堃
JOHN LEE PAO-KUN CHANG
國立中央研究院氣象研究所
NATIONAL RESEARCH INSTITUTE OF METEOROLOGY
ACADEMIA SINICA
1940

《中国之温度（本编）》
1940 年出版

中國氣候資料
氣溫編
CLIMATOLOGICAL DATA
AIR TEMPERATURE
國立中央研究院氣象研究所
NATIONAL RESEARCH INSTITUTE OF METEOROLOGY
ACADEMIA SINICA
中華民國三十三年八月
AUGUST, 1944
贈閱

《中国气候资料（气温编）》
1944 年出版

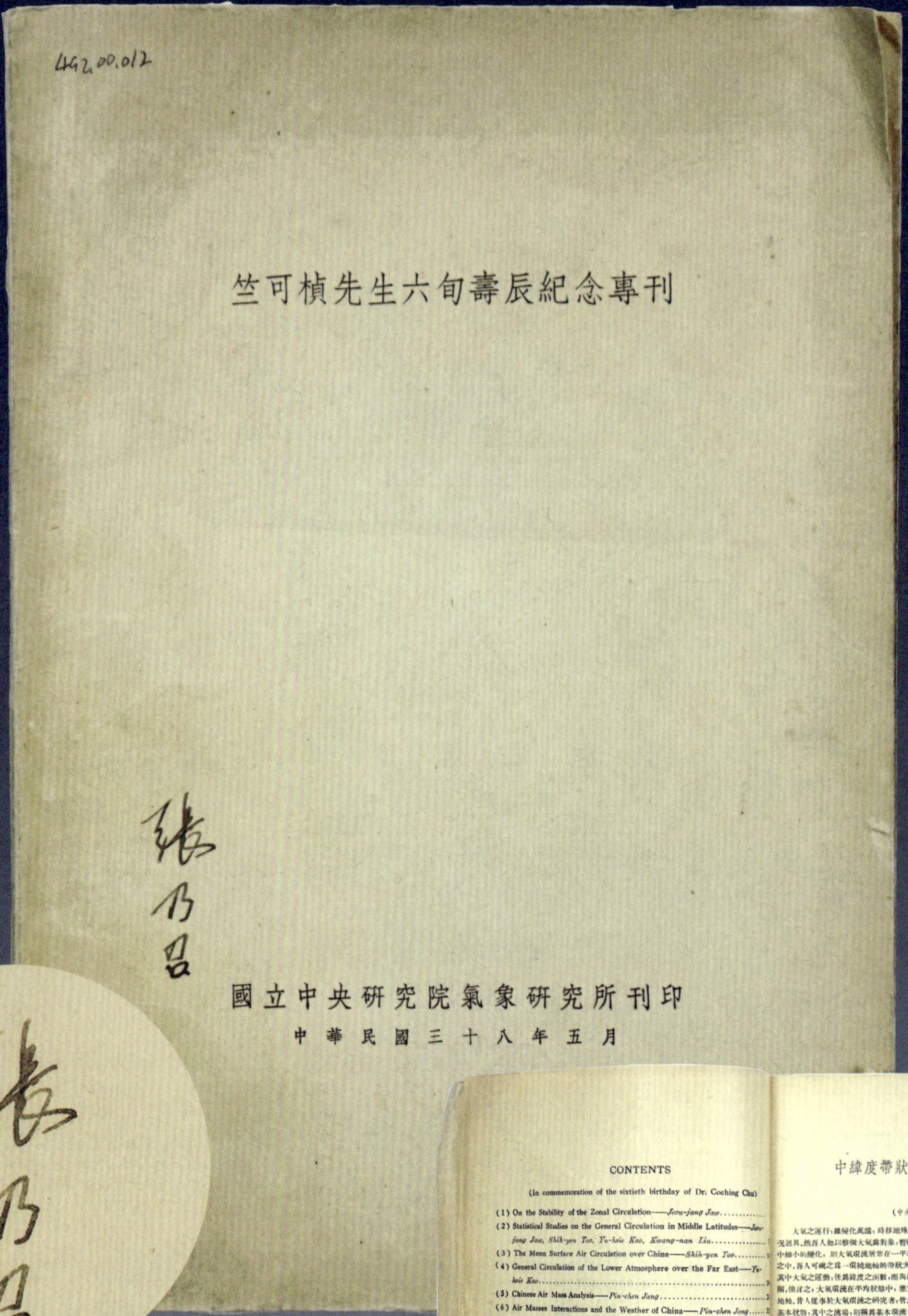

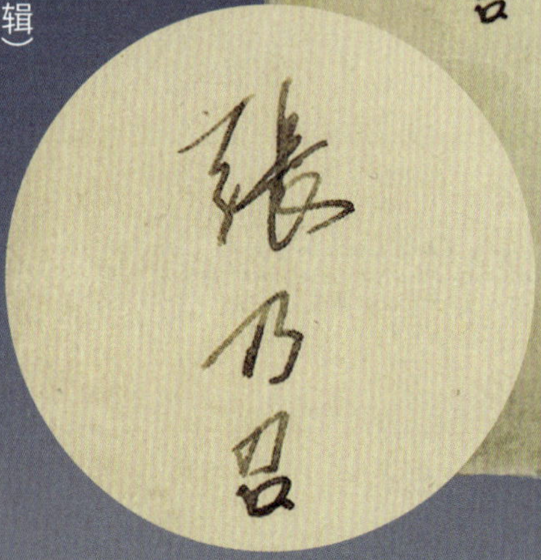

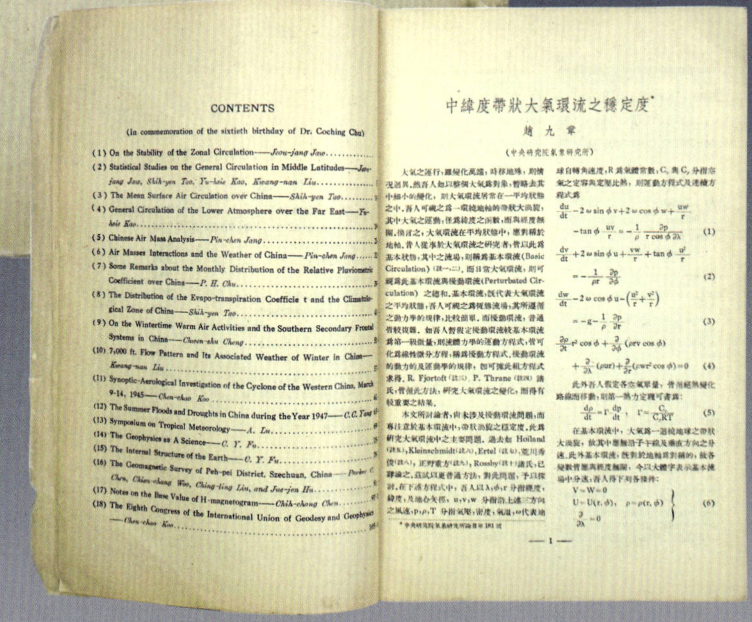

CONTENTS

(In commemoration of the sixtieth birthday of Dr. Coching Chu)

中緯度帶狀大氣環流之穩定度

趙九章

《竺可桢先生六旬寿辰纪念专刊》
（张乃召夫人赠送）
1949 年出版

敬以此集紀念

竺可楨先生六旬壽辰

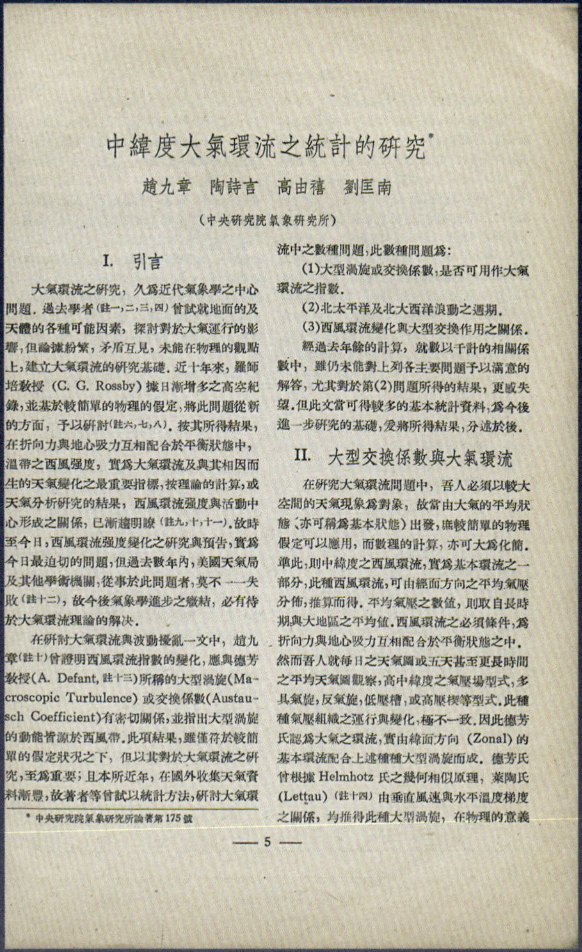

中緯度大氣環流之統計的研究*

趙九章　陶詩言　高由禧　劉匡南

（中央研究院氣象研究所）

I. 引言

大氣環流之研究，久爲近代氣象學之中心問題．過去學者（註一,二,三,四）曾試就地面的及天體的各種可能因素，探討對於大氣運行的影響，但論據紛繁，矛盾互見，未能在物理的觀點上，建立大氣環流的研究基礎．近十年來，羅師培教授（C. G. Rossby）據日漸增多之高空紀錄，並基於較簡單的物理的假定，將此問題從新的方面，予以研討（註六,七,八）．按其所得結果，在折向力與地心吸力互相配合於平衡狀態中，溫帶之西風強度，實爲大氣環流及與其相因而生的天氣變化之最重要指標，按理論的計算，或天氣分析研究的結果，西風環流強度與活動中心形成之關係，已漸趨明瞭（註九,十,十一）．故時至今日，西風環流強度變化之研究與預告，實爲今日最迫切的問題，但過去數年內，美國天氣局及其他學術機關，從事於此問題者，莫不一一失敗（註十二），故今後氣象學進步之癥結，必有待於大氣環流理論的解決．

在研討大氣環流與波動擾亂一文中，趙九章（註十）曾證明西風環流指數的變化，應與德芳教授（A. Defant, 註十三）所稱的大型渦旋（Macroscopic Turbulence）或交換係數（Austausch Coefficient）有密切關係，並指出大型渦旋的動能皆源於西風帶．此項結果，雖僅符於較簡單的假定狀況之下，但以其對於大氣環流之研究，至爲重要；且本所近年，在國外收集天氣資料漸豐，故著者等嘗試以統計方法，研討大氣環流中之數種問題，此數種問題爲：

(1)大型渦旋或交換係數，是否可用作大氣環流之指數．

(2)北太平洋及北大西洋浪動之週期．

(3)西風環流變化與大型交換作用之關係．

經過去年餘的計算，就數以千計的相關係數中，雖仍未能對上列各主要問題予以滿意的解答，尤其對於第(2)問題所得的結果，更感失望．但此文嘗可得較多的基本統計資料，爲今後進一步研究的基礎，爰將所得結果，分述於後．

II. 大型交換係數與大氣環流

在研究大氣環流問題中，吾人必須以較大空間的天氣現象爲對象，故當由大氣的平均狀態（亦可稱爲基本狀態）出發，庶較簡單的物理假定可以應用，而數理的計算，亦可大爲化簡．準此，則中緯度之西風環流，實爲基本環流之一部分，此種西風環流，可由經面方向之平均氣壓分佈，推算而得．平均氣壓之數值，則取自長時期與大地區之平均值．西風環流之必須條件，爲折向力與地心吸力互相配合於平衡狀態之中．然而吾人就每日之天氣圖或五天甚至更長時間之平均天氣圖觀察，高中緯度之氣壓場型式，多具氣旋，反氣旋，低壓槽，或高壓楔等型式．此種種氣壓組織之運行與變化，極不一致．因此德芳氏認爲大氣之環流，實由緯面方向（Zonal）的基本環流配合上述種種大型渦旋而成．德芳氏曾根據 Helmhotz 氏之幾何相似原理，萊陶氏（Lettau）（註十四）由垂直風速與水平溫度梯度之關係，均推得此種大型渦旋，在物理的意義

* 中央研究院氣象研究所論著第 175 號

— 5 —

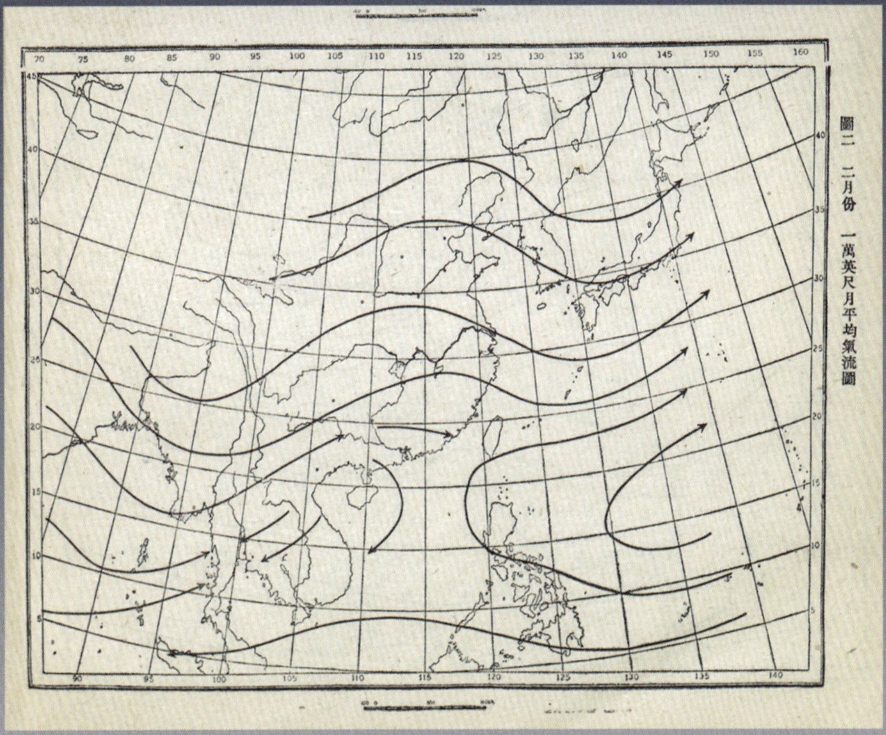

《竺可桢先生六旬寿辰纪念专刊》

1949 年出版

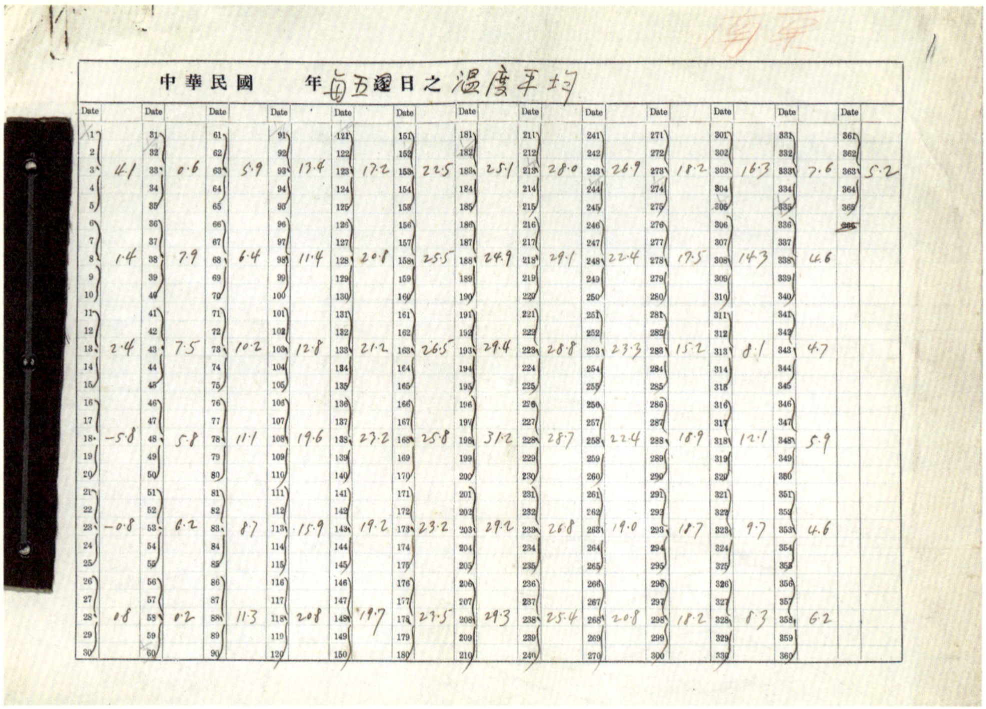
南京

中華民國　年每五邏日之温度平均

Date		Date		Date		Date		Date		Date		Date		Date		Date		Date		Date		Date		Date	
1		31		61		91		121		151		181		211		241		271		301		331		361	
2		32		62		92		122		152		182		212		242		272		302		332		362	
3	4.1	33	0.6	63	5.9	93	13.4	123	17.2	153	22.5	183	25.1	213	28.0	243	26.9	273	18.2	303	16.3	333	7.6	363	5.2
4		34		64		94		124		154		184		214		244		274		304		334		364	
5		35		65		95		125		155		185		215		245		275		305		335		365	
6		36		66		96		126		156		186		216		246		276		306		336			
7		37		67		97		127		157		187		217		247		277		307		337			
8	1.4	38	7.9	68	6.4	98	11.4	128	20.8	158	25.5	188	24.9	218	29.1	248	22.4	278	17.5	308	14.3	338	4.6		
9		39		69		99		129		159		189		219		249		279		309		339			
10		40		70		100		130		160		190		220		250		280		310		340			
11		41		71		101		131		161		191		221		251		281		311		341			
12		42		72		102		132		162		192		222		252		282		312		342			
13	2.4	43	7.5	73	10.2	103	12.8	133	21.2	163	26.5	193	29.4	223	28.8	253	23.3	283	15.2	313	8.1	343	4.7		
14		44		74		104		134		164		194		224		254		284		314		344			
15		45		75		105		135		165		195		225		255		285		315		345			
16		46		76		106		136		166		196		226		256		286		316		346			
17		47		77		107		137		167		197		227		257		287		317		347			
18	-5.8	48	5.8	78	11.1	108	19.6	138	23.2	168	25.8	198	31.2	228	28.7	258	22.4	288	18.9	318	12.1	348	5.9		
19		49		79		109		139		169		199		229		259		289		319		349			
20		50		80		110		140		170		200		230		260		290		320		350			
21		51		81		111		141		171		201		231		261		291		321		351			
22		52		82		112		142		172		202		232		262		292		322		352			
23	-0.8	53	6.2	83	8.7	113	15.9	143	19.2	173	23.2	203	29.2	233	26.8	263	19.0	293	18.7	323	9.7	353	4.6		
24		54		84		114		144		174		204		234		264		294		324		354			
25		55		85		115		145		175		205		235		265		295		325		355			
26		56		86		116		146		176		206		236		266		296		326		356			
27		57		87		117		147		177		207		237		267		297		327		357			
28	0.8	58	0.2	88	11.3	118	20.8	148	19.7	178	23.5	208	29.3	238	25.4	268	20.8	298	18.2	328	8.3	358	6.2		
29		59		89		119		149		179		209		239		269		299		329		359			
30		60		90		120		150		180		210		240		270		300		330		360			

中央研究院气象研究所科研统计原稿

1931—1935 年

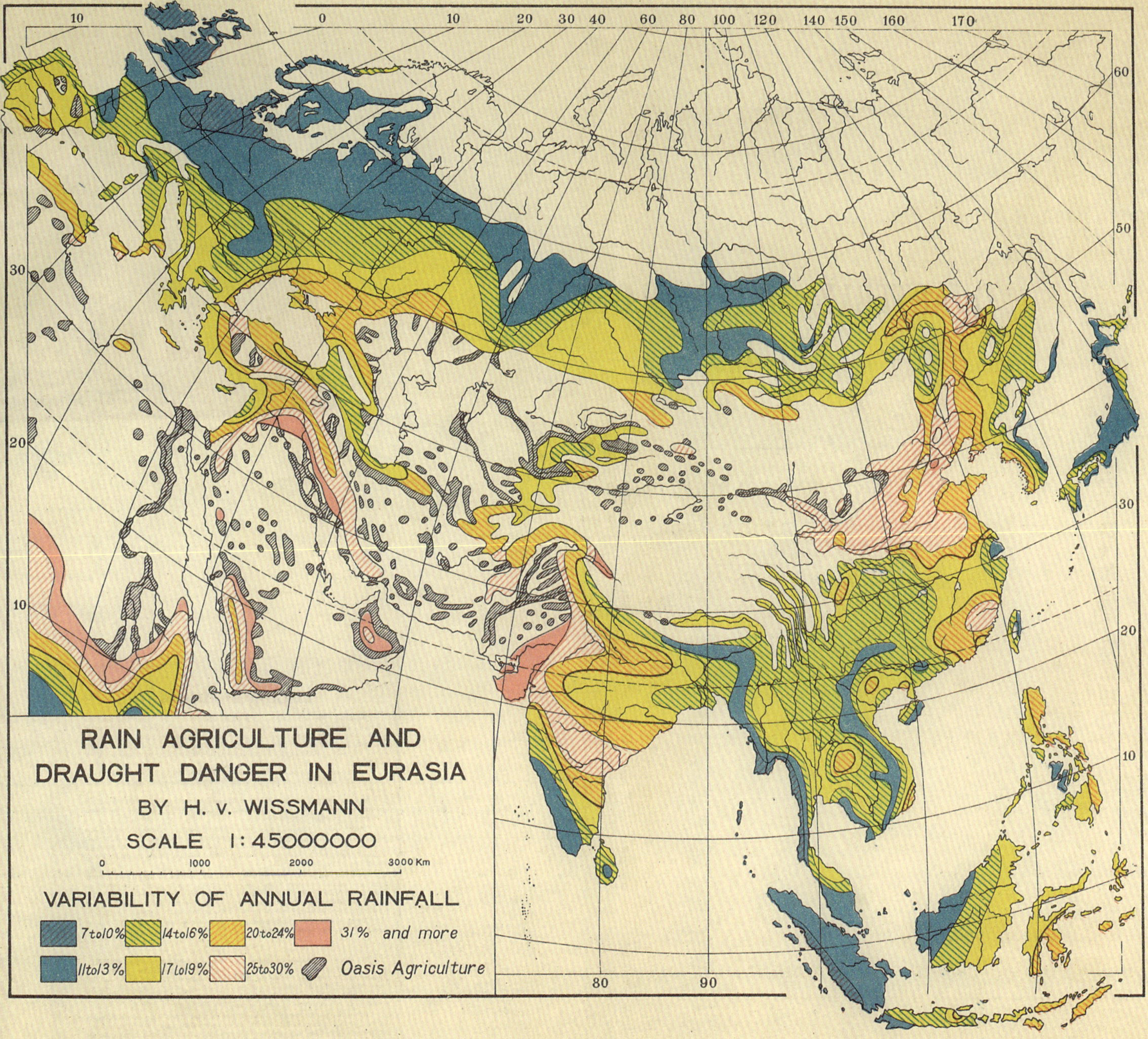
RAIN AGRICULTURE AND
DRAUGHT DANGER IN EURASIA
BY H. v. WISSMANN
SCALE 1:45000000
0 1000 2000 3000 Km
VARIABILITY OF ANNUAL RAINFALL
7 to 10%
14 to 16%
20 to 24%
31% and more
11 to 13%
17 to 19%
25 to 30%
Oasis Agriculture

中央研究院气象研究所气象季刊
1928年

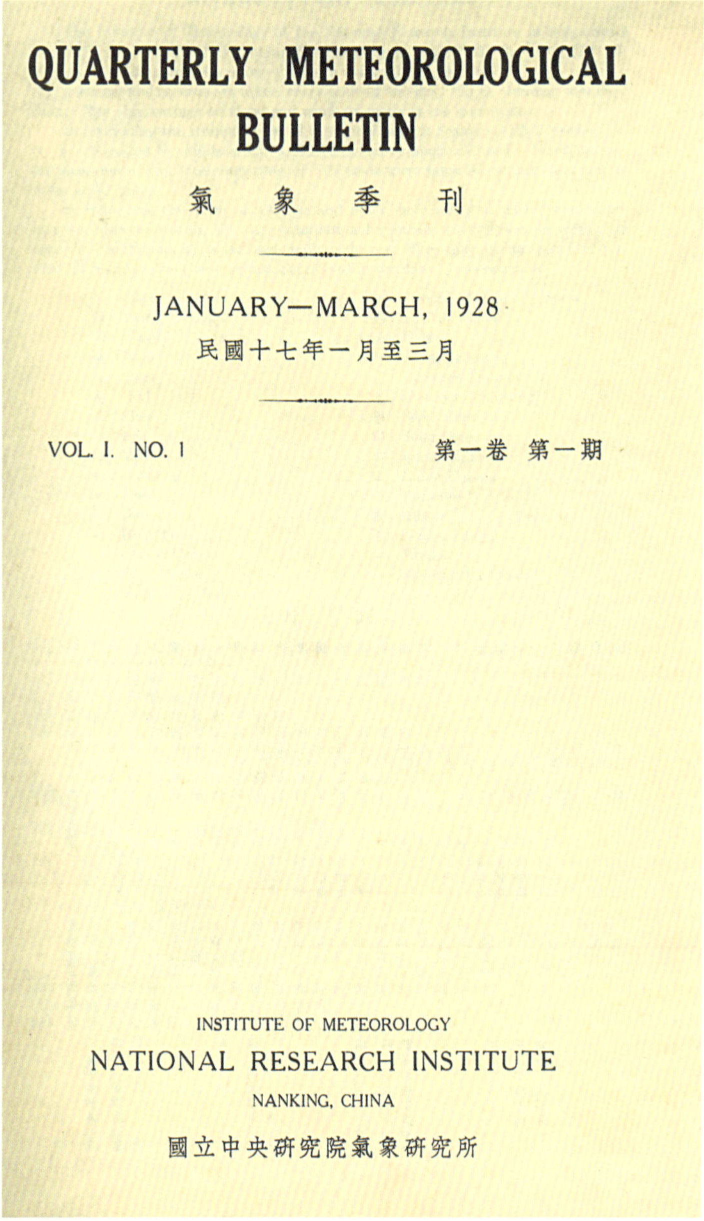

QUARTERLY METEOROLOGICAL BULLETIN

氣 象 季 刊

JANUARY—MARCH, 1928
民國十七年一月至三月

VOL. I. NO. 1　　第一卷 第一期

INSTITUTE OF METEOROLOGY
NATIONAL RESEARCH INSTITUTE
NANKING, CHINA
國立中央研究院氣象研究所

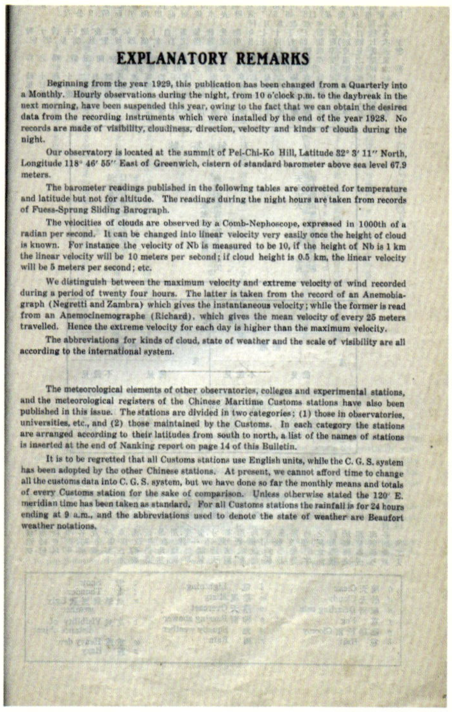

EXPLANATORY REMARKS

Beginning from the year 1929, this publication has been changed from a Quarterly into a Monthly. Hourly observations during the night, from 10 o'clock p.m. to the daybreak in the next morning, have been suspended this year, owing to the fact that we can obtain the desired data from the recording instruments which were installed by the end of the year 1928. No records are made of visibility, cloudiness, direction, velocity and kinds of clouds during the night.

Our observatory is located at the summit of Pei-Chi-Ko Hill, Latitude 32° 3′ 11″ North, Longitude 118° 46′ 55″ East of Greenwich, cistern of standard barometer above sea level 67.9 meters.

The barometer readings published in the following tables are corrected for temperature and latitude but not for altitude. The readings during the night hours are taken from records of Fuess-Sprung Sliding Barograph.

The velocities of clouds are observed by a Comb-Nephoscope, expressed in 1000th of a radian per second. It can be changed into linear velocity very easily once the height of cloud is known. For instance the velocity of Nb is measured to be 10, if the height of Nb is 1 km the linear velocity will be 10 meters per second; if cloud height is 0.5 km, the linear velocity will be 5 meters per second; etc.

We distinguish between the maximum velocity and extreme velocity of wind recorded during a period of twenty four hours. The latter is taken from the record of an Anemobiagraph (Negretti and Zambra) which gives the instantaneous velocity; while the former is read from an Anemocinemographe (Richard), which gives the mean velocity of every 25 meters travelled. Hence the extreme velocity for each day is higher than the maximum velocity.

The abbreviations for kinds of cloud, state of weather and the scale of visibility are all according to the international system.

The meteorological elements of other observatories, colleges and experimental stations, and the meteorological registers of the Chinese Maritime Customs stations have also been published in this issue. The stations are divided in two categories; (1) those in observatories, universities, etc., and (2) those maintained by the Customs. In each category the stations are arranged according to their latitudes from south to north, a list of the names of stations is inserted at the end of Nanking report on page 14 of this Bulletin.

It is to be regretted that all Customs stations use English units, while the C. G. S. system has been adopted by the other Chinese stations. At present, we cannot afford time to change all the customs data into C. G. S. system, but we have done so far the monthly means and totals of every Customs station for the sake of comparison. Unless otherwise stated the 120° E. meridian time has been taken as standard. For all Customs stations the rainfall is for 24 hours ending at 9 a.m., and the abbreviations used to denote the state of weather are Beaufort weather notations.

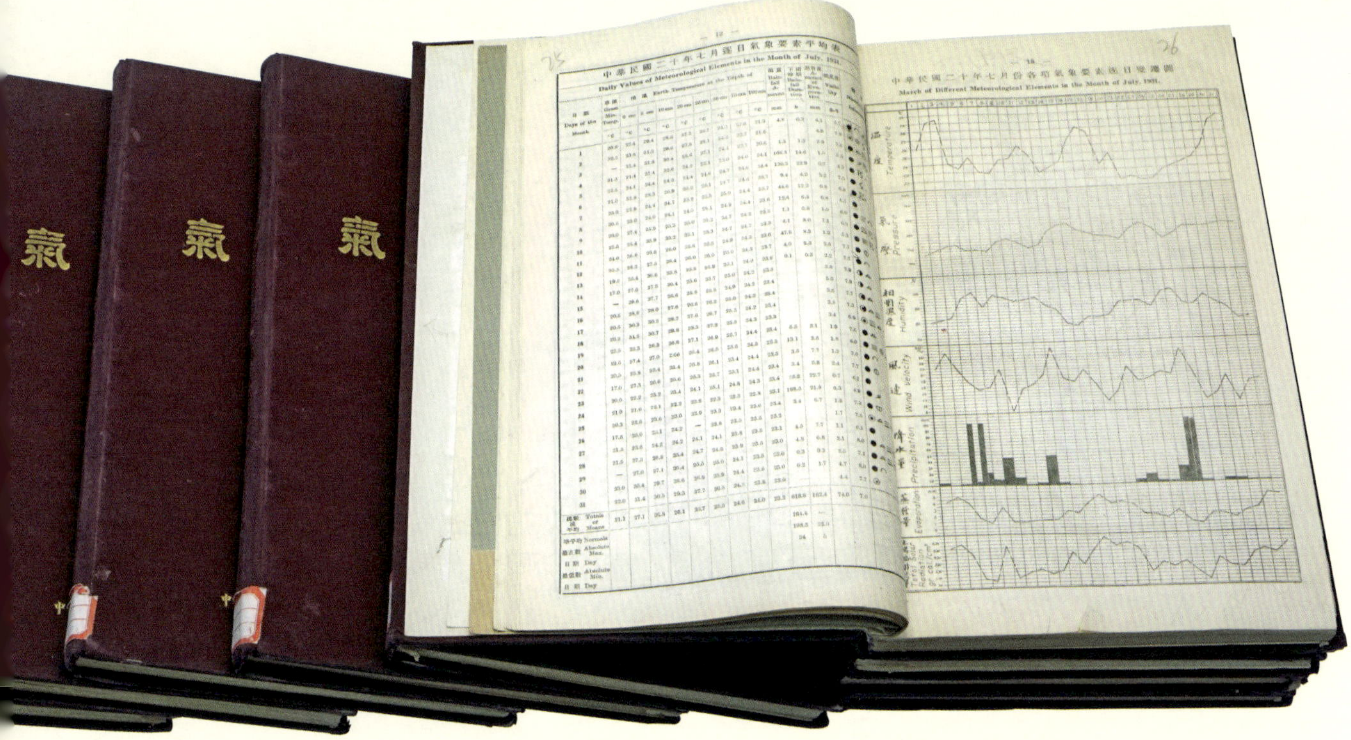

中央研究院气象研究所气象月刊

1929 年

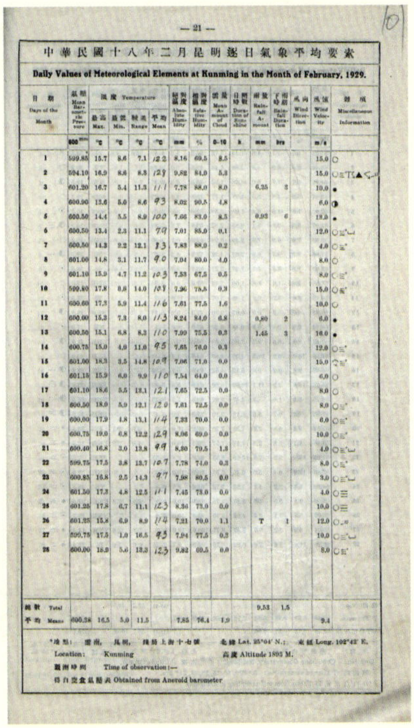

— 21 —

中華民國十八年二月昆明逐日氣象平均要素

Daily Values of Meteorological Elements at Kunming in the Month of February, 1929.

日期 Days of the Month	氣壓 Mean Barometric Pressure	溫度 Temperature 最高 Max.	最低 Min.	較差 Range	平均 Mean	絕對濕度 Absolute Humidity	相對濕度 Relative Humidity	雲量 Mean Amount of Cloud	日照時數 Duration of Sunshine	雨量 Rainfall Amount	下雨時刻 Rainfall Duration	風向 Wind Direction	風速 Wind Velocity	雜項 Miscellaneous Information
	600 mm +	°C	°C	°C	°C	mm	%	0–10	h	mm	hrs		m/s	
1	599.85	15.7	8.6	7.1	12.2	8.16	69.5	8.5					15.0	○
2	594.10	16.9	8.6	8.3	12.9	9.82	84.0	5.3					15.0	○≡T ▲
3	601.20	16.7	5.4	11.3	11.1	7.78	88.0	8.0		6.25	3		10.0	●
4	600.90	13.6	5.0	8.6	9.3	8.02	90.5	4.8					6.0	◑
5	600.50	14.4	5.5	8.9	10.0	7.66	83.0	8.5		0.93	6		13.0	●
6	600.50	13.4	2.3	11.1	7.9	7.01	85.0	0.1					12.0	○≡
7	600.50	14.3	2.2	12.1	8.3	7.83	88.0	0.2					4.0	○≡
8	601.00	14.8	3.1	11.7	9.0	7.04	80.0	4.0					8.0	○
9	601.10	15.9	4.7	11.2	10.3	7.53	67.5	0.5					8.0	○≡
10	599.80	17.8	3.8	14.0	10.8	7.36	78.5	0.3					15.0	○≡
11	600.60	17.3	5.9	11.4	11.6	7.61	77.5	1.6					10.0	○
12	600.00	15.3	7.3	8.0	11.3	8.24	84.0	6.8		0.80	2		6.0	●
13	600.50	15.1	6.8	8.3	11.0	7.99	75.5	0.3		1.45	3		16.0	●
14	600.75	15.0	4.0	11.0	9.5	7.65	76.0	0.3					12.0	○≡
15	601.00	18.3	3.5	14.8	10.9	7.06	71.0	0.0					15.0	○≡
16	601.15	15.9	6.0	9.9	11.0	7.54	64.0	0.0					6.0	○
17	601.10	18.6	5.5	13.1	12.1	7.65	72.5	0.0					8.0	○
18	600.50	18.0	5.9	12.1	12.0	7.61	72.5	0.0					8.0	○≡
19	600.00	17.9	4.8	13.1	11.4	7.33	70.0	0.0					6.0	○≡
20	600.75	19.0	6.8	12.2	12.9	8.06	69.0	0.0					10.0	○≡
21	600.40	16.8	3.0	13.8	9.9	8.30	79.5	1.3					4.0	○≡
22	599.75	17.5	3.8	13.7	10.7	7.78	74.0	0.3					8.0	○≡
23	600.85	16.8	2.5	14.3	9.7	7.98	80.5	0.0					3.0	○≡
24	601.50	17.3	4.8	12.5	11.1	7.45	73.0	0.0					4.0	○≡
25	601.25	17.8	6.7	11.1	12.3	8.36	73.0	0.0					10.0	○≡
26	601.25	15.8	6.9	8.9	11.4	7.21	70.0	1.1		T	1		12.0	○
27	599.75	17.5	1.0	16.5	9.3	7.94	77.5	0.3					10.0	○≡
28	600.00	18.9	5.6	13.3	12.3	9.82	69.5	0.0					8.0	○≡
總數 Total										9.53	1.5			
平均 Means	600.38	16.5	5.0	11.5		7.85	76.4	1.9					9.4	

*地點：雲南，昆明，錢局上街十七號　北緯 Lat. 25°04′ N.；東經 Long. 102°42′ E.

Location: Kunming　高度 Altitude 1893 M.

觀測時刻　Time of observation:—

得自空盒氣壓表 Obtained from Aneroid barometer

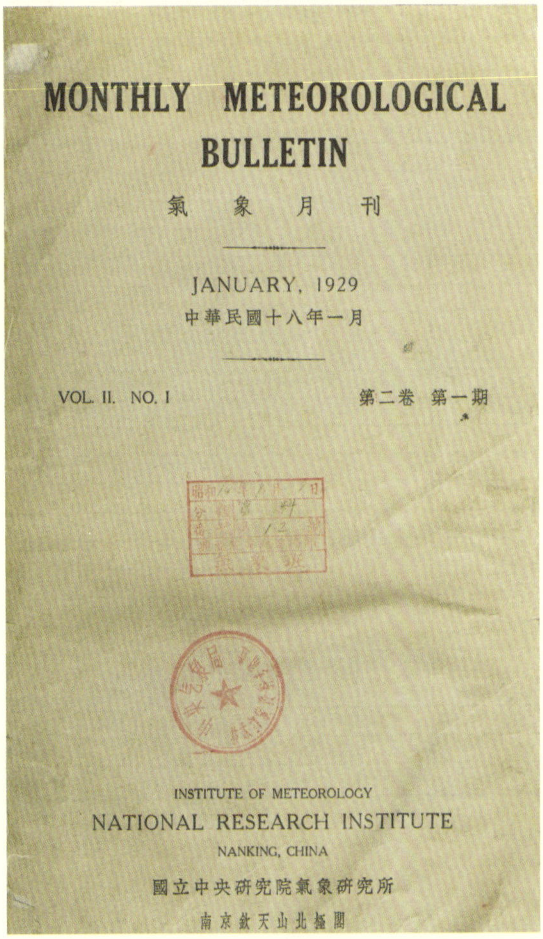

MONTHLY METEOROLOGICAL BULLETIN

氣 象 月 刊

JANUARY, 1929

中華民國十八年一月

VOL. II. NO. I　第二卷 第一期

INSTITUTE OF METEOROLOGY

NATIONAL RESEARCH INSTITUTE

NANKING, CHINA

國立中央研究院氣象研究所

南京欽天山北極閣

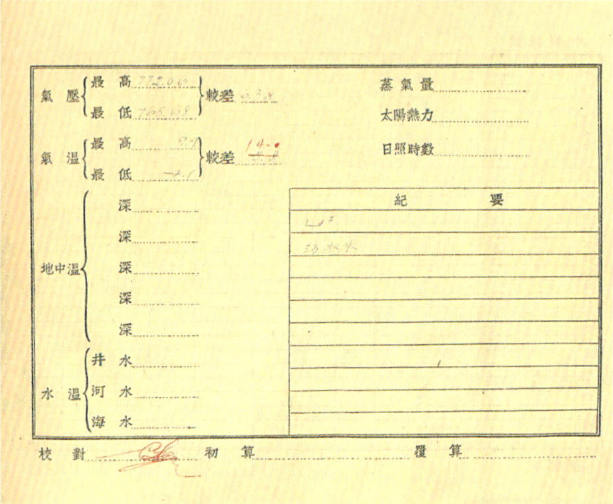

氣壓 最高 772.06 最低 765.68 較差 6.38

氣温 最高 9.8 最低 -4.1 較差 14.0

地中温 深 深 深 深 深

水温 井水 河水 海水

蒸氣量

太陽熱力

日照時數

紀要

校對 初算 覆算

中央研究院气象研究所
紫金山观测所气象观测簿
1928 年

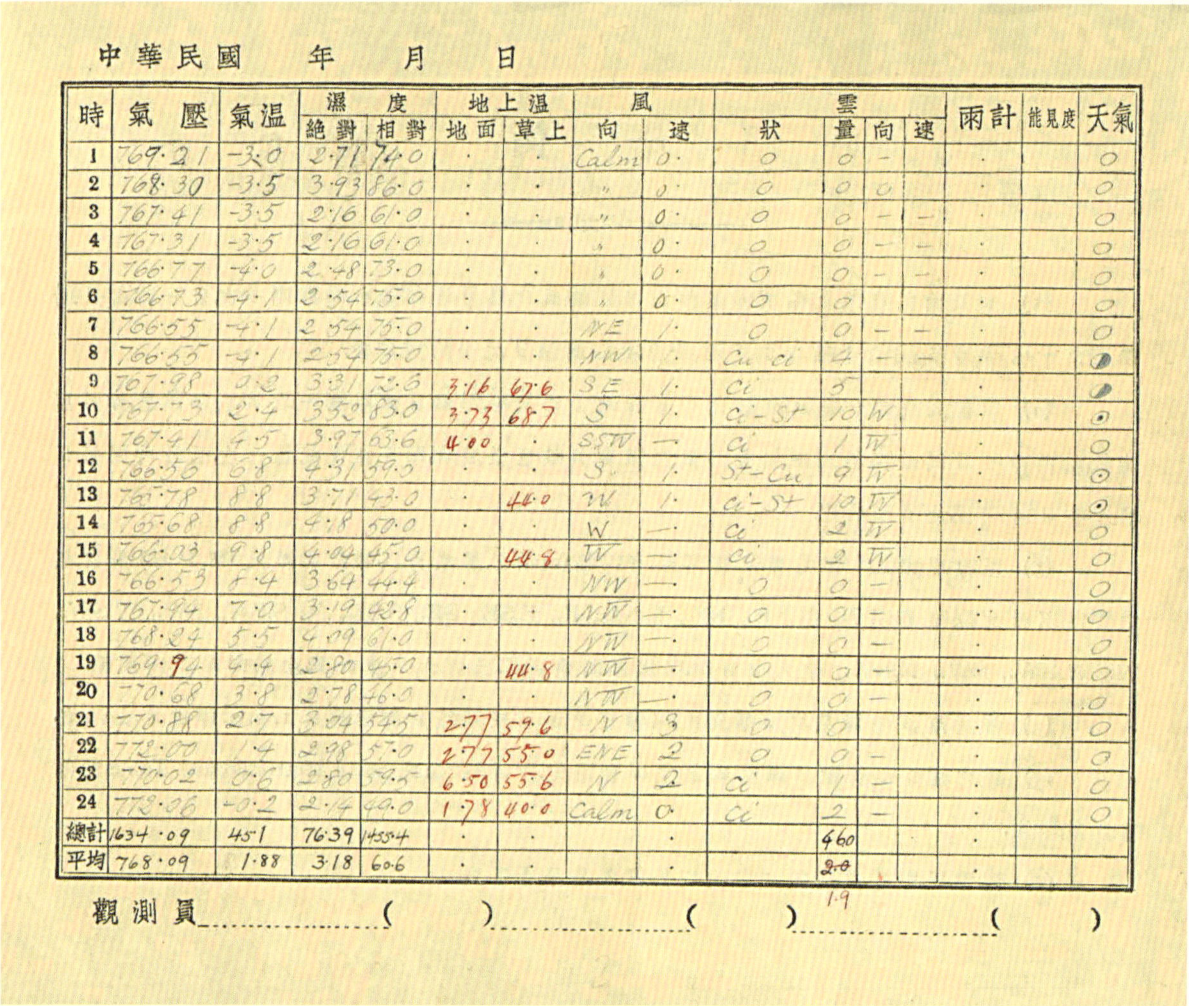

中華民國　年　月　日

時	氣壓	氣温	濕度 絶對	濕度 相對	地上温 地面	地上温 草上	風 向	風 速	雲 狀	雲 量	雲 向	雲 速	雨計	能見度	天氣
1	769·21	-3·0	2·71	74·0	·	·	Calm	0·	○	○	–		·		○
2	768·30	-3·5	3·93	86·0	·	·	〃	0·	○	○	○		·		○
3	767·41	-3·5	2·16	61·0	·	·	〃	0·	○	○	–	–	·		○
4	767·31	-3·5	2·16	61·0	·	·	〃	0·	○	○	–	–	·		○
5	766·77	-4·0	2·48	73·0	·	·	〃	0·	○	○	–	–	·		○
6	766·73	-4·1	2·54	75·0	·	·	〃	0·	○	○	–		·		○
7	766·55	-4·1	2·54	75·0	·	·	NE	1·	○	○	–	–	·		○
8	766·55	-4·1	2·54	75·0	·	·	NW	1·	Cu-ci	4	–	–	·		◑
9	767·98	0·2	3·31	72·6	3·16	67·6	SE	1·	Ci	5			·		◑
10	767·73	2·4	3·59	83·0	3·73	68·7	S	1·	Ci-St	10	W		·		⊙
11	767·41	4·5	3·97	63·6	4·00	·	SSW	—	Ci	1	W		·		○
12	766·56	6·8	4·31	59·0	·	·	S	1·	St-Cu	9	W		·		⊙
13	765·78	8·8	3·71	43·0	·	44·0	W	1·	Ci-St	10	W		·		⊙
14	765·68	8·8	4·18	50·0	·	·	W	—	Ci	2	W		·		○
15	766·03	9·8	4·04	45·0	·	44·8	W	—	Ci	2	W		·		○
16	766·53	8·4	3·64	44·4	·	·	NW	—	○	○	–		·		○
17	767·94	7·0	3·19	42·8	·	·	NW	—	○	○	–		·		○
18	768·24	5·5	4·09	61·0	·	·	NW	—	○	○	–		·		○
19	769·94	4·4	2·80	45·0	·	44·8	NW	—	○	○	–		·		○
20	770·68	3·8	2·78	46·0	·	·	NW	—	○	○	–		·		○
21	770·88	2·7	3·04	54·5	2·77	59·6	N	3	○	○			·		○
22	772·00	1·4	2·98	57·0	2·77	55·0	ENE	2	○	○	–		·		○
23	770·02	0·6	2·80	59·5	6·50	55·6	N	2	Ci	1	–		·		○
24	772·06	-0·2	2·14	49·0	1·78	40·0	Calm	0·	Ci	2	–		·		○
總計	1634·09	45·1	76·39	1455·4	·	·		·		46·0			·		
平均	768·09	1·88	3·18	60·6	·	·		·		~~2·0~~ 1·9			·		

觀測員（　）（　）（　）

中央研究院气象研究所
施放风筝进行高空探测

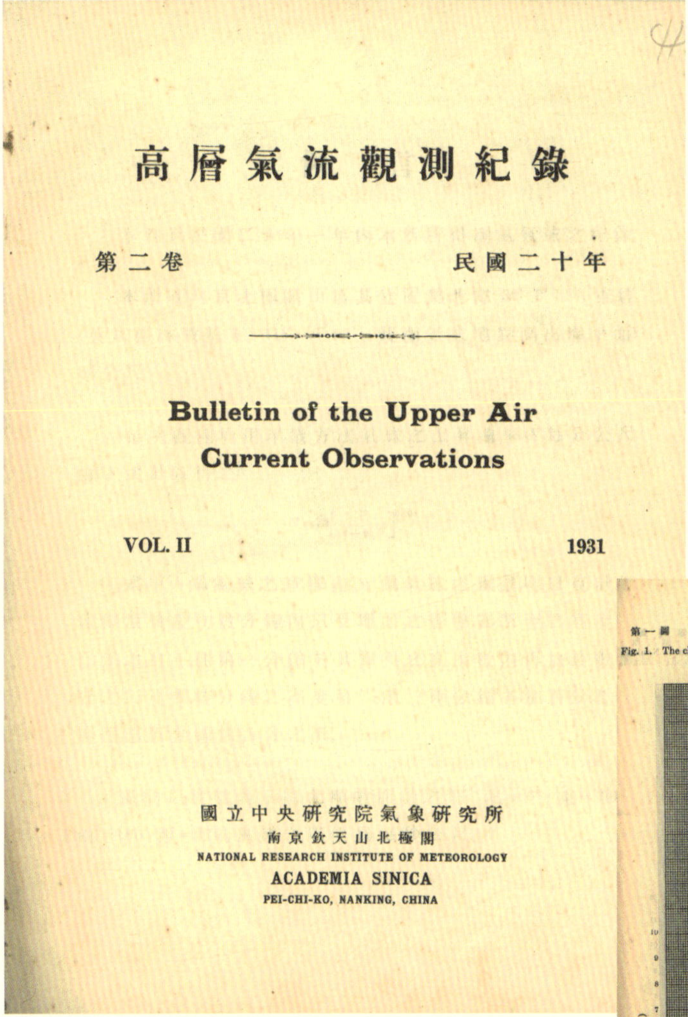

高層氣流觀測紀錄

第二卷 民國二十年

Bulletin of the Upper Air Current Observations

VOL. II 1931

國立中央研究院氣象研究所
南京欽天山北極閣
NATIONAL RESEARCH INSTITUTE OF METEOROLOGY
ACADEMIA SINICA
PEI-CHI-KO, NANKING, CHINA

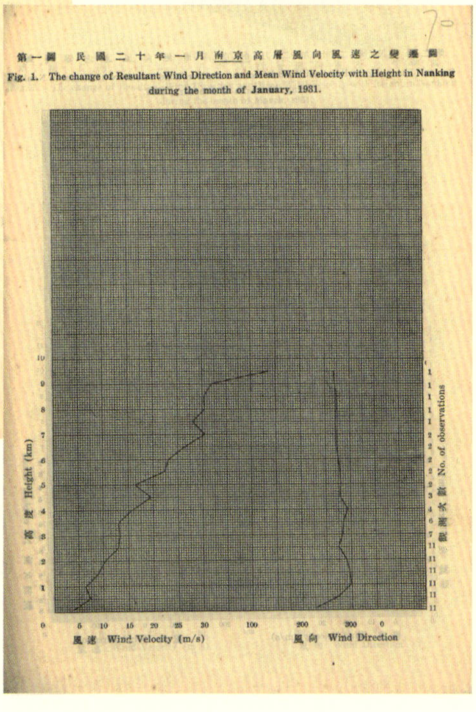

中央研究院气象研究所
南京钦天山北极阁高层气流观测记录
1931 年

气象观测月总簿、月报表

珍贵档案类型：	气象观测月总簿、月报表
档案形成年代：	1902—1959 年
档案责任者：	中国气象局气象档案馆

福建气象观测月总簿

1935 年

（福建省气象档案馆提供）

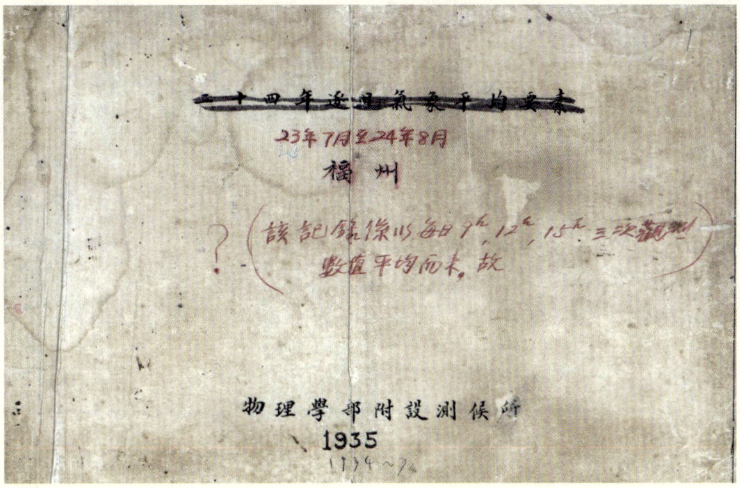
二十四年逐日氣象平均要素

23年7月至24年8月

福州

（該記錄係以每日7h，12h，15h三次觀測數值平均而未，故）

物理學部附設測候所

1935

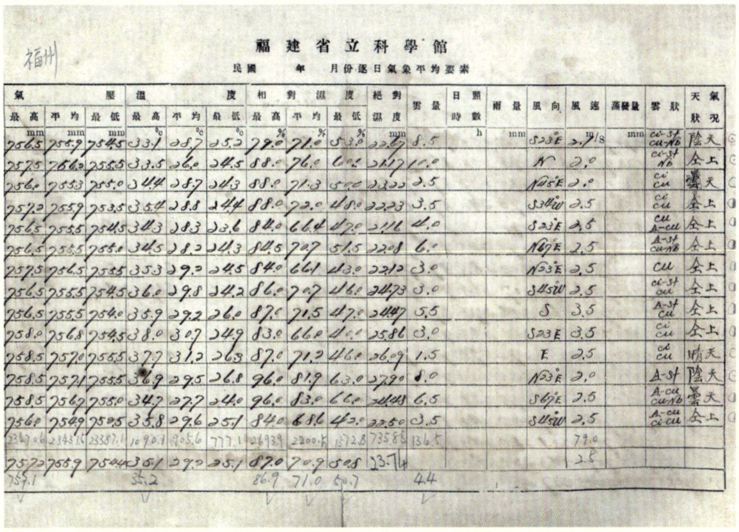
福州

福建省立科學館

民國　　年　　月份逐日氣象平均要素

氣壓 最高	氣壓 平均	氣壓 最低	溫度 最高	溫度 平均	溫度 最低	相對溼度 最高	相對溼度 平均	相對溼度 最低	絕對溼度	雲量	日照時數	雨量	風向	風速	蒸發量	雲狀	天氣狀況
mm	mm	mm	°c	°c	°c	%	%	%	mm		h	mm		m/s	mm		
756.5	755.9	754.5	33.1	28.7	25.2	79.0	71.0	53.0	22.67	8.5			S23°E	2.7		ci-st cu-Nb	陰天
757.5	756.0	755.5	33.5	26.0	24.5	88.0	76.0	60.0	21.17	10.0			N	2.0		ci-st Nb	仝上
756.0	755.3	755.0	34.4	28.7	24.3	88.0	71.3	50.0	23.22	2.5			N45°E	2.0		ci cu	曇天
757.2	755.9	753.5	35.4	28.8	24.4	88.0	72.0	48.0	22.23	3.5			S34°W	2.5		ci cu	仝上
756.5	755.5	754.5	34.3	28.3	23.6	84.0	66.4	47.0	21.16	4.0			S23°E	2.5		cu A-cu	仝上
756.5	755.5	755.0	34.5	28.2	24.3	84.5	70.7	51.5	22.08	6.0			N67°E	2.5		A-st cu-Nb	仝上
757.5	756.5	755.5	35.3	29.2	24.5	84.0	66.1	43.0	22.12	3.0			N23°E	2.5		cu	仝上
756.5	755.5	754.5	36.0	29.8	24.2	86.0	70.7	46.0	24.73	3.0			S45°W	2.5		ci-st cu	仝上
756.5	755.5	754.0	35.9	29.2	26.0	87.0	71.5	47.0	24.47	5.5			S	3.5		A-st cu	仝上
758.0	756.8	754.5	38.0	30.7	24.9	83.0	66.0	40.0	25.86	3.0			S23E	3.5		ci cu	仝上
758.5	757.0	755.5	37.7	31.2	26.3	87.0	71.2	46.0	26.09	1.5			E	2.5		ci cu	晴天
758.5	757.1	755.5	36.9	29.5	26.8	96.0	81.9	63.0	27.90	8.0			N23°E	2.0		A-st	陰天
758.5	756.7	755.0	34.7	27.7	24.0	96.0	83.0	66.0	24.48	6.5			S67°E	2.5		A-cu cu-Nb	曇天
756.0	754.9	752.5	35.8	29.6	25.1	84.0	68.6	42.0	22.50	3.5			S45°W	2.5		A-cu ci-cu	仝上
23470.6	23431.5	23387.1	1090.7	905.6	777.1	2693.9	2200.5	1572.8	735.88	136.5				79.0			
757.2	755.9	754.4	35.1	29.2	25.1	87.0	70.9	50.8	23.74					2.5			
757.1			35.2			86.9	71.0	50.7		4.4							

档案内容简介：

气象观测月总簿是台站气象观测最初形成的原始记录，记录了每日不同时次、各气象要素的观测记录和旬、月统计值。馆藏的气象观测月总簿大部分为 20 世纪 30 年代中华民国国立中央研究院气象研究所所属台（站）及抗日战争期间四川、贵州、云南等地的气象台（站）形成，现存有 1915 年以后中华民国政府各部门所设的 90 多个台（站）的气象观测月总簿和 160 多个台（站）的观测报表。

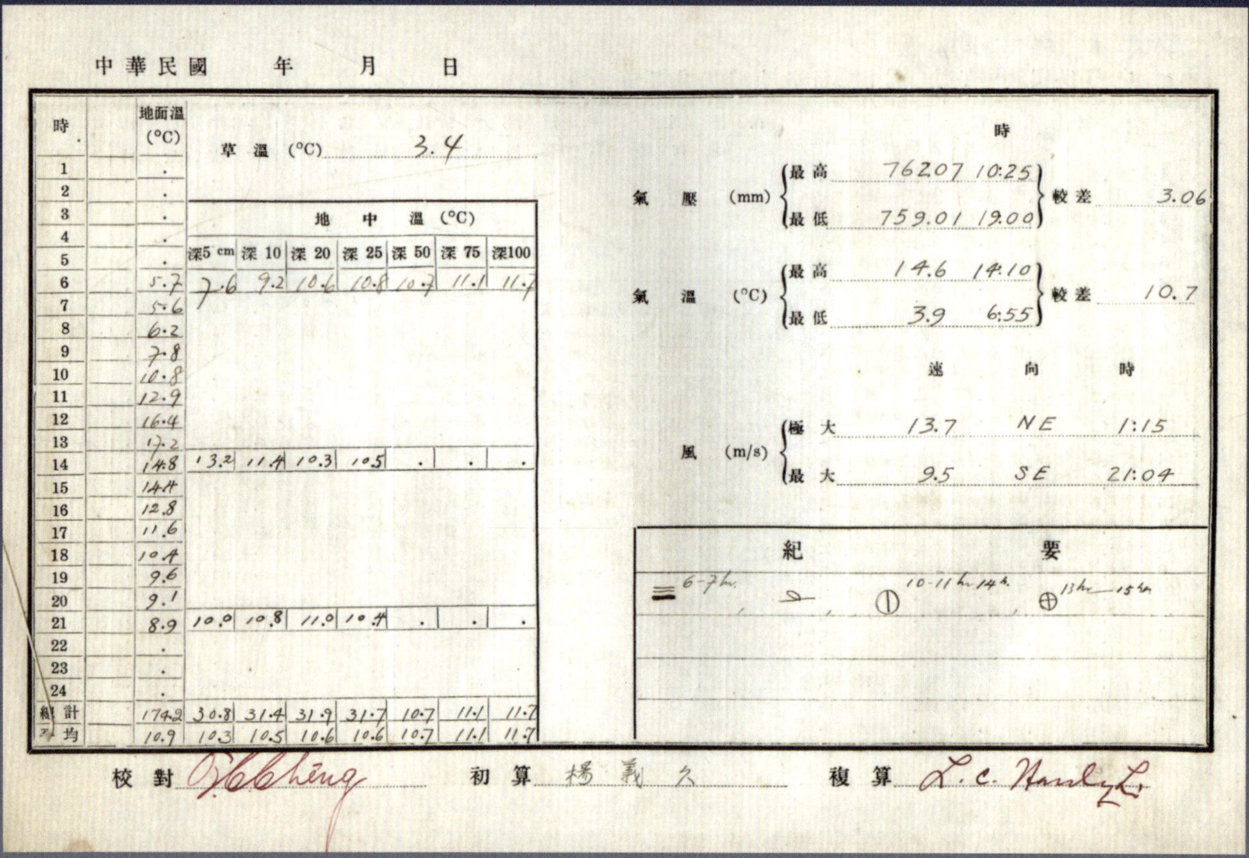

中華民國　　年　　月　　日

時		地面温 (°C)	深5 cm	深 10	深 20	深 25	深 50	深 75	深100
1		.							
2		.							
3		.							
4		.							
5		.							
6		5.7	7.6	9.2	10.6	10.8	10.7	11.1	11.7
7		5.6							
8		6.2							
9		7.8							
10		10.8							
11		12.9							
12		16.4							
13		17.2							
14		14.8	13.2	11.4	10.3	10.5	.	.	.
15		14.4							
16		12.8							
17		11.6							
18		10.4							
19		9.6							
20		9.1							
21		8.9	10.0	10.8	11.0	10.4	.	.	.
22		.							
23		.							
24		.							
總計		174.2	30.8	31.4	31.9	31.7	10.7	11.1	11.7
平均		10.9	10.3	10.5	10.6	10.6	10.7	11.1	11.7

草温 (°C) 3.4

地中温 (°C)

			時		
氣壓 (mm)	最高	76207	10:25	較差	3.06
	最低	759.01	19:00		
氣温 (°C)	最高	14.6	14:10	較差	10.7
	最低	3.9	6:55		

		速	向	時
風 (m/s)	極大	13.7	NE	1:15
	最大	9.5	SE	21:04

紀要

≡ 6-7h, ⌀, ⦶ 10-11h 14h, ⊕ 13h—15h

校對 T. C. Cheng　　初算 楊義久　　複算 L. C. Hanly L.

中央研究院气象研究所气象观测月总簿

1935 年

中央观象台（北京）气象观测记录报表

1915 年

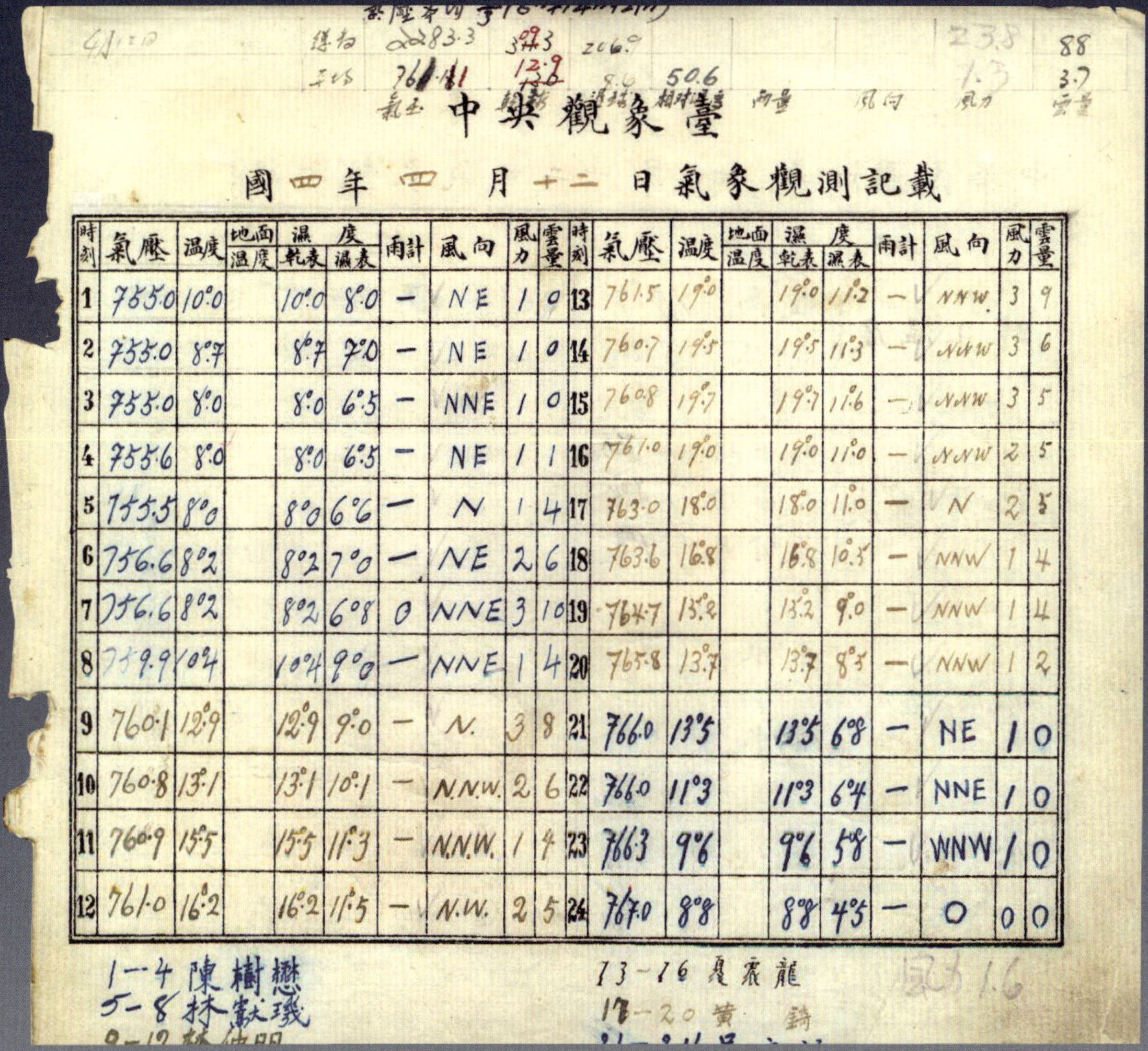

中央觀象臺

國四年四月十二日氣象觀測記載

時刻	氣壓	溫度	地面溫度	濕度 乾表	濕度 濕表	雨計	風向	風力	雲量	時刻	氣壓	溫度	地面溫度	濕度 乾表	濕度 濕表	雨計	風向	風力	雲量
1	755.0	10°0		10°0	8.0	—	NE	1	0	13	761.5	19°0		19°0	11°2	—	NNW	3	9
2	755.0	8°7		8°7	7°0	—	NE	1	0	14	760.7	19°5		19°5	11°3	—	NNW	3	6
3	755.0	8°0		8°0	6°5	—	NNE	1	0	15	760.8	19°7		19°7	11°6	—	NNW	3	5
4	755.6	8°0		8°0	6°5	—	NE	1	1	16	761.0	19°0		19°0	11°0	—	NNW	2	5
5	755.5	8°0		8°0	6°6	—	N	1	4	17	763.0	18°0		18°0	11°0	—	N	2	5
6	756.6	8°2		8°2	7°0	—	NE	2	6	18	763.6	16°8		16°8	10°5	—	NNW	1	4
7	756.6	8°2		8°2	6°8	0	NNE	3	10	19	764.7	13°2		13°2	9°0	—	NNW	1	4
8	759.9	10°4		10°4	9°0	—	NNE	1	4	20	765.8	13°7		13°7	8°5	—	NNW	1	2
9	760.1	12°9		12°9	9.0	—	N.	3	8	21	766.0	13°5		13°5	6°8	—	NE	1	0
10	760.8	13°1		13°1	10°1	—	N.N.W.	2	6	22	766.0	11°3		11°3	6°4	—	NNE	1	0
11	760.9	15°5		15°5	11°3	—	N.N.W.	1	4	23	766.3	9°6		9°6	5°8	—	WNW	1	0
12	761.0	16°2		16°2	11°5	—	N.W.	2	5	24	767.0	8°8		8°8	4°5	—	0	0	0

1—4 陳樹懋
5—8 林獻璣

13—16 夏震龍
17—20 黄 鑄

北京气象观测月总簿

1915—1953 年

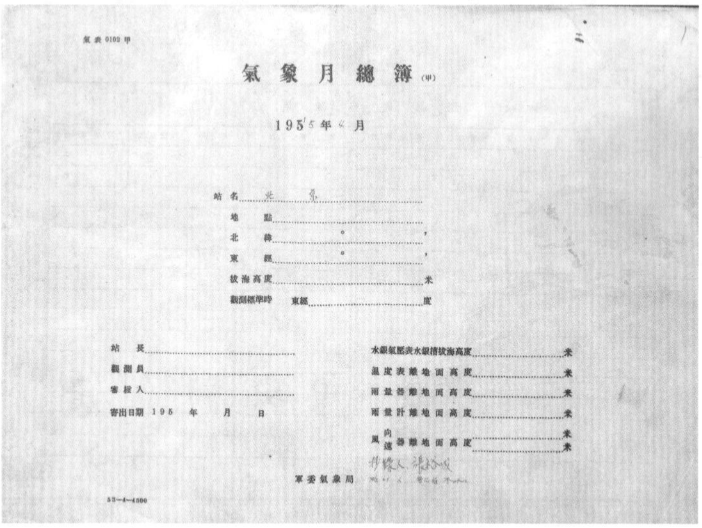

氣表0102甲

氣象月總簿(甲)

195̸5 年 6 月

站名　北京
地點
北緯　°　′
東經　°　′
拔海高度　米
觀測標準時　東經　度

站長
觀測員
審核人
寄出日期 195 年 月 日

水銀氣壓表水銀槽拔海高度　米
溫度表離地面高度　米
雨量器離地面高度　米
雨量計離地面高度　米
風向器離地面高度　米
風速器離地面高度　米

抄錄人 張孫俊

軍委氣象局

53-4-4500

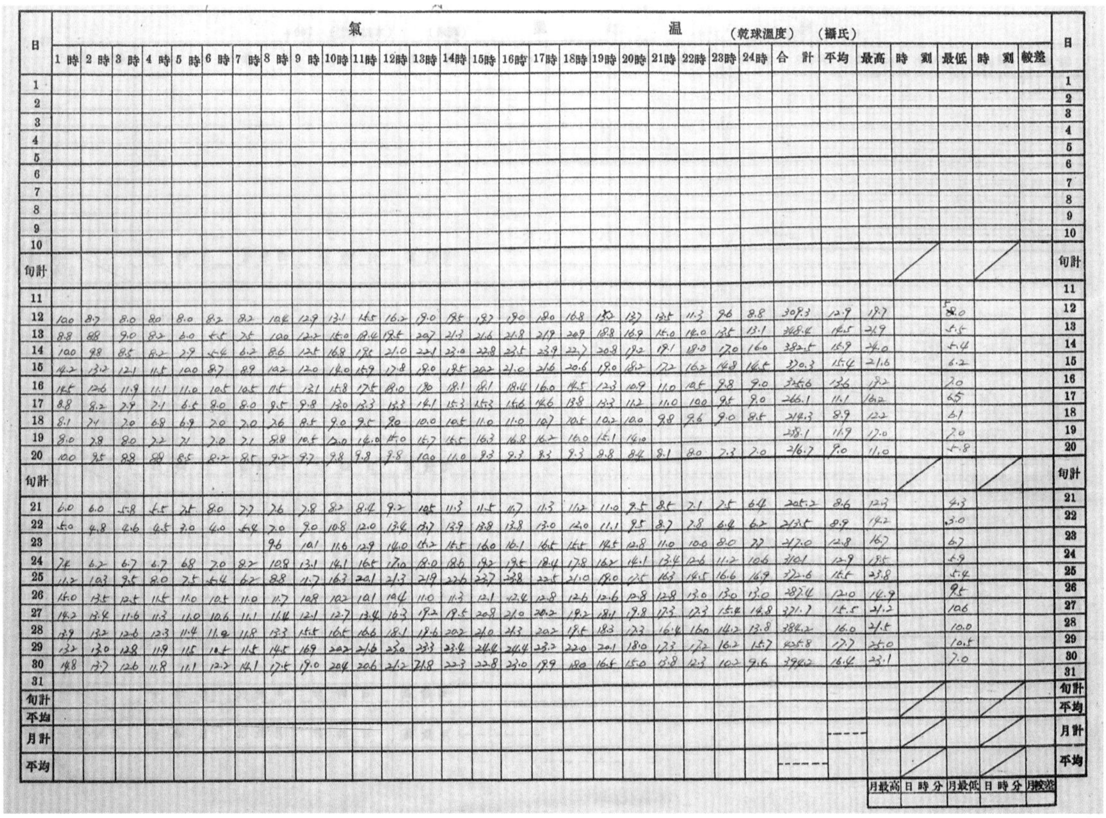

氣溫（乾球溫度）（攝氏）

日	1時	2時	3時	4時	5時	6時	7時	8時	9時	10時	11時	12時	13時	14時	15時	16時	17時	18時	19時	20時	21時	22時	23時	24時	合計	平均	最高	時刻	最低	時刻	較差	日
1																																1
2																																2
3																																3
4																																4
5																																5
6																																6
7																																7
8																																8
9																																9
10																																10
旬計																																旬計
11																																11
12	10.0	8.7	8.0	8.0	8.0	8.2	8.2	10.4	12.9	13.1	14.5	16.2	19.0	18.5	18.7	19.0	18.0	16.8	15.2	13.7	13.5	11.3	9.6	8.8	309.3	12.9	19.7		8.0			12
13	8.8	8.8	9.0	8.2	6.0	5.5	7.5	10.0	12.2	15.0	18.4	19.5	20.7	21.3	21.6	21.8	21.9	20.9	18.8	16.9	15.0	14.0	13.5	13.1	348.4	14.5	21.9		5.5			13
14	10.0	9.8	8.5	8.2	7.9	5.4	6.2	8.6	12.5	16.8	18.5	21.0	22.1	23.0	22.8	23.5	23.9	22.7	20.8	19.2	19.1	18.0	17.0	16.0	382.5	15.9	24.0		5.4			14
15	14.2	13.2	12.1	11.5	10.0	8.7	8.9	10.2	12.0	14.0	15.9	17.8	19.0	19.5	20.2	21.0	21.6	20.6	19.0	18.2	17.2	16.2	14.8	14.5	370.3	15.4	21.6		6.2			15
16	14.5	12.6	11.9	11.1	11.0	10.5	10.5	11.5	13.1	15.8	17.5	18.0	18.0	18.1	18.1	18.4	16.0	14.5	12.3	10.9	11.0	10.5	9.8	9.0	325.6	13.6	19.2		7.0			16
17	8.8	8.2	7.9	7.1	6.5	8.0	8.0	9.5	9.8	13.0	13.3	13.3	14.1	15.3	15.3	15.6	14.6	13.8	13.3	11.2	11.0	10.0	9.5	9.0	266.1	11.1	16.2		6.5			17
18	8.1	7.4	7.0	6.8	6.9	7.0	7.0	7.6	8.5	9.0	9.5	9.0	10.0	10.5	11.0	11.0	10.7	10.5	10.2	10.0	9.8	9.6	9.0	8.5	214.3	8.9	12.2		6.1			18
19	8.0	7.8	8.0	7.2	7.1	7.0	7.1	8.8	10.5	12.0	14.0	15.0	15.7	15.5	16.3	16.8	16.2	16.0	15.1	14.0					278.1	11.9	17.0		7.0			19
20	10.0	9.5	8.8	8.8	8.5	8.2	8.5	9.2	9.7	9.8	9.8	9.8	10.0	11.0	9.3	9.3	9.3	9.3	8.8	8.4	8.1	8.0	7.3	7.0	216.7	9.0	11.0		5.8			20
旬計																																旬計
21	6.0	6.0	5.8	5.5	7.5	8.0	7.7	7.6	7.8	8.2	8.4	9.2	10.5	11.3	11.5	11.7	11.3	11.2	11.0	9.5	8.5	7.1	7.5	6.4	205.2	8.6	12.3		4.3			21
22	5.0	4.8	4.6	4.5	7.0	4.0	5.4	7.0	9.0	10.8	12.0	13.4	13.7	13.9	13.8	13.8	13.0	12.0	11.1	9.5	8.7	7.8	6.4	6.2	213.5	8.9	14.2		3.0			22
23								9.6	10.1	11.6	12.9	14.0	15.2	15.5	16.0	16.1	16.5	15.5	14.5	12.8	11.0	10.0	8.0	7.7	217.0	12.8	16.7		6.7			23
24	7.4	6.2	6.7	6.7	6.8	7.0	8.2	10.8	13.1	14.1	16.5	17.0	18.0	18.6	19.2	19.5	18.4	17.8	16.2	14.1	13.4	12.6	11.2	10.6	310.1	12.9	18.5		5.9			24
25	11.2	10.3	9.5	8.0	7.5	5.4	6.2	8.8	11.7	16.3	20.1	21.3	21.9	22.6	22.7	22.8	22.5	21.0	19.0	17.5	16.3	14.5	16.6	16.9	372.6	15.5	23.8		5.4			25
26	15.0	13.5	12.5	11.5	11.0	10.5	11.0	11.7	10.8	10.2	10.1	10.4	11.0	11.3	12.1	12.4	12.8	12.6	12.6	12.8	12.8	13.0	13.0	13.0	287.4	12.0	14.9		9.5			26
27	14.2	13.4	11.6	11.3	11.0	10.6	11.1	11.4	12.1	12.7	13.4	16.3	19.2	19.5	20.8	21.0	20.2	19.2	18.1	19.8	17.3	17.3	15.4	14.8	371.7	15.5	21.2		10.6			27
28	13.9	13.2	12.6	12.3	11.4	11.9	11.8	13.3	15.5	16.5	16.6	18.1	18.6	20.2	21.0	21.3	20.2	19.5	18.3	17.3	16.4	16.0	14.2	13.8	384.2	16.0	21.5		10.0			28
29	13.2	13.0	12.8	11.9	11.5	10.5	11.5	14.5	16.9	20.2	21.6	23.0	23.3	23.4	24.4	24.4	23.2	22.0	20.1	18.0	17.3	17.2	16.2	15.7	425.8	17.7	25.0		10.5			29
30	14.8	13.7	12.6	11.8	11.1	12.2	14.1	17.5	19.0	20.4	20.6	21.2	21.8	22.3	22.8	23.0	19.9	18.0	16.5	15.0	13.8	12.3	10.2	9.6	394.2	16.4	23.1		7.0			30
31																																31
旬計																																旬計
平均																																平均
月計																																月計
平均																																平均

月最高	日 時 分	月最低	日 時 分	月較差

時	氣壓 700mm +	氣溫	濕度 絕對	濕度 相對	風向	風速	高層雲 狀	高層雲 量	高層雲 向	高層雲 速	中層雲 狀	中層雲 量	中層雲 向	中層雲 速	低層雲 狀	低層雲 量	低層雲 向	低層雲 速	總雲量	雨量	雨時	能見度	天氣
1	73·26	−1·4	·	·		·														·	·		
2	73·36	−1·1	·	·		·														·	·		
3	72·86	−1·8	·	·		·														·	·		
4	72·86	−1·8	·	·		·														·	·		
5	72·86	−1·6	·	·		·														·	·		
6	73·64	−2·3	3·36	87·0	NNW	(1.)														·	·		⅃
7	74·14	−2·3	3·36	87·0	NW	1·	ci ci-cu	3											3	·	·	4	◍
8	74·33	−1·2	3·46	83·0	WNW	1·	ci-cu	2			A-cu	9							10	·	·	3	≡⊙
9	74·33	0·1	3·94	85·5	WNW	1·	ci-cu ci-st*	6	WNW*	4*	A-cu	6							10	·	·	3	≡⊙
10	73·24	3·1	3·97	69·8	N	2·	ci-cu	2			A-cu A-st	6							7	·	·	4	≡◍
11	73·02	4·6	3·86	61·2	NE	2·	ci-cu	4											4	·	·	4	◍
12	72·12	5·6	4·03	60·0	E	2·	ci-cu			1	A-cu* A-st	9	SW*	5*					9	·	·	5	⊙
13	71·53	6·1	4·22	60·5	NE	1·					A-cu A-st	9							9	·	·	6	⊙
14	71·03	6·1	4·22	60·5	ENE	1·0					A-st	10							10	·	·	6	⊙
15	70·86	5·4	4·53	67·8	NE	1·0					A-st	10							10	·	·	6	⊙
16	70·57	5·1	4·72	72·4	NE	3·0					A-st	10							10	·	·	6	⊙
17	70·50	5·1	4·82	73·5	ENE	1·0					A-st				Nb				10	T·	·	3	●°
18	70·39	5·4	5·05	75·0	NE	·														T·	1·0		●°
19	70·20	5·5	5·19	77·1	ENE	·														T·	1·0		●°
20	70·10	5·6	5·24	77·2	NE	·														0·2	1·0		●
21	69·89	5·8	5·97	87·0	NE	·														0·5	1·0		●
22	69·80	5·9	·	·		·														·	·		
23	69·70	6·0	·	·		·														·	·		
24	69·60	6·1	·	·		·														·	·		
總計	1724·19	68·0	69·94	1184·5		16·0													92·0	0·7	4·0	50·0	
平均	71·84	2·8	4·37	74·0	NE	1·5													8·4	·	·	4·5	

鈔錄 吴永庚　觀測 吴永庚

氣壓(mm) 最高 774·33 最低 769·60 較差 4.73

氣溫(°C) 最高 6.3 最低 -2.9 較差 9.2

草溫(°C) .

地面溫(°C) .

地中溫(°C) 深 5cm . 深 10 . 深 20 . 深 25 . 深 50 . 深 75 . 深 100 .

風 向 速 時 極大 . : 最大 . :

日照時數 . hr.

蒸發量 . mm.

紀要

始雨17^{h}

校對 吴永庚 初算 覆算 吴永庚

上海气象观测月总簿

1933—1936 年

自记纸

北平雨量自记纸

1936 年 6 月

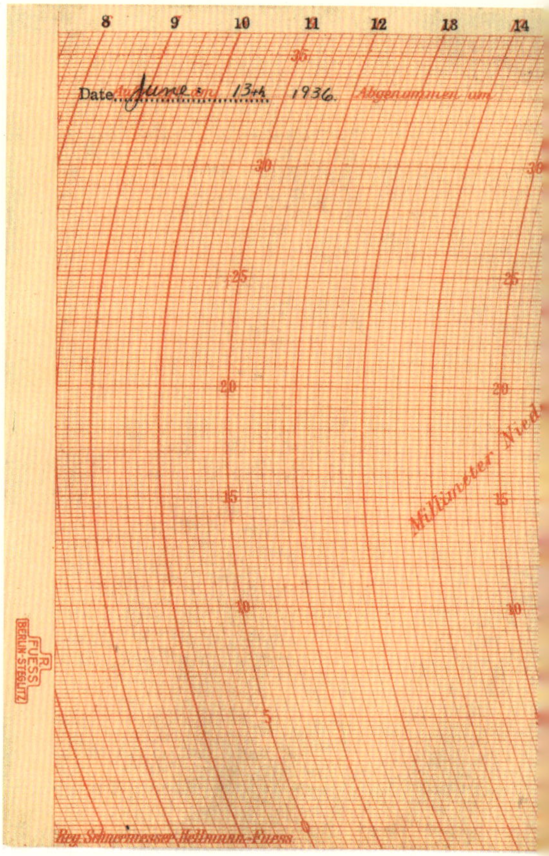

北平湿度自记纸

1933 年 10 月

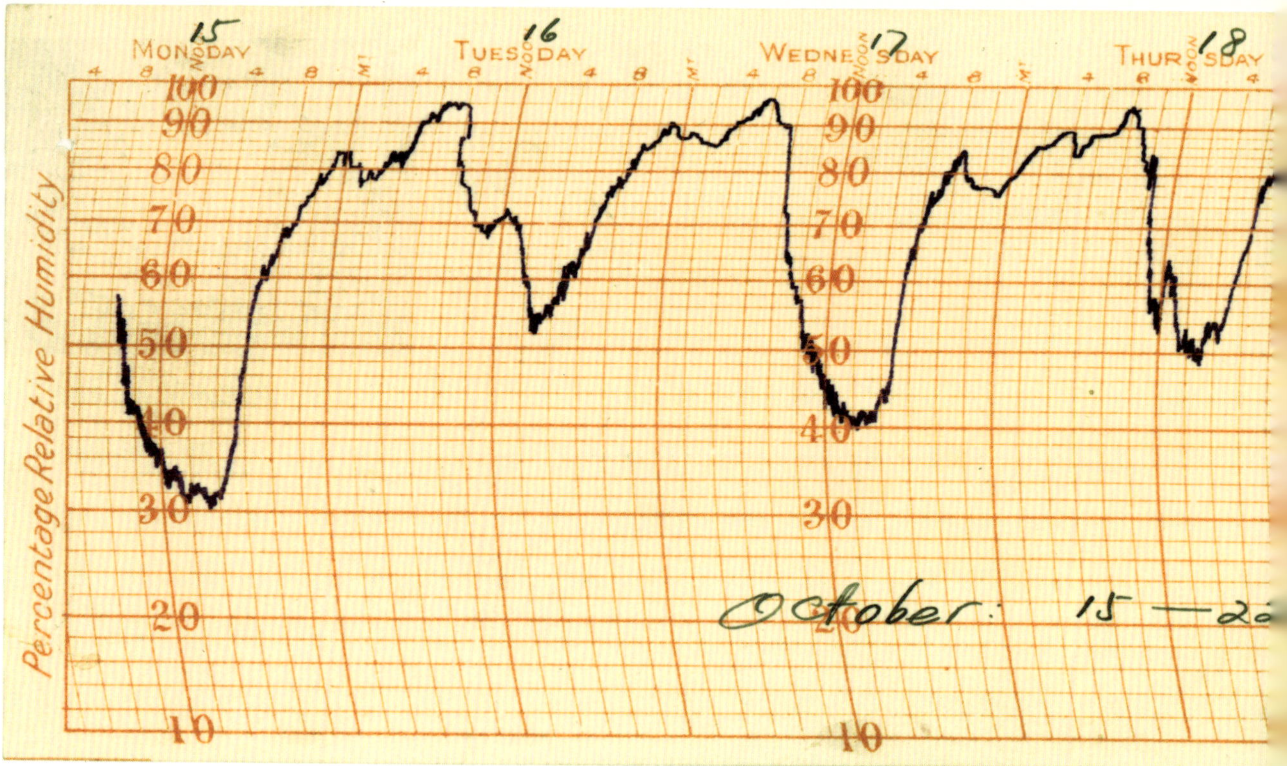

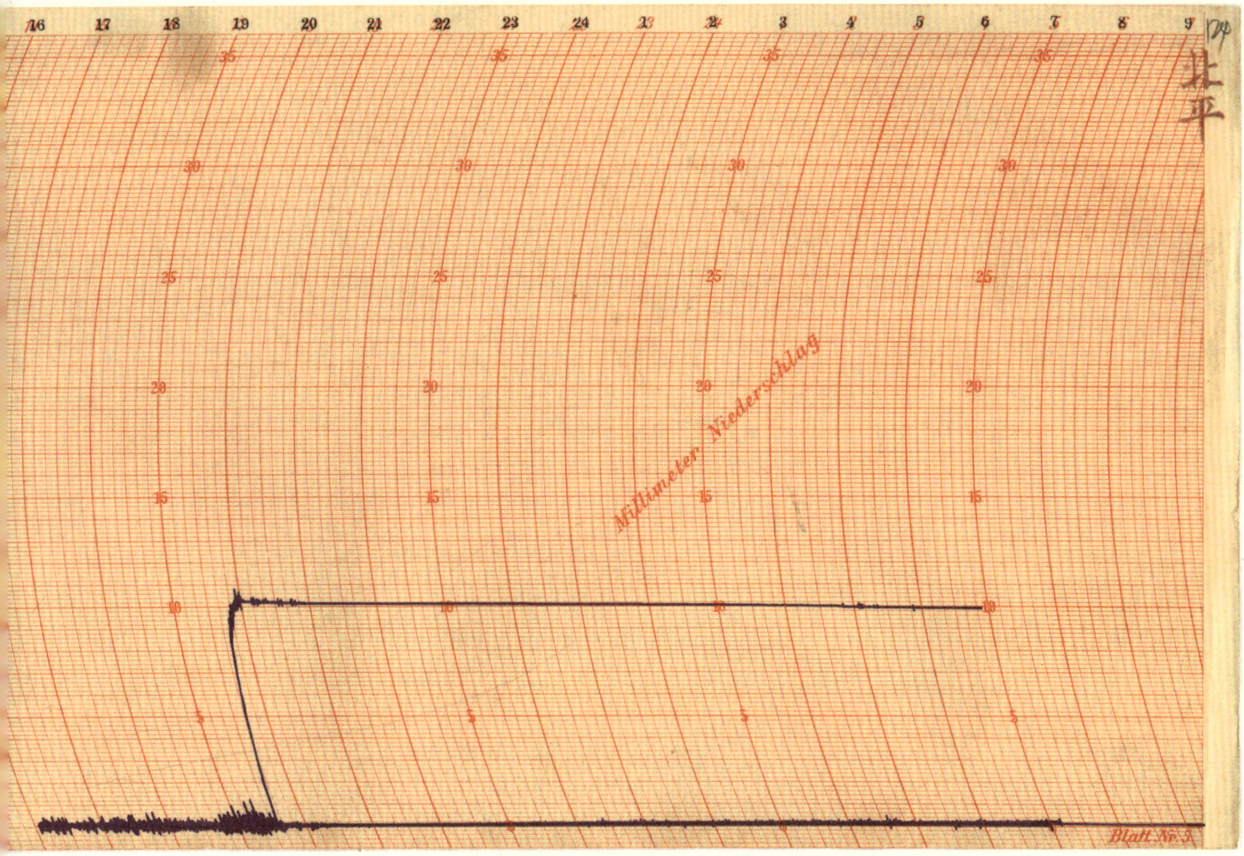
北平
Millimeter Niederschlag
Blatt Nr. 5

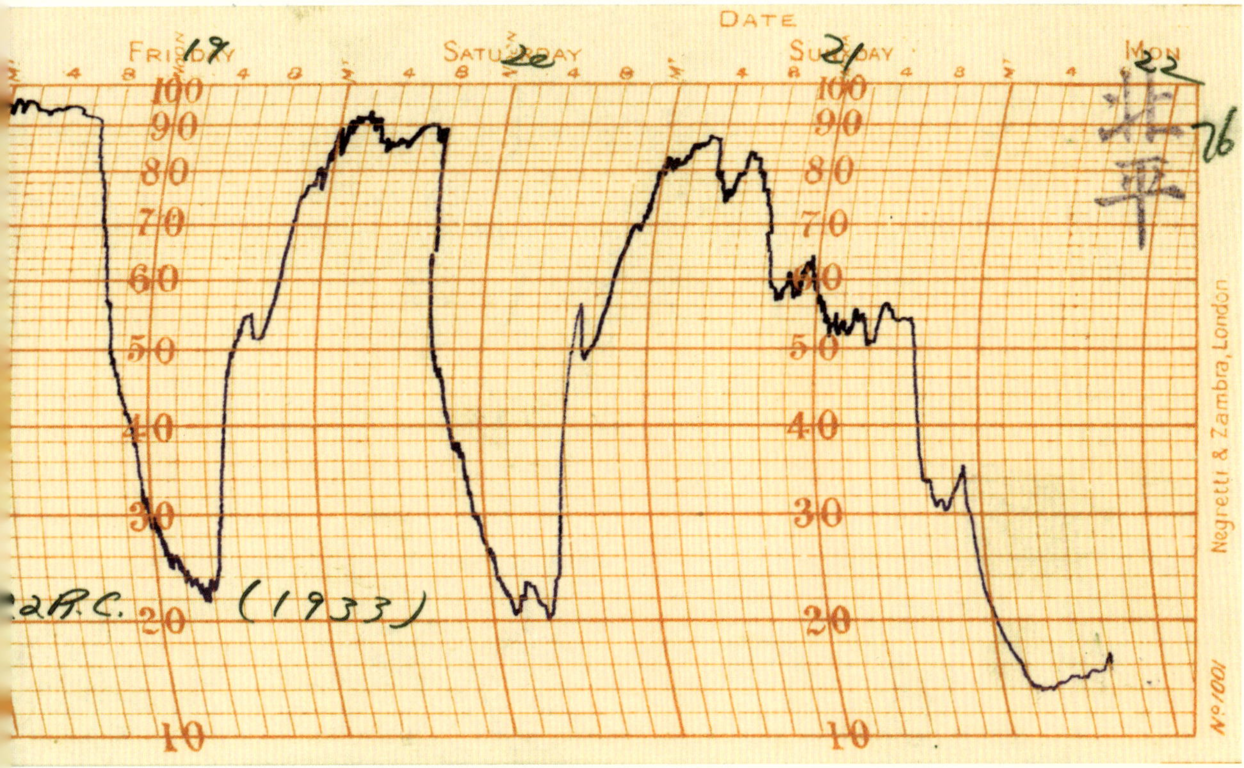
DATE
FRIDAY
SATURDAY
SUNDAY
MON
北平
Negretti & Zambra, London
No 1001
(1933)

自记纸

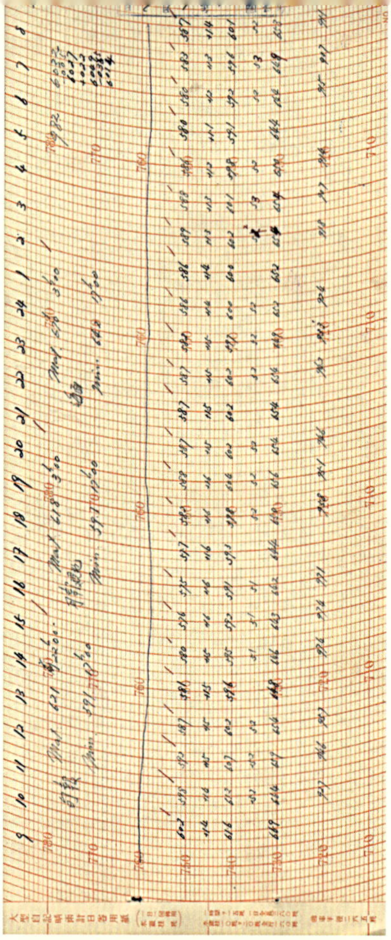

北京观象台气压自记纸 1940—1950年

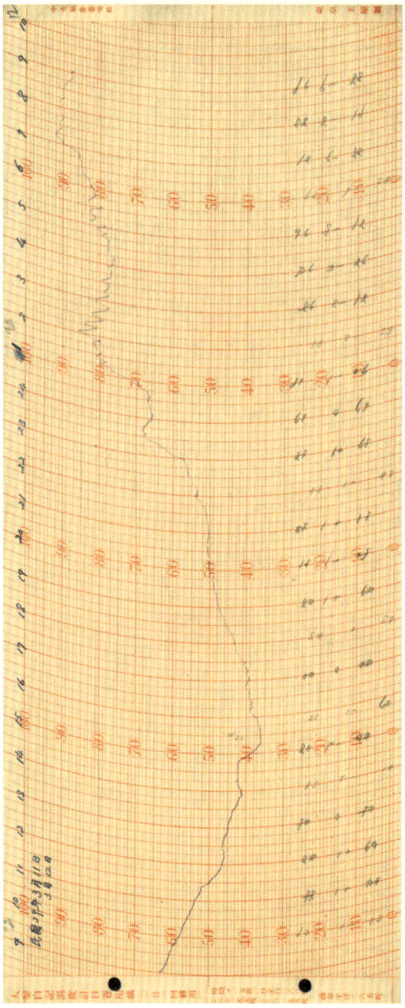

北京观象台湿度自记纸 1940—1950年

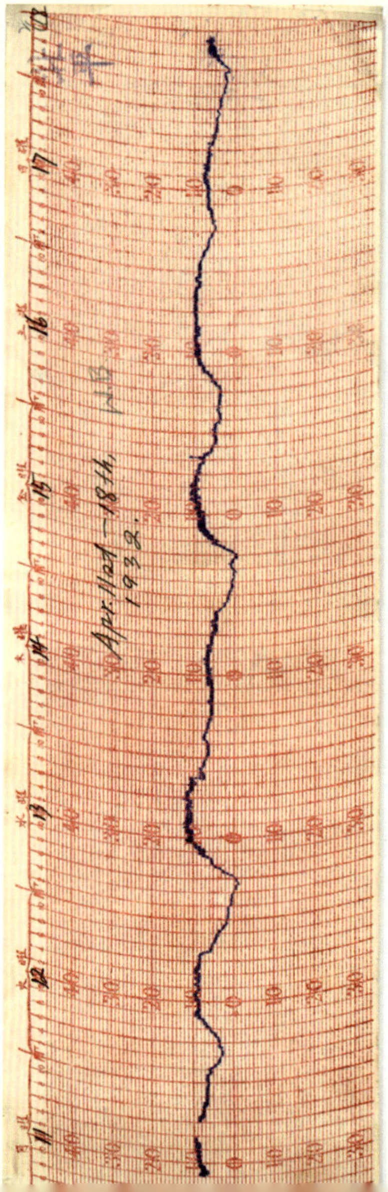

北京观象台湿球温度自记纸 1932—1936年

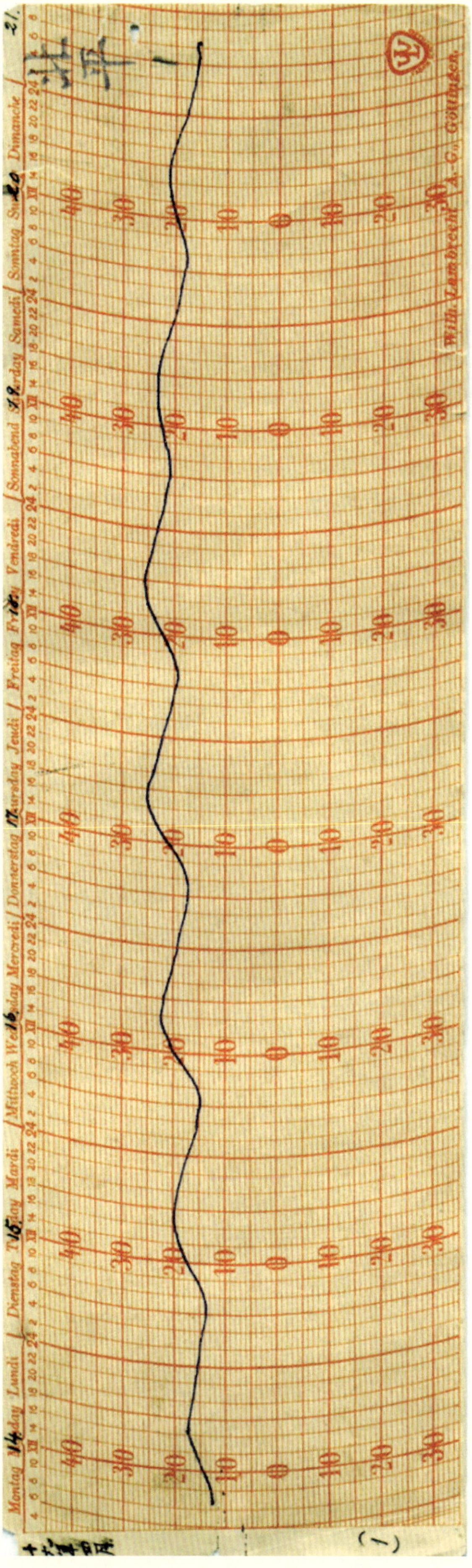

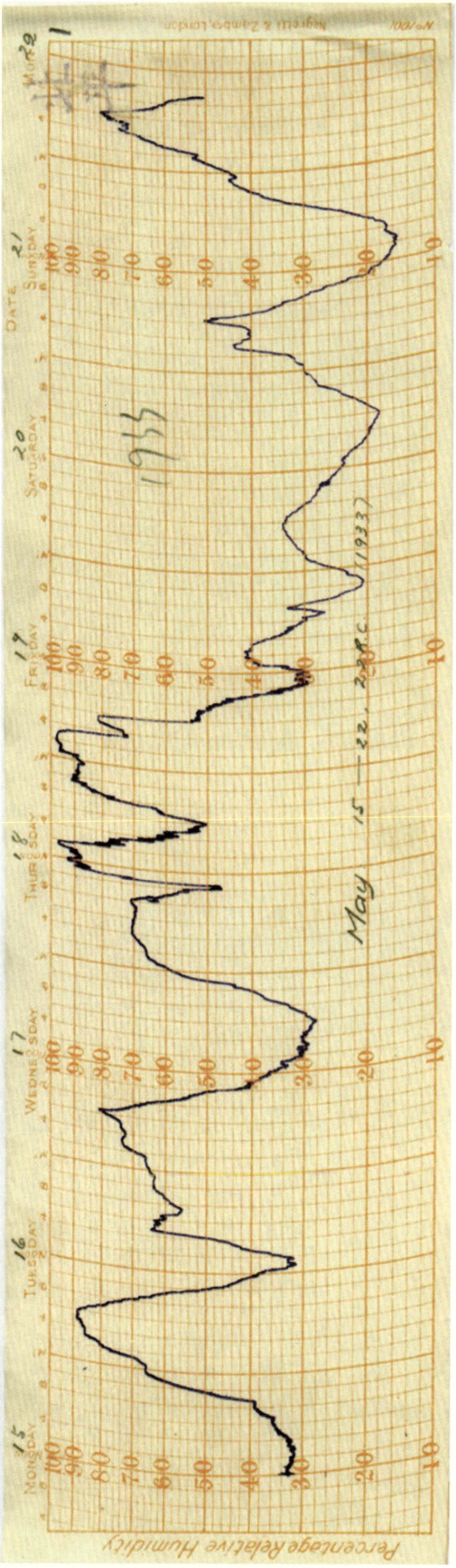

北京观象台温度自记纸（周转）1930—1945年

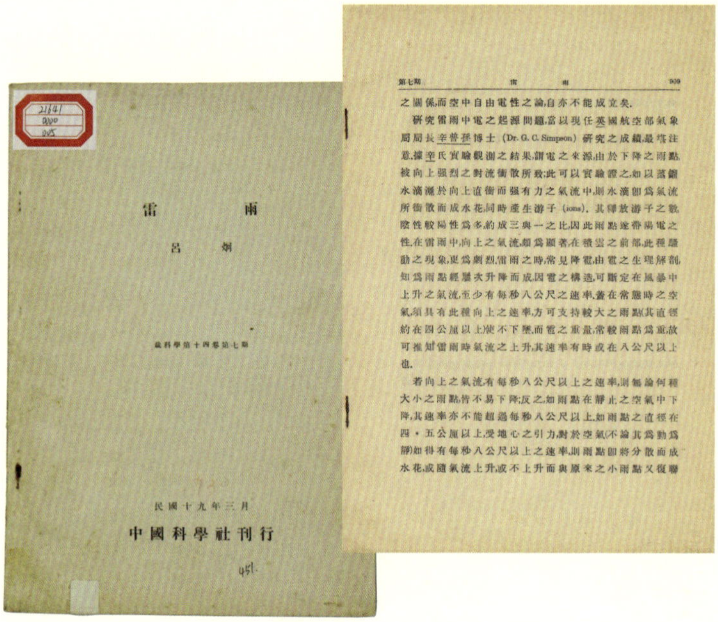

《雷雨》（吕炯著）

1930 年出版

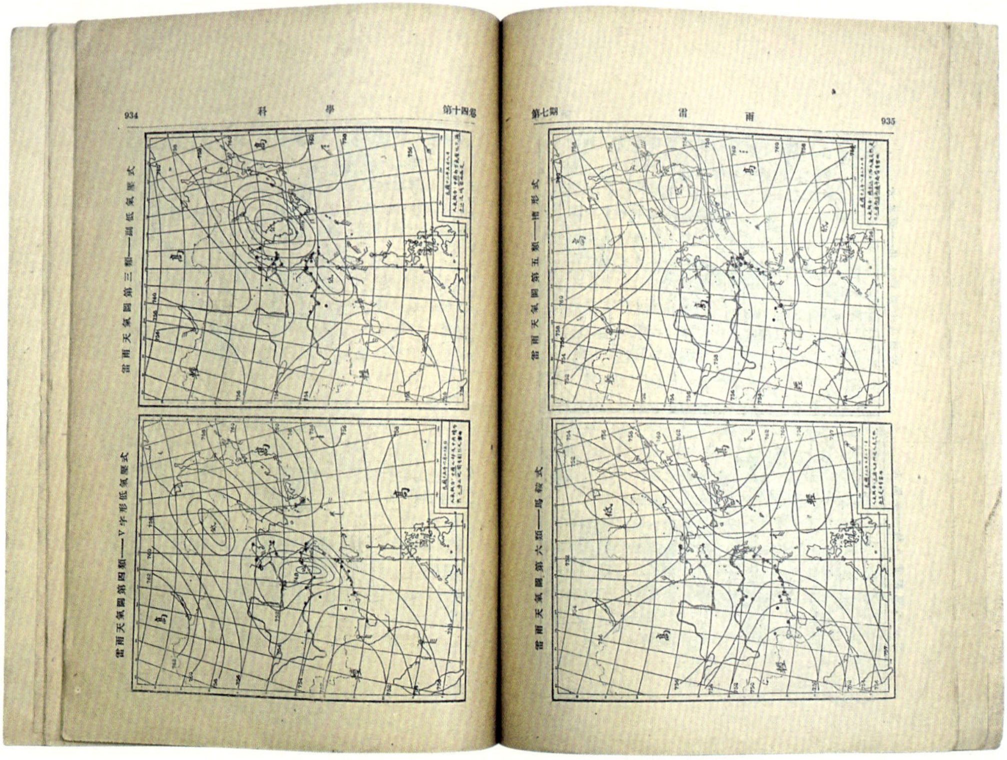

江北運河工程局

淮運流域各站雨量統計表

民國二十二年份

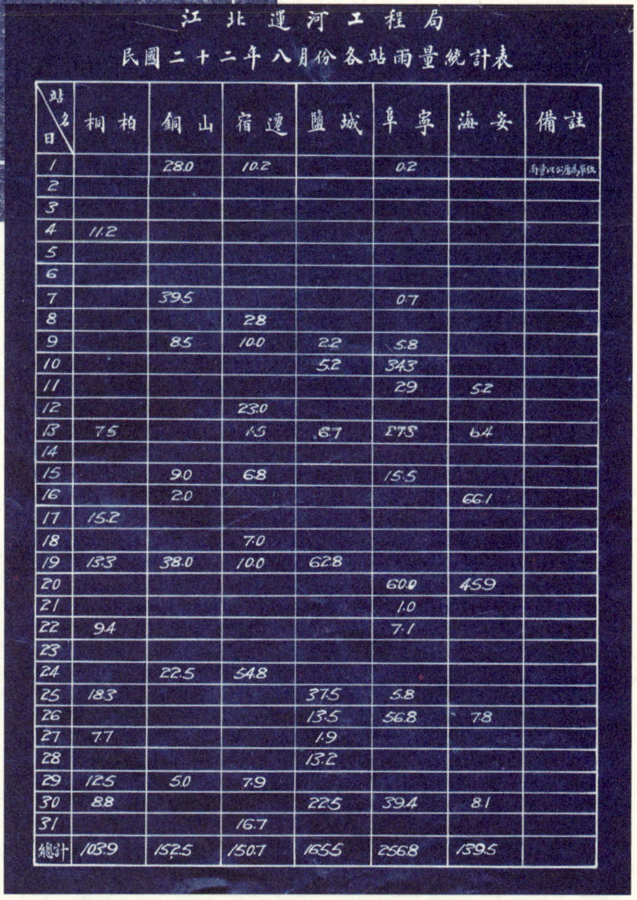

江北運河工程局

民國二十二年八月份各站雨量統計表

站名／日	桐柏	銅山	宿遷	鹽城	阜寧	海安	備註
1		28.0	10.2		0.2		雨量以公厘為單位
2							
3							
4	11.2						
5							
6							
7		39.5			0.7		
8			2.8				
9		8.5	10.0	2.2	5.8		
10				5.2	34.3		
11					2.9	5.2	
12			23.0				
13	7.5		1.5	6.7	27.3	6.4	
14							
15		9.0	6.8		15.5		
16		2.0				66.1	
17	15.2						
18			7.0				
19	13.3	38.0	10.0	62.8			
20					60.0	45.9	
21					1.0		
22	9.4				7.1		
23							
24		22.5	54.8				
25	18.3			37.5	5.8		
26				13.5	56.8	7.8	
27	7.7			1.9			
28				13.2			
29	12.5	5.0	7.9				
30	8.8			22.5	39.4	8.1	
31			16.7				
總計	103.9	152.5	150.7	165.5	256.8	139.5	

淮运流域各站雨量统计表

1933 年

水文观测资料

扬子江流域各站雨量表

1924—1928 年

2

民國十三年至十七年揚子江流域各站雨量表

TABLE OF MONTHLY RAINFALL IN MM.

AT VARIOUS Y.R.C. STATIONS IN YANGTSE BASIN FOR THE YEARS 1924-28

站名 Station	年/月 Month Year	一月 Jan.	二月 Feb.	三月 Mar.	四月 Apr.	五月 May	六月 June	七月 July	八月 Aug.	九月 Sept.	十月 Oct	十一月 Nov	十二月 Dec.	每年總數 Yearly Total	每月均數 Mean Monthly Rainfall
四川巴塘 Batang, Szechwan	1924						162.2	213.9	187.7	136.0	11.5	0.1	0		
	1925	0	0	0.3	1.2	1.2	52.9	73.0	83.2	187.7	44.0				
	1926	0	4.0	2.0	15.0	85.0	109.0	130.0	113.0	59.0	19.0	0	0	536.0	44.7
	1927	0	0	5.0	20.0	18.0	71.0	157.0	101.0	110.0	44.0	0	0	526.0	43.8
	1928	0	0	0	0	60.0	85.0	61.0	120.0	71.0	118.0	0	0	515.0	42.9
四川打箭爐 Tatsienlu, "	1924	0.2	4.2	26.5	118.0	437.0	237.0	151.6	145.0	147.5	50.9	46.0	5.4	1369.3	114.1
	1925	30.5	12.2	17.1	57.7	117.6	112.0	42.5	75.5	169.0	83.5	7.0	1.5	726.1	60.5
	1926	0	20.0	37.5	43.5	77.5	216.0	151.0	157.1	86.0	45.5	4.0	0	838.1	69.8
	1927	4.0	19.5	34.3	51.5	104.0	256.0	98.5	139.5	179.5	69.0	28.5	2.0	986.2	82.2
	1928	0	11.5	33.0	25.5	218.5	205.7	66.5	168.4	127.9	121.0	23.0			91.0
四川甯遠 Ningyuanfu, "	1924			4.0	14.1	94.3	353.1	417.6	296.9	147.8	69.6	8.7	4.7		
	1925	22.3	7.3	57.2	58.5	79.5	128.0	164.3	268.3	179.8	149.5	23.5	3.2	1141.4	95.1
	1926	2.9	32.6	35.1	15.4	70.0	410.1	260.3	246.4	135.8	94.7	23.8	0	1327.1	110.6
	1927	0	31.0	20.1	63.0	72.3	179.4	115.8	80.0	126.0	41.0	34.7	24.1	787.4	65.6
	1928	0.5	12.1	0.6	13.5	127.6	287.9	86.8	234.1	228.4	129.9	36.3	0	1157.7	96.5
四川成都 Chengtu, "	1924	22.0	7.0	13.0	49.0	63.0	99.0	86.0	195.0	28.0	27.0	4.0	0	593.0	49.4
	1925	7.5	19.5	24.0	34.0	49.5	99.0	365.0	175.7	51.5	53.5	25.0	7.0	911.2	75.9
	1926	1.5	12.5	23.5	39.5	127.0	102.0	82.0	179.0	118.0	31.0	7.0	9.0	732.0	61.0
	1927	16.0	15.5	12.0	120.0		118.0	39.0	341.0	77.0	24.0	9.0	4.0		70.5
	1928	0	13.0		16.0	93.0	55.0	70.0	68.0	81.0	74.0	8.0	1.0		[illegible]
四川敘府 Suifu,	1924	5.8	22.9	29.7	62.9	51.0	196.3	206.4	85.1	68.2	63.0	22.0	16.9	830.2	69.2
	1925	15.7	38.1	37.3	54.1	94.1	252.1	126.5	116.9	219.0	195.8	34.1	16.8	1200.5	100.0
	1926	6.9	21.7	74.2	101.3	165.9	206.0	206.2	230.2	113.5	104.2	58.4	21.8	1310.3	109.2
	1927	17.8	29.1	41.1	121.3	94.2	184.7	159.8	198.3	167.4	63.2	33.0	14.9	1124.8	93.8
	1928	10.6	24.0	85.8	46.4	91.9	115.1	347.6	389.9	100.1	105.4	11.5	36.7	1365.0	113.8
四川綏定 Sutingfu. "	1924		57.0	8.6	79.8	67.9	236.5	97.6	145.1	160.3	82.9	37.3			
	1925	25.3	21.0	13.7	81.4	94.0	137.2	69.2	185.7	70.3	16.8	56.0	22.2	792.5	66.0
	1926	45.5	27.5	27.0	36.0	144.0	63.2								
四川忠州 Chungchow, "	1924		15.0	54.4	256.8	190.1	112.2	292.8	142.9	175.9	105.5	103.7	21.5		
	1925	37.0	19.0	43.0	144.9	174.0	125.0	112.0	383.0	273.0	166.0	126.0	47.0	1649.9	137.5
	1926	36.0	57.0	63.0	163.0	195.0	119.0	415.0	158.0	98.5	154.0	91.0	45.0	1594.5	132.9
	1927	37.0	24.0	60.0	164.0	110.0	172.0	218.0	116.0	214.0	100.0	[illegible]	32.0	[illegible]	108.7
	1928	26.0	20.0	74.0	131.0	191.0	209.0	150.9	151.5	153.5	[illegible]	19.0	[illegible]	[illegible]	[illegible]
雲南東川 Tungchwan Yunnan	1924	2.8	1.0	1.2	16.7	85.2	181.0	320.6	217.5	71.2	30.0	10.5	4.4	942.1	78.5
	1925	69.6	20.9	15.1	20.5	111.5	91.6	156.8	221.4	91.9	65.3	25.0	5.8	907.2	75.6
	1926	16.3	49.1	72.7	11.1	56.9	178.2	241.1	143.7	178.9	76.3	31.4	0	1055.7	88.0
	1927	1.0	2.8	21.3	63.0	71.4	76.3	111.0	92.0	112.3	63.7	64.8	2.2	681.8	56.8
	1928	0	25.0	0	43.1	103.[illegible]	106.7	288.0	58.5	246.5	61.0	41.0	0	972.8	81.1
貴州貴陽 Kweiyang, Kweichow	1924	18.7	23.7	11.1	160.9	152.9	183.8	301.2	82.0	97.2	136.6	5.5	1.3	1174.9	97.9
	1925	41.6	14.9	27.1	38.7	144.3	135.9	120.5	124.0	262.7	116.9	54.0	3.5	1084.1	90.3
	1926	23.1	28.9	45.3	56.9	200.1	173.8	322.0	56.8	87.6	124.8	54.5	29.2	1028.0	100.7
	1927	5.1	27.3	25.2	36.0	162.5	213.6	303.4	53.2	74.9	76.5	82.7	5.3	1065.7	88.8
	1928	11.9	42.1	13.0	58.4	233.3	256.7	174.3	106.4	81.4	49.6	33.5	28.8	1089.4	90.8
陝西城固 Chengku, Shensi	1924	4.5	3.3	11.1	7.7	69.6	60.8	44.2	259.0	143.7	100.6	24.2	15.6	744.3	62.0
	1925	1.7	5.0	5.9	94.1	132.1	215.2	152.2	131.8	104.4	23.8	20.8	4.0	891.0	74.3
	1926	3.0	10.0	23.1	20.4	91.4	18.5	171.0	298.6	92.2	49.6	43.9	1.2	822.9	68.6
	1927	45.0	14.2	38.8	40.5	14.7	36.2	142.2	75.1	62.1	67.5	104.0	11.5	651.8	54.3
	1928		4.0	19.6	31.3	8.4	64.4	98.3	98.5	98.6	19.0				
陝西興安 Hingan, "	1924	2.5	4.2	7.0	16.5	94.0	22.5	98.8	97.2	176.8	60.7	32.9	12.4	625.5	52.1
	1925	3.6	0.8	10.9	83.1	130.0	68.4	108.4	221.8	91.3	19.0	32.0			
	1926								53.0	184.1	66.2	36.5	3.2		
	1927	32.9	9.8	27.3	77.1	17.1	90.6	48.4	134.5	66.6	92.1	8.0	3.1	607.5	50.6
	1928	9.0	3.0	8.0	50.4	9.1	55.1			38.2	11.3	8.0	3.0		19.5
湖南永州 Yungchowfu, Hunan	1924								33.8	16.7	126.5	35.5	1.9		
	1925	97.6	102.8	272.5	238.0	325.5	50.5	22.0	49.5	67.5	30.5	64.0	19.0	1339.4	111.6
	1926	57.5	158.2	142.0	106.0	174.2	479.5	136.0	76.5	33.0	129.5	28.1	113.7	1634.2	136.2
湖北老河口 Laohokow, Hupeh	1924								74.0	72.0	18.5	63.0	4.0		
	1925	9.0	5.0	62.0	65.0	152.0	125.0	112.0	286.0	72.0	58.0	49.0	15.0	1010.0	84.2
	1926	14.0	10.0	99.0	32.0	116.0	57.0	407.0	222.0	157.0	169.0	40.0	37.0	1360.0	113.3
	1928	44.0	13.0	38.0	109.0	22.0	76.3	50.1	45.0	66.0	3.8	31.7	34.9	533.8	44.5
江西牯嶺 Kuling, Kiangsi	1924	34.3	74.3	162.7	121.0	230.3	149.9	285.0	21.0	80.0	88.0				
	1925	1.0	49.0	97.0	112.0	163.0	113.0	177.0	280.0	40.0	2.0	92.0	0	1126.0	93.8
	1926	16.0	9.0	31.0	153.0	239.0	274.0	75.0	41.0	63.0	133.0	96.0	47.0	1177.0	98.1
江西贛州 Kanchow, "	1924	58.3	18.9	59.0	281.0	236.0	382.0	179.0	212.0	201.0	45.0	1.0	5.0	1678.2	139.9
	1925	102.0	104.0	217.0	274.0	281.0	140.0								
	1926	34.0	173.0	135.9	102.2	138.8									
江西建昌 Kienchangfu, "	1924	76.2	169.9	163.5	165.0	358.6	402.9	16.7	46.3	72.4	39.5	2.6	1.7	1515.3	126.3
	1925	113.7	94.1	225.8	135.9	177.9	105.4	81.7	145.9	32.4	4.3	71.6	4.7	1193.4	99.5
	1926	18.2	220.6	190.2	150.5	97.4	447.2	60.5	111.0		154.7				
湖北禹觀山 Yukwanshan Hupeh	1926		10.5	100.4	72.6	124.7	61.6	222.7	40.9	91.0	45.8	42.5	37.5	1037.3	86.4
	1927	62.0	34.0	61.0	105.0	33.0	143.0	323.8	119.2	99.8	25.0	13.5	18.0		
	1928	51.0	34.0	92.0	160.0	75.0	182.0	74.0	67.0	103.0	6.0	140.0	49.0	1033.0	86.1
湖北廟嘴 Miaochui.	1926									60.0	92.0	43.0	49.0		
	1927	45.0	31.0	44.0	136.0	30.0	125.0	116.0	96.0	43.0	19.0	8.0	11.0	704.0	58.7
	1928	37.0	9.0	66.0	149.0	13.0	53.0	13.0	28.0	45.0	3.0	109.0	32.0	557.0	46.4

總理遺像

總理遺囑

余致力國民革命，凡四十年，其目的在求中國之自由平等，積四十年之經驗，深知欲達到此目的，必須喚起民衆，及聯合世界上以平等待我之民族，共同奮鬥！

現在革命尚未成功，凡我同志，務須依照余所著：建國方略、建國大綱、三民主義、及第一次全國代表大會宣言，繼續努力，以求貫澈！最近主張開國民會議，及廢除不平等條約，尤須於最短期間，促其實現，是所至囑！

《浙江省建设月刊水利专号》

1933 年 5 月出版

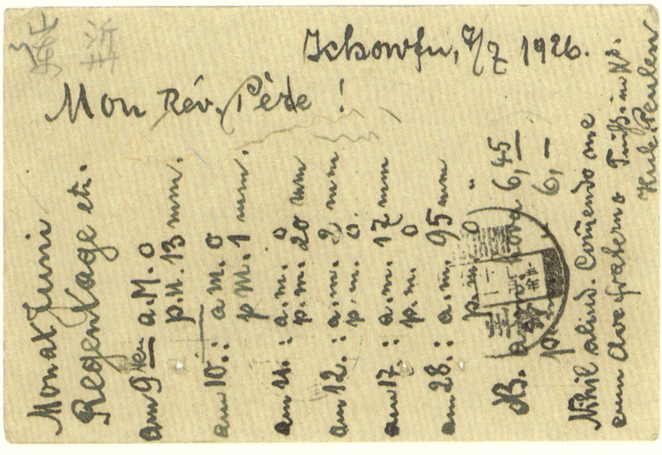

山东沂州向上海徐家汇报送的

1926 年 6 月雨量总量

珍贵档案类型： 各院校珍贵气象档案资料

档案形成年代： 1913—1953 年

档 案 责 任 者： 中国气象局气象档案馆

档案内容简介：

我国近代有许多农林专科学校、航空学校和一些综合性大学的农科、理科开设有气象学、气候学，这些院校为了便于教学和学生实习，专门设立有气象台或测候所。这些院校气象台站大部分观测仪器设备先进、观测方法规范、观测记录完整，不少院校还专门出版气象专刊，定期向社会发布气象观测资料。据不完全统计，近代中国院校设立的气象台站有 30 余所，包括北京大学农学院气象台、清华大学气象台、国立中山大学农科学院观测所、南京金陵大学气象观测所、南京东南大学气象观测所、浙江大学农学院测候所、厦门大学气象台、武汉大学测候所等，在近代中国气象台（站）中占有重要地位。

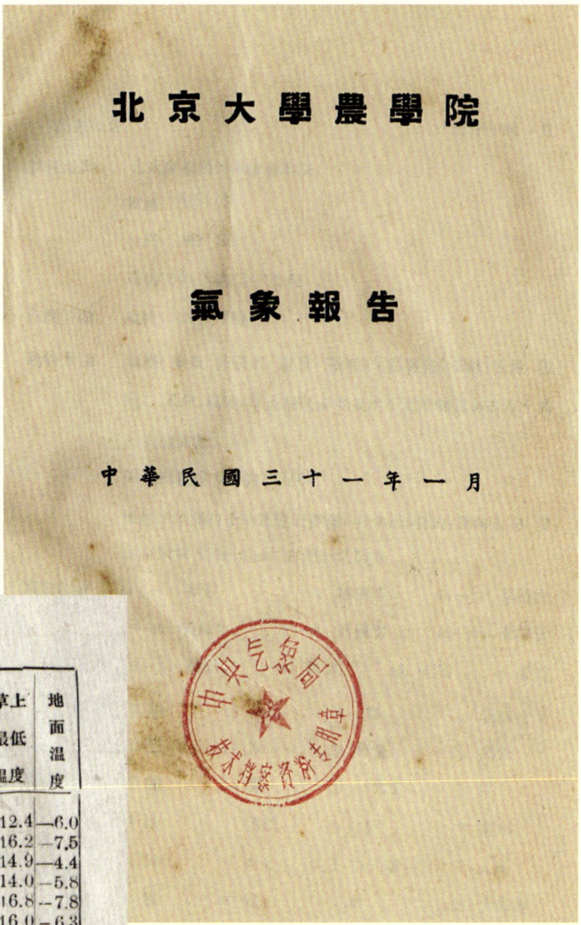

北京大學農學院

氣象報告

中華民國三十一年一月

《北京大学农学院气象报告》

1942 年

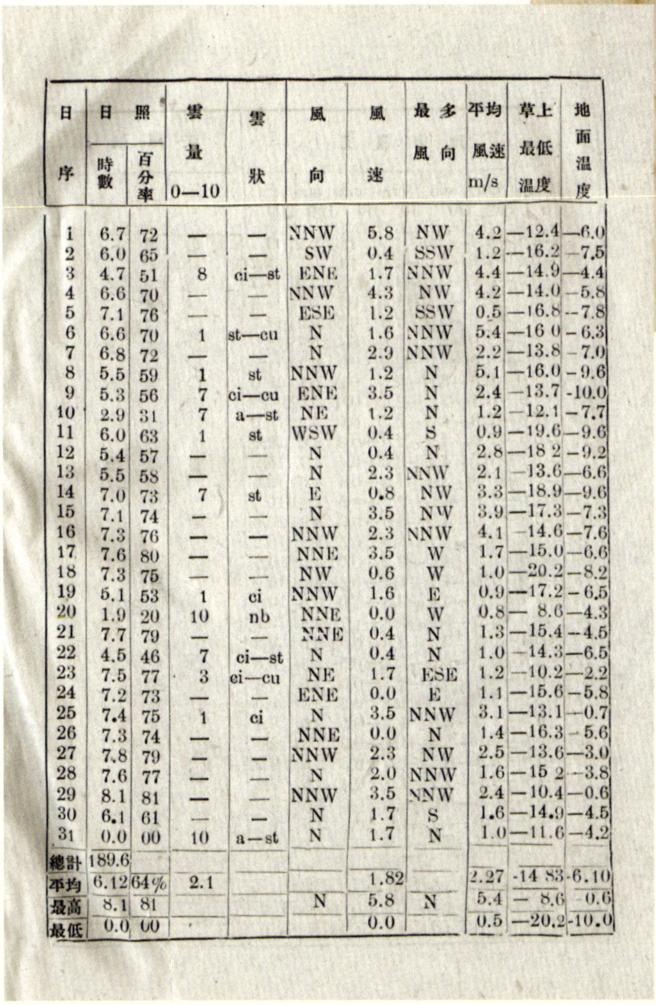

日序	日照 時數	日照 百分率	雲量 0—10	雲狀	風向	風速	最多風向	平均風速 m/s	草上最低溫度	地面溫度
1	6.7	72	—	—	NNW	5.8	NW	4.2	—12.4	—6.0
2	6.0	65	—	—	SW	0.4	SSW	1.2	—16.2	—7.5
3	4.7	51	8	ci—st	ENE	1.7	NNW	4.4	—14.9	—4.4
4	6.6	70	—	—	NNW	4.3	NW	4.2	—14.0	—5.8
5	7.1	76	—	—	ESE	1.2	SSW	0.5	—16.8	—7.8
6	6.6	70	1	st—cu	N	1.6	NNW	5.4	—16.0	—6.3
7	6.8	72	—	—	N	2.9	NNW	2.2	—13.8	—7.0
8	5.5	59	1	st	NNW	1.2	N	5.1	—16.0	—9.6
9	5.3	56	7	ci—cu	ENE	3.5	N	2.4	—13.7	-10.0
10	2.9	31	7	a—st	NE	1.2	N	1.2	—12.1	—7.7
11	6.0	63	1	st	WSW	0.4	S	0.9	—19.6	—9.6
12	5.4	57	—	—	N	0.4	N	2.8	—18.2	—9.2
13	5.5	58	—	—	N	2.3	NNW	2.1	—13.6	—6.6
14	7.0	73	7	st	E	0.8	NW	3.3	—18.9	—9.6
15	7.1	74	—	—	N	3.5	NW	3.9	—17.3	—7.3
16	7.3	76	—	—	NNW	2.3	NNW	4.1	—14.6	—7.6
17	7.6	80	—	—	NNE	3.5	W	1.7	—15.0	—6.6
18	7.3	75	—	—	NW	0.6	W	1.0	—20.2	—8.2
19	5.1	53	1	ci	NNW	1.6	E	0.9	—17.2	—6.5
20	1.9	20	10	nb	NNE	0.0	W	0.8	— 8.6	—4.3
21	7.7	79	—	—	NNE	0.4	N	1.3	—15.4	—4.5
22	4.5	46	7	ci—st	N	0.4	N	1.0	—14.3	—6.5
23	7.5	77	3	ci—cu	NE	1.7	ESE	1.2	—10.2	—2.2
24	7.2	73	—	—	ENE	0.0	E	1.1	—15.6	—5.8
25	7.4	75	1	ci	N	3.5	NNW	3.1	—13.1	—0.7
26	7.3	74	—	—	NNE	0.0	N	1.4	—16.3	—5.6
27	7.8	79	—	—	NNW	2.3	NW	2.5	—13.6	—3.0
28	7.6	77	—	—	N	2.0	NNW	1.6	—15.2	—3.8
29	8.1	81	—	—	NNW	3.5	NNW	2.4	—10.4	—0.6
30	6.1	61	—	—	N	1.7	S	1.6	—14.9	—4.5
31	0.0	00	10	a—st	N	1.7	N	1.0	—11.6	—4.2
總計	189.6									
平均	6.12	64%	2.1			1.82		2.27	-14.83	-6.10
最高	8.1	81			N	5.8	N	5.4	— 8.6	-0.6
最低	0.0	00				0.0		0.5	—20.2	-10.0

清华大学气象台

清华大学气象园观测场

《清华大学气象季刊》

1932—1936 年

緒　言

（一）

本台成立略史

（二）

本台設備述略

A General View of the Observatory.

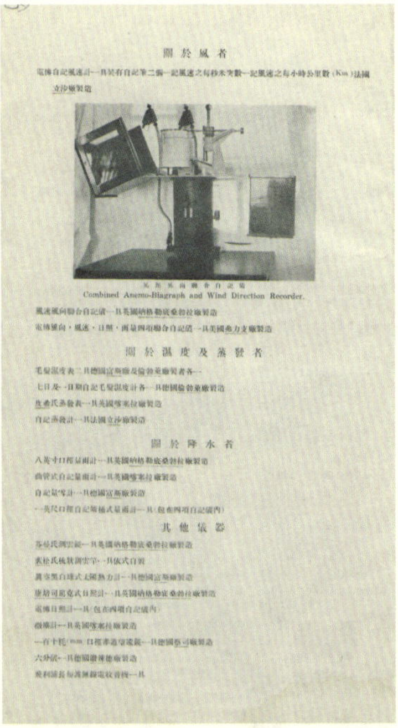

關於風者

Combined Anemo-Biagraph and Wind Direction Recorder.

關於濕度及蒸發者

關於降水者

其他儀器

Sprung-Fuess Barograph.

關於溫度者

中山大学百叶箱

中山大学天文台

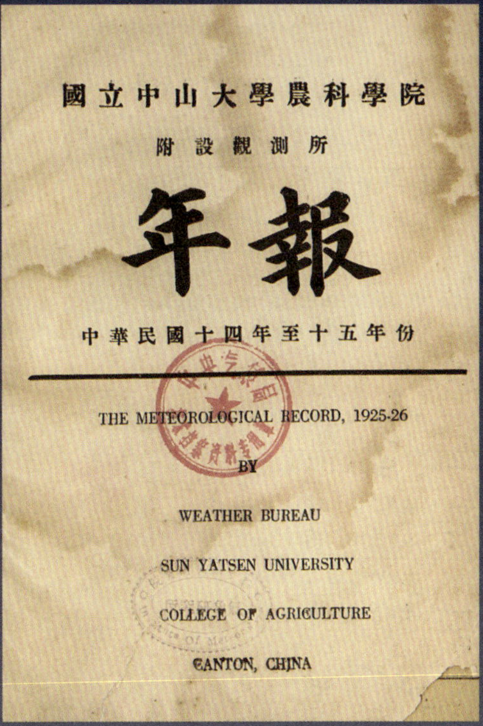

國立中山大學農科學院

附設觀測所

年報

中華民國十四年至十五年份

THE METEOROLOGICAL RECORD, 1925-26

BY

WEATHER BUREAU

SUN YATSEN UNIVERSITY

COLLEGE OF AGRICULTURE

CANTON, CHINA

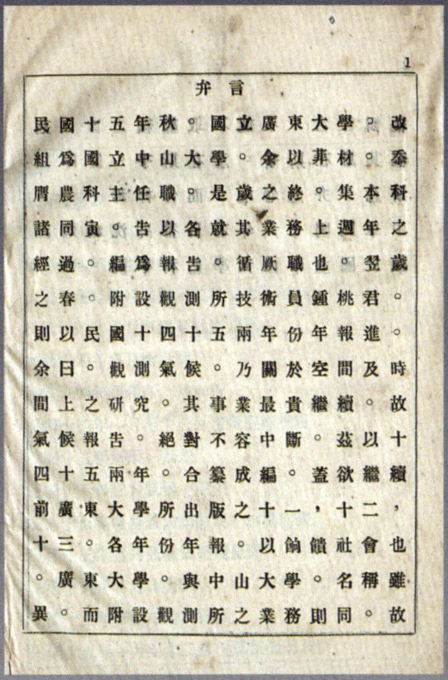

1

弁言

民國十五年秋。國立廣東大學。改組爲國立中山大學。余以菲材。忝膺農科主任職。是歲之終。集本科諸同寅。告以各就其業務上週年之經過。編爲報告。循厥職也。翌歲之春。附設觀測所技術員鍾桃君。則以民國十四十五兩年份年報進。余曰。觀測氣候。乃關於空間及時間上之研究。其事業最貴繼續。故氣候報告。絕對不容中斷。茲以十四十五兩年。合纂成編。蓋欲繼續前廣東大學所出版之十一，十二，十三。各年份年報。以餉饋社會也。廣東大學。與中山大學。名稱雖異。而附設觀測所之業務則同。故

《中山大学农科学院附设观测所年报》

1925—1926 年

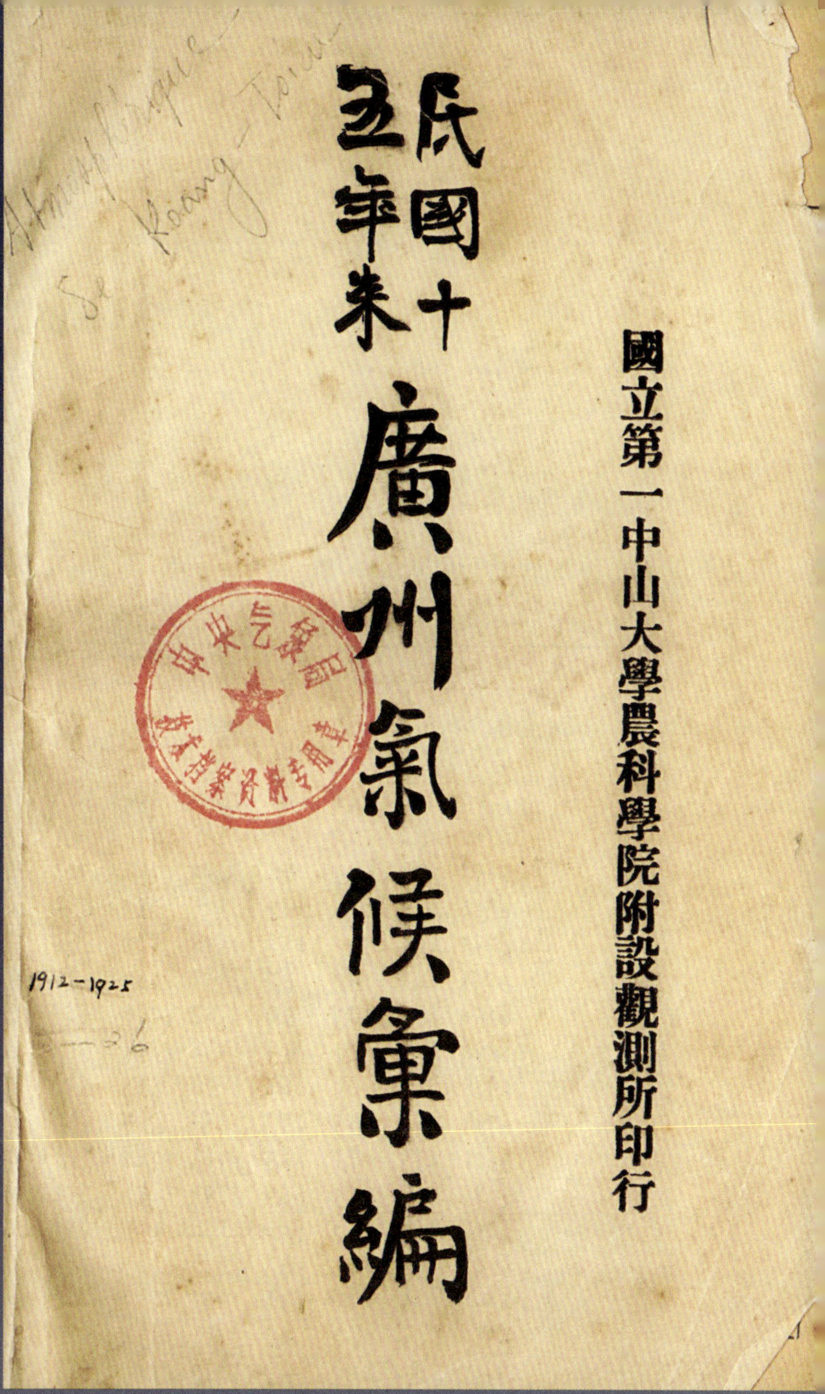

民國十五年春

廣州氣候彙編

國立第一中山大學農科學院附設觀測所印行

1912-1925

《中山大学农科学院附设观测所广州气候汇编》

1926 年印行

中山大学观测月报

1929 年

中華民國十　年　月逐日氣象平均要素表　報告

Daily Values of Meteorological Elements in the Month of 192

日期 Days of the Month	氣壓 Mean Barometric Pressure	溫度 Temperature 最高 Max.	最低 Min.	較差 Range	平均 Mean	絕對濕度 Absolute Humidity	比較濕度 Relative Humidity	雲量 Mean Amount of Cloud	日照時數 Duration of Sunshine	雨量 Rainfall Amount	下雨時期 Rainfall Duration	風向 Wind Direction	風速 Wind Velocity	雜項 Miscellaneous Informations
	700mm	C°	C°	C°	C°	mm	%	0—10	h.	mm	h		m/s	
1	67.63	20.4	12.2	8.2	15.48	9.54	70.7	3.0	7.7	—	—	NNE	4.4	○
2	67.67	18.7	12.0	6.7	14.67	8.91	69.5	9.5	0.5	—	—	NNE	3.1	◎
3	68.47	13.7	9.5	4.2	10.80	7.15	72.8	9.8	0.2	—	—	N	4.6	◎
4	68.12	17.5	8.1	9.4	12.05	7.30	65.5	8.4	1.5	—	—	E	1.5	◎
5	67.98	21.2	10.0	11.2	14.98	9.49	69.8	7.9	3.0	—	—	E	0.3	○
6	67.75	20.7	14.0	6.7	16.52	10.30	68.8	9.8	—	—	—	NNW	1.8	◎
7	68.40	16.6	10.7	5.9	13.67	10.84	85.8	10.0	—	2.5	1.0	NNE	1.9	●
8	68.26	20.5	11.1	9.4	15.52	11.34	82.3	6.3	3.3	0.5	0.5	NNW	1.7	●
9	69.28	21.5	8.9	12.6	14.08	8.83	68.0	0.5	9.4	—	—	NNE	1.3	○
10	67.82	23.2	5.5	17.7	13.35	8.69	65.3	0.5	9.4	—	—	S	0.3	○ ≡
11	66.13	23.5	7.1	16.4	14.63	10.26	71.8	0.6	9.3	—	—	SE	0.5	○ ≡
12	64.23	25.5	9.5	16.0	17.43	12.51	75.3	2.3	9.3	—	—	SE	0.2	○ ≡
13	62.85	26.0	16.0	10.0	20.52	14.09	75.3	2.5	6.0	—	—	SE	0.1	○ ≡
14	62.87	27.5	12.2	15.3	19.35	13.60	[illegible]	1.5	8.8	—	—	WNW	0.2	○ ≡
15	65.80	27.5	12.3	15.2	19.73	13.30	72.0	2.0	7.5	—	—	NE	2.0	○ ≡
16	69.50	24.0	16.0	8.0	19.35	12.38	69.0	6.3	6.6	—	—	SE	1.1	○ ≡
17	71.00	22.0	15.7	6.3	17.10	11.00	70.3	9.8	1.6	—	—	N	3.8	◎
18	70.28	21.5	13.0	11.2	14.30	9.40	70.5	5.3	7.3	—	—	N	3.5	○
19	68.12	18.8	10.0	8.8	13.78	8.94	73.3	7.3	4.5	—	—	N	3.0	○
20	66.32	23.0	13.0	10.0	17.42	11.32	72.3	8.3	4.9	—	—	SE	0.6	◎
21	67.52	16.2	10.0	6.2	13.70	9.18	76.5	9.8	—	—	—	NNW	2.2	◎
22	67.82	21.5	9.5	12.0	14.50	9.11	65.5	2.5	9.0	—	—	ESE	1.2	○ ∞
23	66.73	23.8	9.7	14.1	16.15	11.28	76.3	4.0	8.0	—	—	ESE	0.2	○ ∞
24	66.98	22.9	12.9	10.0	17.05	11.59	74.0	6.0	7.2	—	—	NNW	1.7	○ ∞
25	67.96	22.2	9.5	12.7	15.83	10.08	71.3	6.8	7.8	—	—	N	2.6	○ ∞
26	65.65	21.4	15.1	6.3	18.12	12.94	80.0	9.8	—	1.5	1.0	N	0.7	●
27	63.88	18.6	15.6	3.0	17.03	14.20	96.5	10.0	—	3.0	9.0	NNW	1.2	●
28	61.90	19.7	14.0	5.7	15.65	13.19	95.5	10.0	—	14.3	11.0	NW	1.2	●
29	62.03	12.8	8.0	4.8	10.57	8.74	91.3	10.0	—	0.3	0.5	NW	3.8	● ≡
30	61.28	8.5	6.7	1.8	7.17	7.23	96.0	10.0	—	0.5	5.0	NNW	2.6	● ≡
31	62.13	8.0	6.2	1.8	7.08	8.13	94.3	10.0	—	1.0	2.0	NNE	2.3	● ≡
總數 Total	—	—	—	—	—	—	—	—	132.8	23.6		—	—	
平均 Means	66.53	20.29	11.01	9.28	15.08	10.48	76.09	6.47	—	—	—	—	1.79	
平準均 Normals	66.30	19.09	10.29	......	14.44									
最高數 Absolute Max.	72.5	27.5												
日期 Day	17	14, 15												
最低數 Absolute Min.			5.5											
日期 Day			10											

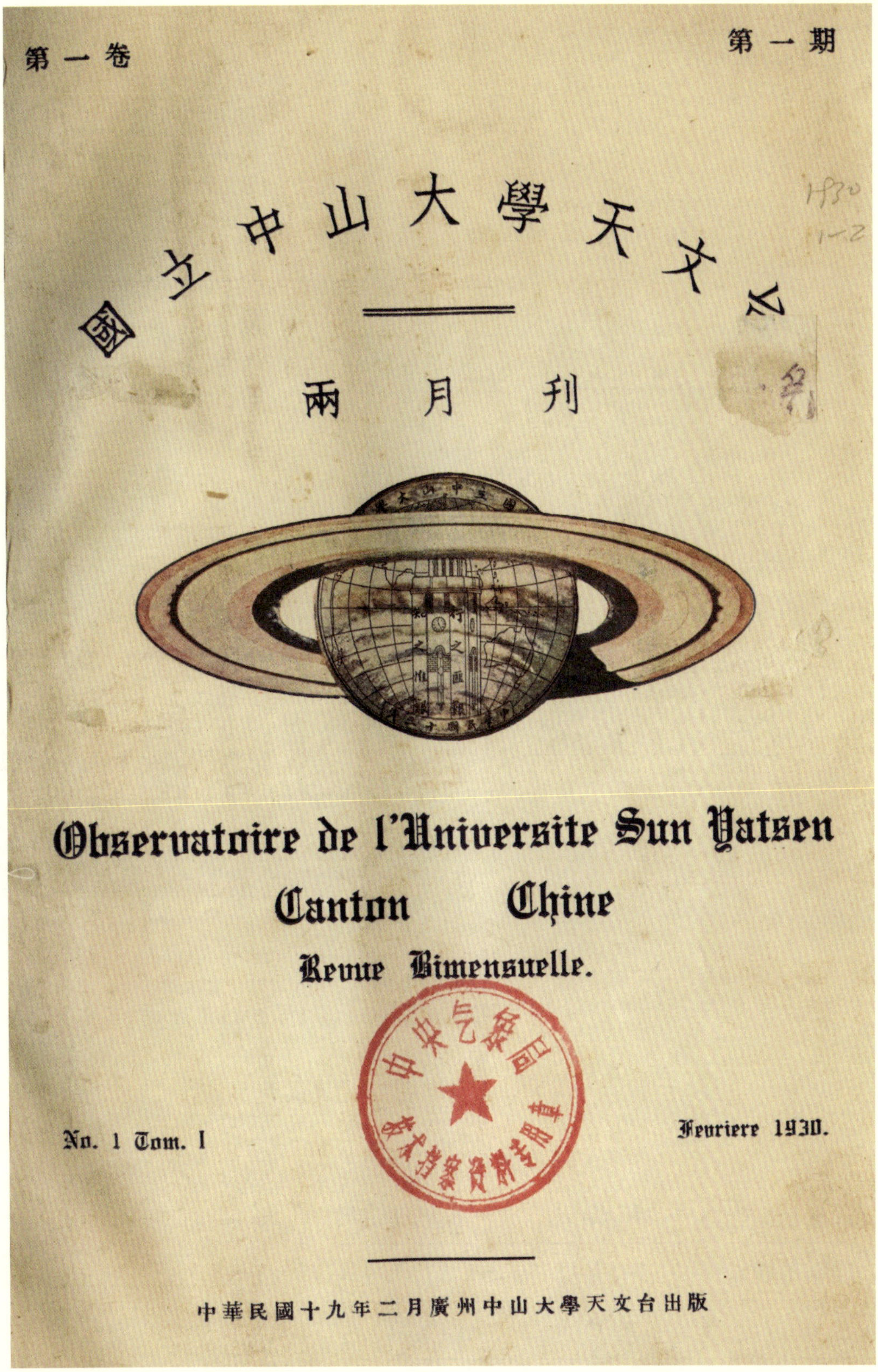
第一卷 第一期

國立中山大學天文台

兩月刊

Observatoire de l'Universite Sun Yatsen

Canton Chine

Revue Bimensuelle.

No. 1 Tom. I

Fevriere 1930.

中華民國十九年二月廣州中山大學天文台出版

《中山大学天文台两月刊》

1930 年 2 月出版

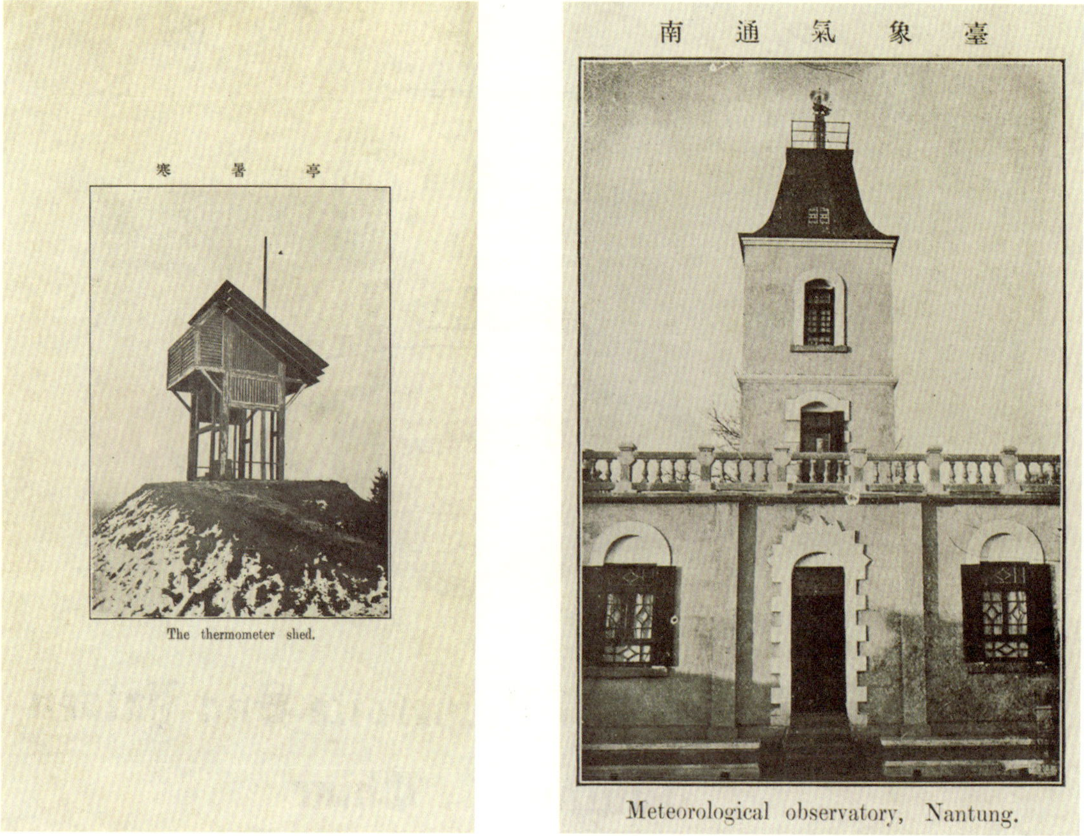

南通气象台

珍贵档案类型：	南通军山珍贵气象档案资料
档案形成年代：	1917—1929 年
档 案 责 任 者：	中国气象局气象档案馆

张謇

档案内容简介：

南通是我国近代气象事业的发祥地之一。光绪三十二年（1906 年），著名实业家、教育家张謇创办“南通博物苑测候室”，在此基础上，1916 年 10 月建成“军山气象台”（江苏省南通市狼山东南）。军山气象台是国人自办近代气象事业的开始，被称为“中国私家气象台之鼻祖”。南通军山气象台规模宏大、设备齐全、工作杰出，在国际上享有相当声誉，曾被列入英国出版的《国际气象台名册》中。鉴于张謇先生对气象事业做出的贡献，1924 年 10 月他被公推为首届中国气象学会名誉会长之一。南通军山气象台观测资料除每日定时传报徐家汇观象台、北京“中央观象台”外，还定期刊印出版气象月报、季报和年报，并与 40 多个国家进行交换，享誉国内外。1997 年，中国气象局认定南通军山气象台为国人自建的第一座气象台，南通市政府将其旧址列为重点文物保护单位。

南通军山气象台平面图

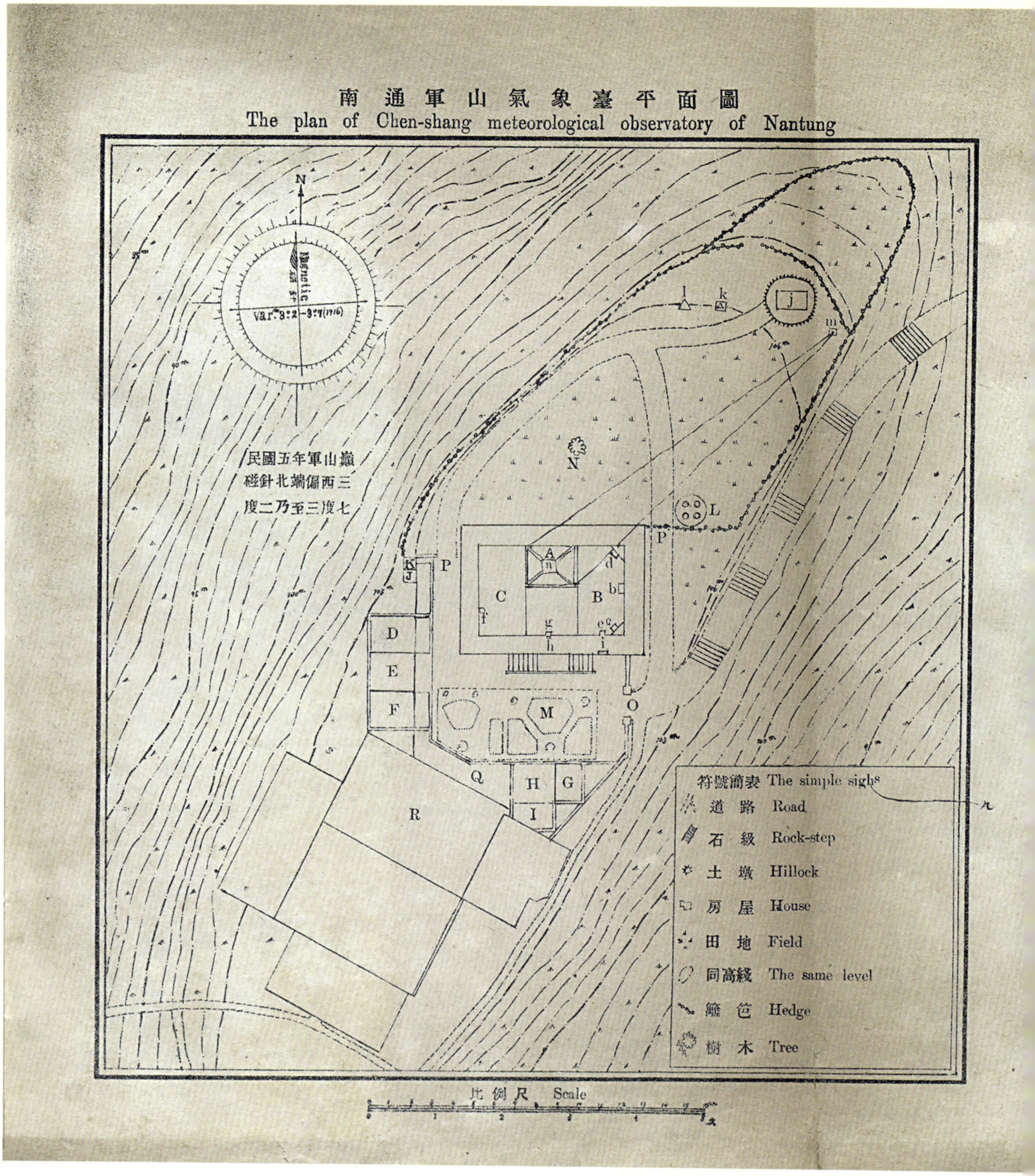
南通軍山氣象臺平面圖
The plan of Chen-shang meteorological observatory of Nantung
N
Var: 3°2-3°7(1916)
民國五年軍山巔
磁針北端偏西三
度二乃至三度七
符號簡表 The simple sighs
道路 Road
石級 Rock-step
土墩 Hillock
房屋 House
田地 Field
同高綫 The same level
籬笆 Hedge
樹木 Tree
比例尺 Scale

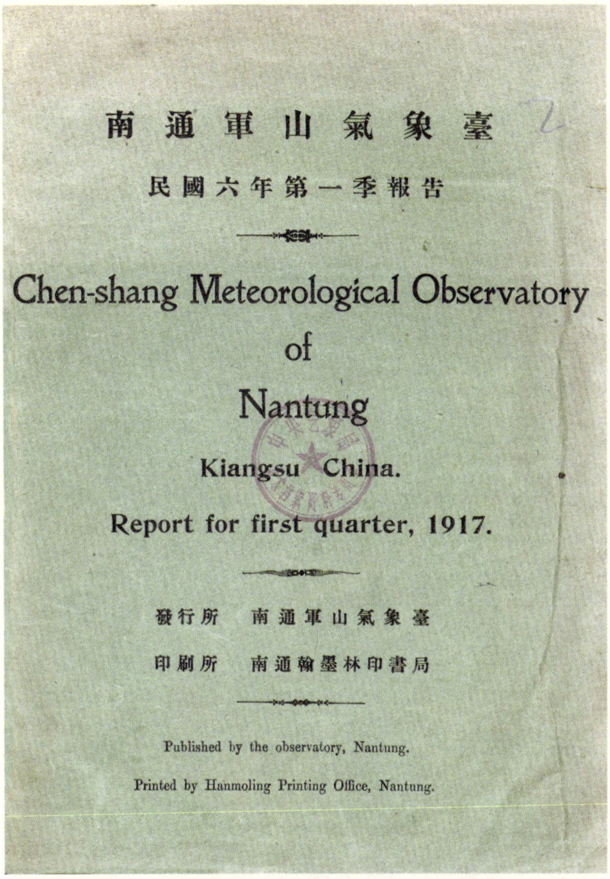

南通軍山氣象臺

民國六年第一季報告

Chen-shang Meteorological Observatory

of

Nantung

Kiangsu China.

Report for first quarter, 1917.

發行所 南通軍山氣象臺

印刷所 南通翰墨林印書局

Published by the observatory, Nantung.

Printed by Hanmoling Printing Office, Nantung.

南通军山气象台

气象季报

1917—1924年

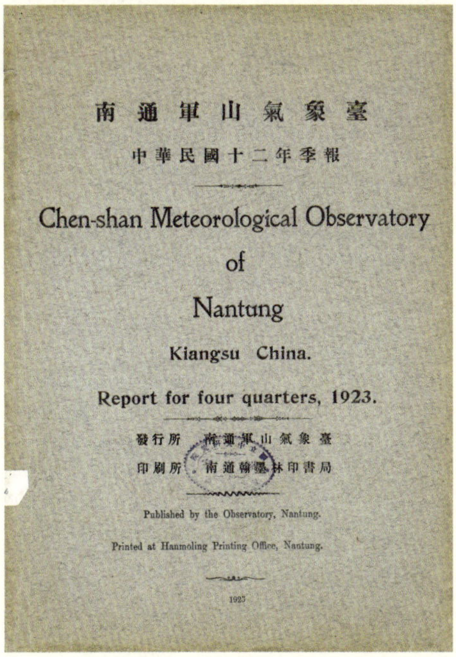

南通軍山氣象臺

中華民國十二年季報

Chen-shan Meteorological Observatory

of

Nantung

Kiangsu China.

Report for four quarters, 1923.

發行所 南通軍山氣象臺

印刷所 南通翰墨林印書局

Published by the Observatory, Nantung.

Printed at Hanmoling Printing Office, Nantung.

1923

南通军山气象台季度气象报告

1923年

南通軍山氣象臺

中華民國十四年報告輯要

Chen-shan Meteorological Observatory

of

Nantung

Kiangsu China

Annual Summary, 1925

編輯者 南通學院農科軍山氣象臺

印行者 國立中央研究院氣象究研所

Observation made by Chen-shan Observatory, College of Agriculture, University of Nantung, Kiangsu, China.

Published by the National Research Institute of Meteorology, Academia Sinica, Pei-chi-ko, Nanking, China.

MARCH 1931

南通军山气象台气象报告辑要

1925—1926年，1931年出版

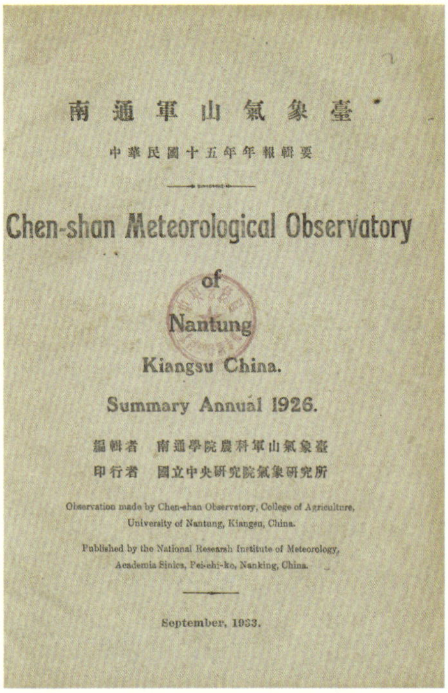

南通軍山氣象臺

中華民國十五年年報輯要

Chen-shan Meteorological Observatory

of

Nantung

Kiangsu China.

Summary Annual 1926.

編輯者　南通學院農科軍山氣象臺

印行者　國立中央研究院氣象研究所

Observation made by Chen-shan Observatory, College of Agriculture, University of Nantung, Kiangsu, China.

Published by the National Research Institute of Meteorology, Academia Sinica, Pei-chi-ko, Nanking, China.

September, 1933.

南通軍山

氣象報告

1926

中央氣象台資料室

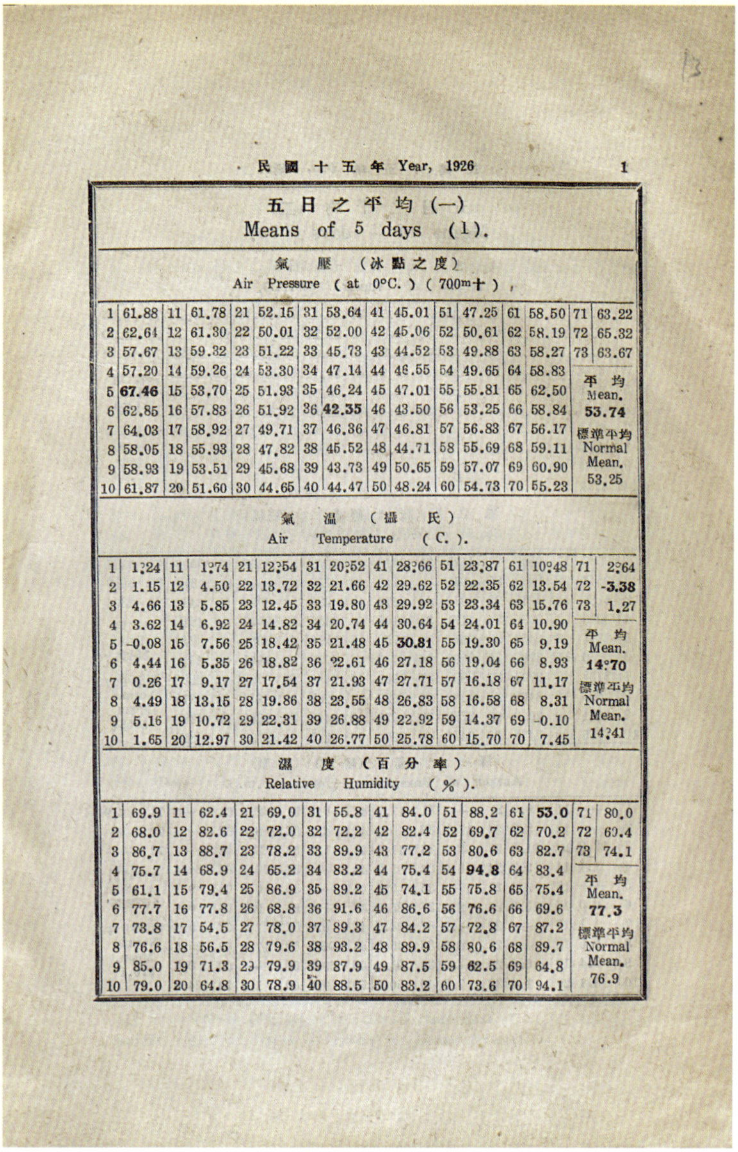

民國十五年 Year, 1926　　1

五日之平均（一）
Means of 5 days (1).

氣壓（冰點之度）
Air Pressure (at 0°C.) (700m+),

1	61.88	11	61.78	21	52.15	31	53.64	41	45.01	51	47.25	61	58.50	71	63.22
2	62.64	12	61.30	22	50.01	32	52.00	42	45.06	52	50.61	62	58.19	72	65.32
3	57.67	13	59.32	23	51.22	33	45.73	43	44.52	53	49.88	63	58.27	73	63.67
4	57.20	14	59.26	24	53.30	34	47.14	44	46.55	54	49.65	64	58.83	平均	
5	**67.46**	15	53.70	25	51.93	35	46.24	45	47.01	55	55.81	65	62.50	Mean.	
6	62.85	16	57.83	26	51.92	36	**42.35**	46	43.50	56	53.25	66	58.84	**53.74**	
7	64.03	17	58.92	27	49.71	37	46.36	47	46.81	57	56.83	67	56.17	標準平均	
8	58.05	18	55.93	28	47.82	38	45.52	48	44.71	58	55.69	68	59.11	Normal	
9	58.93	19	53.51	29	45.68	39	43.73	49	50.65	59	57.07	69	60.90	Mean.	
10	61.87	20	51.60	30	44.65	40	44.47	50	48.24	60	54.73	70	55.23	53.25	

氣溫（攝氏）
Air Temperature (C.).

1	1°24	11	1°74	21	12°54	31	20°52	41	28°66	51	23°87	61	10°48	71	2°64
2	1.15	12	4.50	22	13.72	32	21.66	42	29.62	52	22.35	62	13.54	72	**-3.38**
3	4.66	13	5.85	23	12.45	33	19.80	43	29.92	53	23.34	63	15.76	73	1.27
4	3.62	14	6.92	24	14.82	34	20.74	44	30.64	54	24.01	64	10.90	平均	
5	-0.08	15	7.56	25	18.42	35	21.48	45	**30.81**	55	19.30	65	9.19	Mean.	
6	4.44	16	5.35	26	18.82	36	22.61	46	27.18	56	19.04	66	8.93	**14°70**	
7	0.26	17	9.17	27	17.54	37	21.93	47	27.71	57	16.18	67	11.17	標準平均	
8	4.49	18	13.15	28	19.86	38	23.55	48	26.83	58	16.58	68	8.31	Normal	
9	5.16	19	10.72	29	22.31	39	26.88	49	22.92	59	14.37	69	-0.10	Mean.	
10	1.65	20	12.97	30	21.42	40	26.77	50	25.78	60	15.70	70	7.45	14°41	

濕度（百分率）
Relative Humidity (%).

1	69.9	11	62.4	21	69.0	31	55.8	41	84.0	51	88.2	61	**53.0**	71	80.0
2	68.0	12	82.6	22	72.0	32	72.2	42	82.4	52	69.7	62	70.2	72	69.4
3	86.7	13	88.7	23	78.2	33	89.9	43	77.2	53	80.6	63	82.7	73	74.1
4	75.7	14	68.9	24	65.2	34	83.2	44	75.4	54	**94.8**	64	83.4	平均	
5	61.1	15	79.4	25	86.9	35	89.2	45	74.1	55	75.8	65	75.4	Mean.	
6	77.7	16	77.8	26	68.8	36	91.6	46	86.6	56	76.6	66	69.6	**77.3**	
7	73.8	17	54.5	27	78.0	37	89.3	47	84.2	57	72.8	67	87.2	標準平均	
8	76.6	18	56.5	28	79.6	38	93.2	48	89.9	58	80.6	68	89.7	Normal	
9	85.0	19	71.3	29	79.9	39	87.9	49	87.5	59	62.5	69	64.8	Mean.	
10	79.0	20	64.8	30	78.9	40	88.5	50	83.2	60	73.6	70	94.1	76.9	

《南通军山气象报告》
1926—1929 年，1933 年出版

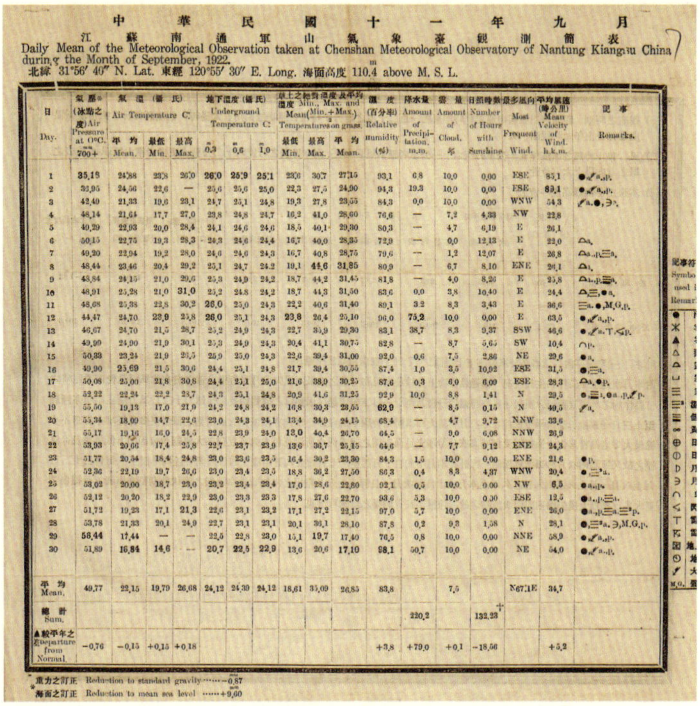

中華民國十一年九月
江蘇南通軍山氣象臺觀測簡表
Daily Mean of the Meteorological Observation taken at Chenshan Meteorological Observatory of Nantung Kiangsu China during the Month of September, 1922.
北緯 31°56′ 40″ N. Lat. 東經 120°55′ 30″ E. Long. 海面高度 110.4 m above M. S. L.

日 Day.	氣壓※(冰點之度) Air Pressure at 0°C. mm 700+	氣溫(攝氏) Air Temperature C. 平均 Mean.	最低 Min.	最高 Max.	地下溫度(攝氏) Underground Temperature C. 0.3 m	0.6 m	1.0 m	草上之絕對溫度及平均溫度 Min., Max. and Mean((Min.+Max.)/2) Temperatures on grass. 最低 Min.	最高 Max.	平均 Mean.	濕度(百分率) Relative humidity (%)	降水量 Amount of Precipitation. m.m.	雲量 Amount of Cloud. %	日照時數 Number of Hours with Sunshine	最多風向 Most Frequent Wind.	平均風速(時公里) Mean Velocity of Wind. h.k.m.	記事 Remarks.
1	35,18	24,88	23,8	26,0	26,0	25,9	25,1	23,6	30,7	27,15	93,1	6,8	10,0	0,00	ESE	85,1	●,a.,p.
2	33,95	24,56	22,6	—	25,6	25,6	25,0	22,3	27,5	24,90	94,3	19.3	10,0	0,00	ESE	89,1	●,a.,p.
3	42,40	21,33	19,6	23,1	24,7	25,1	24,8	19,3	27,8	23,55	84,3	0,0	10,0	0,00	WNW	54,3	a.●,∋p.
4	48,14	21,64	17,7	27,0	23,8	24,8	24,7	16,2	41,0	28,60	76,6	—	7,2	4,33	NW	22,8	
5	40,29	22,93	20,0	28,4	24,1	24,6	24,6	18,5	40,1	29,30	80,3	—	4,7	6,19	E	26,1	
6	50,15	22,75	19,3	28,3	24,3	24,6	24,4	16,7	40,0	28,35	72,9	—	0,0	12,13	E	22,0	△a.
7	49,20	22,94	19,2	28,0	24,6	24,6	24,3	16,7	40,8	28,75	79,6	—	1,2	12,07	E	26,8	△a.,p.☰a.
8	48,44	23,46	20,4	29,2	25,1	24,7	24,2	19,1	44,6	31,85	80,9	—	6,7	8,10	ENE	24,1	△a.
9	43,84	24,15	21,0	29,6	25,3	24,9	24,2	18,7	44,2	31,45	81,8	—	4,0	8,26	E	25,8	△a.,p.☰a.
10	48,91	25,28	21,0	31,0	25,2	24,8	24,2	18,7	44,3	31,50	83,6	0,0	3,8	10,40	E	24,4	△☰,●a.
11	48,68	25,38	22,8	30,2	26,0	25,0	24,3	22,2	40,6	31,40	89,1	3.2	8,3	3,43	E	36,6	☰a.●,M.G.p.
12	44,47	24,70	23,9	25,8	26,0	25,1	24,3	23,8	26,4	25,10	96,0	75,2	10,0	0,00	E	63,5	●,a.,p.
13	46,67	24,70	21,5	28,7	25,2	24,9	24,3	22,7	35,9	29,30	83,1	38,7	8,3	9,37	SSW	46,6	●,a.T.<p.
14	49,99	24,90	21,9	30,1	25,3	24,9	24,3	20,4	41,1	30,75	82,8	—	8,7	5,65	SW	10,4	∩p.
15	50,33	23,24	21,9	26,5	25,9	25,0	24,3	22,6	39,4	31,00	92,0	0,6	7,5	2,86	NE	29,6	●a.
16	49,90	25,69	21,5	30,6	24,4	25,1	24,8	21,7	39,4	30,55	87,4	1,0	3,5	10,92	ESE	31,5	●,☰a.
17	50,08	25,00	21,8	30,8	24,4	25,1	25,0	21,6	38,9	30,25	87,6	0,3	6,0	6,00	ESE	28,3	△a.,●p.
18	52,22	22,24	22,2	23,7	24,3	25,1	24,8	20,9	41,6	31,25	92,9	10,0	8,8	1,41	N	29,5	●,☰a.,●a.,p.,p.
19	55,50	19,13	17,0	21,0	24,2	24,8	24,2	16,8	30,3	23,55	62,9	—	8,5	0,15	N	49,5	a.
20	55,34	18,00	14,7	22,6	23,0	24,3	24,1	13,4	34,9	24,15	68,4	—	4,7	9,72	NNW	33,6	
21	55,17	19,16	16,0	24,5	22,8	23,9	24,0	13,0	40,4	26,70	64,5	—	9,0	6,08	NNW	26,9	
22	53,93	20,66	17,4	25,8	22,7	23,7	23,9	13,6	36,7	25,15	64,6	—	7,7	9,12	ENE	24,3	
23	51,77	20,54	18,4	24,8	23,0	23,6	23,5	16,4	30,2	23,30	84,3	1,5	10,0	0,00	ENE	21,6	●p.
24	52,36	22,19	19,7	26,6	23,0	23,4	23,5	18,8	36,2	27,50	86,3	0,4	8,3	4,37	WNW	20,4	●☰a.
25	53,02	20,00	18,7	23,0	23,2	23,4	23,4	17,0	28,6	22,80	92,1	0,5	10,0	0.00	NW	6,5	●a.,p.
26	52,12	20,20	18,2	22,9	23,0	23,3	23,3	17,8	27,6	22,70	93,6	5,3	10,0	0.00	ESE	12,5	●a.,p.☰a.
27	51,72	19,23	17,1	21,3	22,6	23,1	23,2	17,1	27,2	22,15	97,0	5,7	10,0	0,00	ENE	26,0	●a.,p.☰a.☰p.
28	53,78	21,33	20,1	24,9	22,7	23,1	23,1	20,1	36,1	28,10	87,8	0,2	9,3	1,58	N	28,1	●,☰a.∋,M.G.p.
29	56,44	17,44	—	—	22,5	22,8	23,0	15,1	19,7	17,40	76,5	0,8	10,0	0,00	NNE	58,9	●,a.,p.
30	51,89	16,84	14,6	—	20,7	22,5	22,9	13,6	20,6	17,10	98,1	50,7	10,0	0,00	NE	54,0	●,a.,p.
平均 Mean.	49,77	22,15	19,79	26,68	24,12	24,39	24,12	18,61	35,09	26,85	83,8		7,5		N67°1E	34,7	
總計 Sum.												220,2		132,23†			
▲較平年之差 Departure from Normal.	−0,76	−0,15	+0,15	+0,18							+3,8	+79,0	+0,1	−18,56		+5,2	

* 重力之訂正 Reduction to standard gravity ······ −0,87 mm
* 海面之訂正 Reduction to mean sea level ······ +9,60 mm

《南通军山气象年报》
1917—1925 年

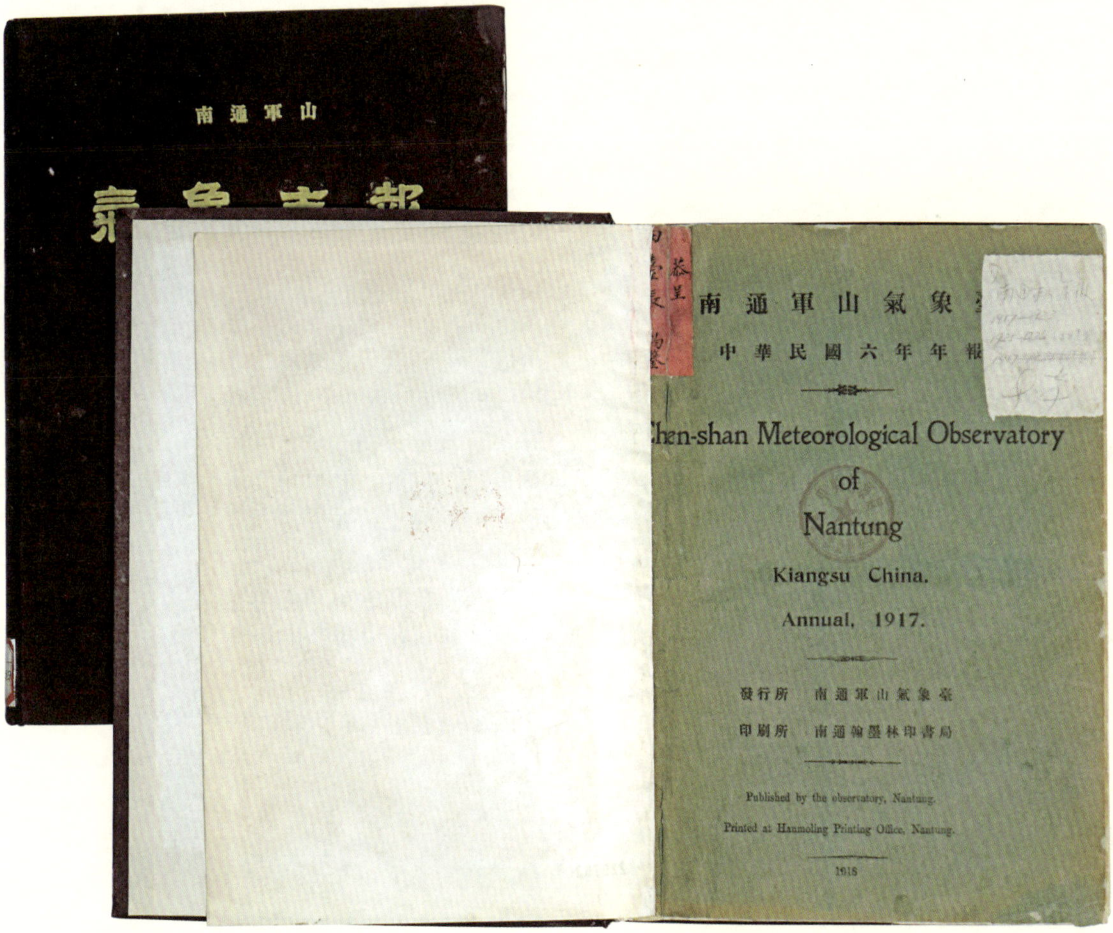

珍贵档案类型：　云南昆明一得测候所珍贵气象档案资料

档案形成年代：　1929—1938 年

档 案 责 任 者：　中国气象局气象档案馆

陈一得（1886—1958），原名陈秉仁，字彝德，因创办“一得测候所”以一得为名，云南盐津人，云南现代气象、天文、地震学科研究开创人，祖籍四川金堂县。陈一得努力钻研自己喜爱的天文学、气象学，利用丰富的教学知识，实地用日晷观测和计算了以北京地区为中心的云南时差，并测量出云南各县的标准时间和二十四节气太阳出没的时间，绘制出第一张“昆明恒星图”。除了天文观测外，陈一得还进行了气象预测。1926 年，陈一得自费遍访东亚各有名的天文、气象、地震台所，购置气象观测仪器后返回昆明。1927 年 7 月，陈一得将气象观测台设在屋顶上，并在家门口挂上了“一得测候所”的招牌。陈一得每天都按时观测记录昆明的晴雨、温度、湿度、风向、云形等信息，并进行统计、整理，定期印行，除在国内进行交换外，还在国际间交换。这不仅对本地区，而且对全国性的、国际性的气象观测与预报都做出了一定的贡献。1936 年，云南省政府在西山太华山顶盖了一幢砖木结构的气象台，命名为“云南省立气象台”，任命陈一得为台长。

陈一得雕像（云南省气象档案馆提供）

《航空气象学》简介（云南省气象档案馆提供）

1932 年，陈一得受聘为云南航空学校教员。他编写的《航空气象学》教材，共分六编。第一编总论，从航空气象学之目的、方法、要目、实用等方面讲授了航空气象学的重要性。第二编天气，从我国天气变化、低气压经过观测、高气压区域状况、天气图与预测、气压与天气、温度湿度与天气讲授了气象要素与天气的关系。第三编云雾，从云之种类及形态、云与天、云雾之成因、能见度讲授了天气现象的成因及观测识别方法。第四编气流，从大气循环学说、风向风速之转变、陆传浪、热传浪、雷雨、雷电、不连续面、涡动讲授了大气对飞行安全的影响。第五编观测，从风、气压、温度及湿度、雾及霾、云之观测、降水量、天气概况讲授了气象观测内容。第六编报告，从气象报告和气象信号讲授了气象信息的传递规则及识别使用方法。陈一得编纂并讲授的气象与航空的关系，对云南航空事业乃至抗日战争做出了贡献。

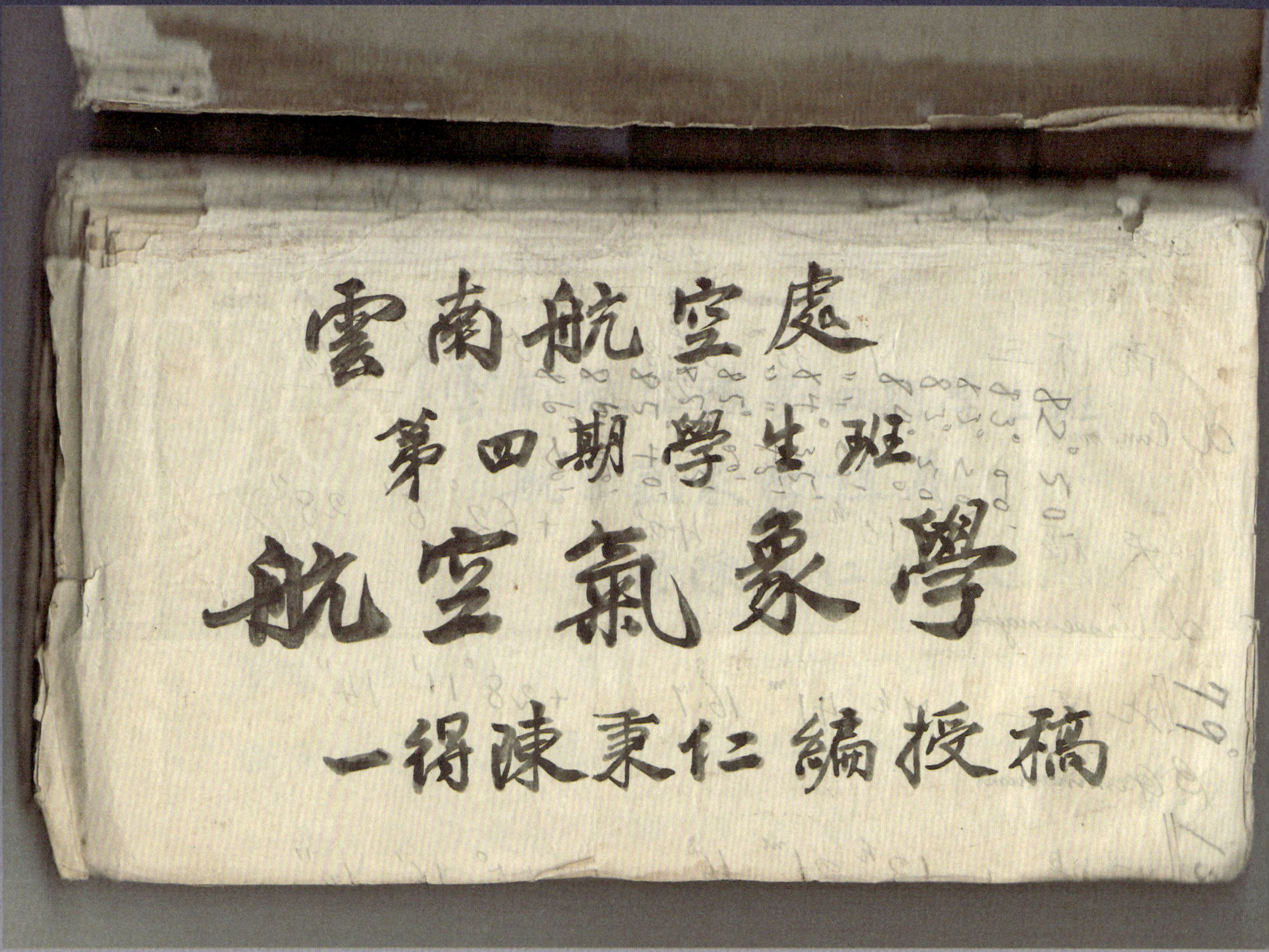

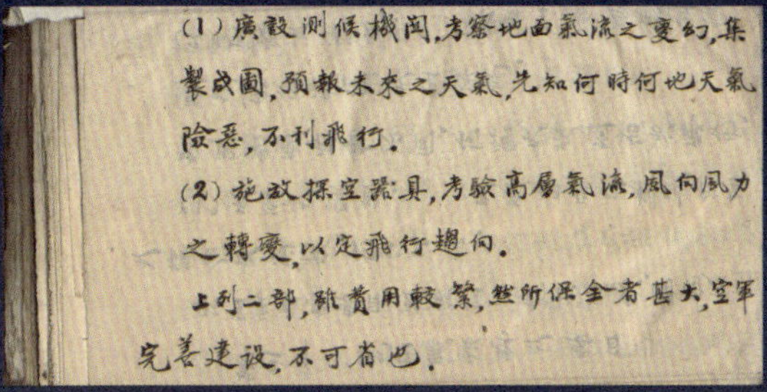

(1) 廣設測候機関，考察地面氣流之变幻，集製成圖，預報未來之天氣，先知何時何地天氣險惡，不利飛行。

(2) 施放探空器具，考驗高層氣流，風向風力之轉变，以定飛行趨向。

上列二部，雖費用較繁，然所保全者甚大，空軍完善建設，不可省也。

陈一得手稿原件

云南航空处第四期学生班编授稿

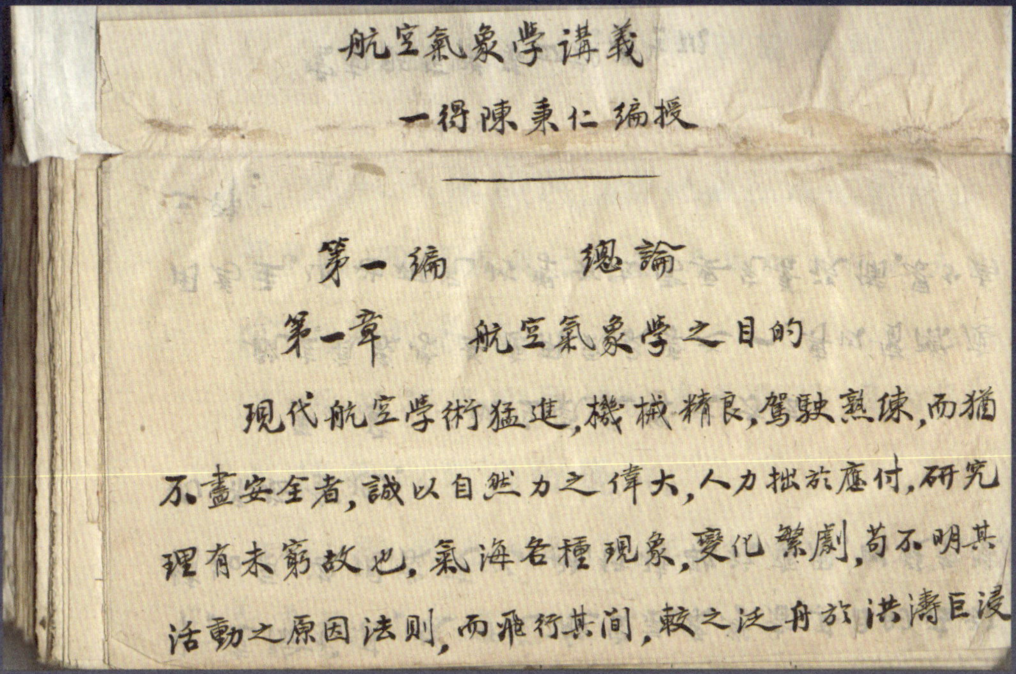

航空氣象学講義

一得陳秉仁編授

第一编 總論

第一章 航空氣象学之目的

现代航空學術猛進，機械精良，駕駛熟練，而猶不盡安全者，誠以自然力之偉大，人力拙於應付，研究理有未窮故也。氣海各種现象，变化繁劇，苟不明其活動之原因法則，而飛行其间，較之泛舟於洪濤巨浪

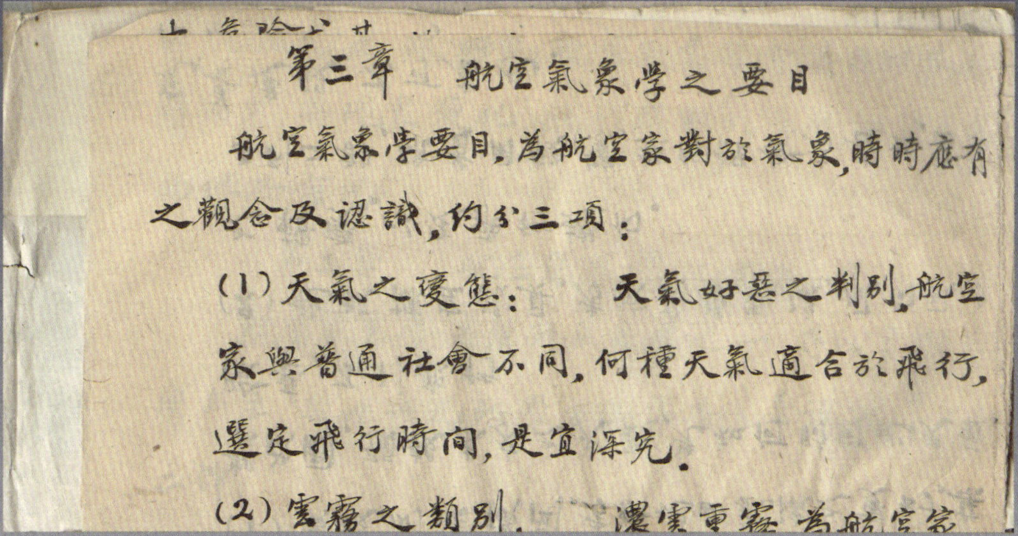

第三章 航空氣象学之要目

航空氣象學要目，為航空家對於氣象，時時應有之觀念及認識，約分三項：

(1) 天氣之变態： 天氣好惡之判别，航空家與普通社會不同，何種天氣適合於飛行，選定飛行時间，是宜深究。

(2) 雲霧之類别： 濃雲重霧為航空家

《临洮测日志要》
中国日食观测西北队陈秉仁

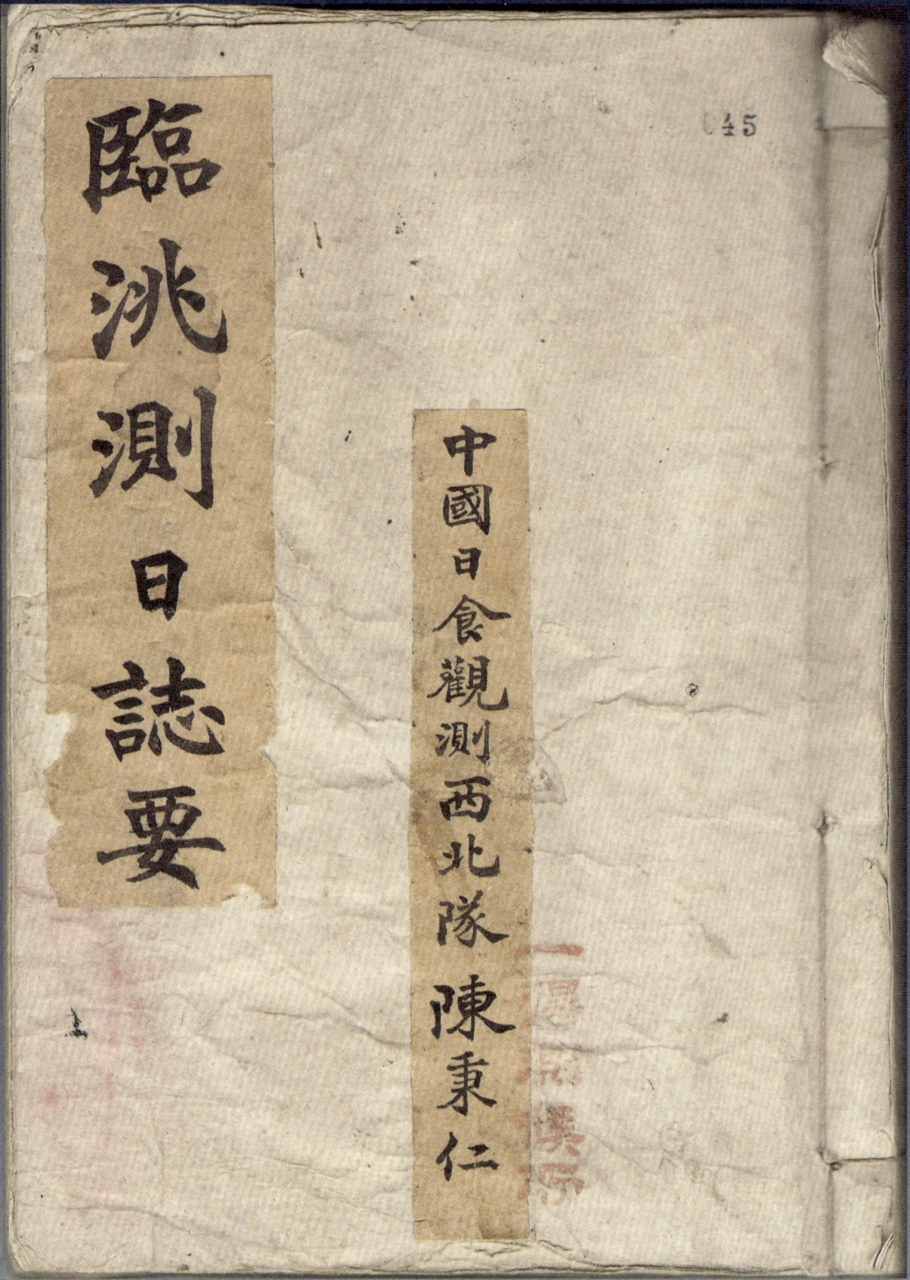

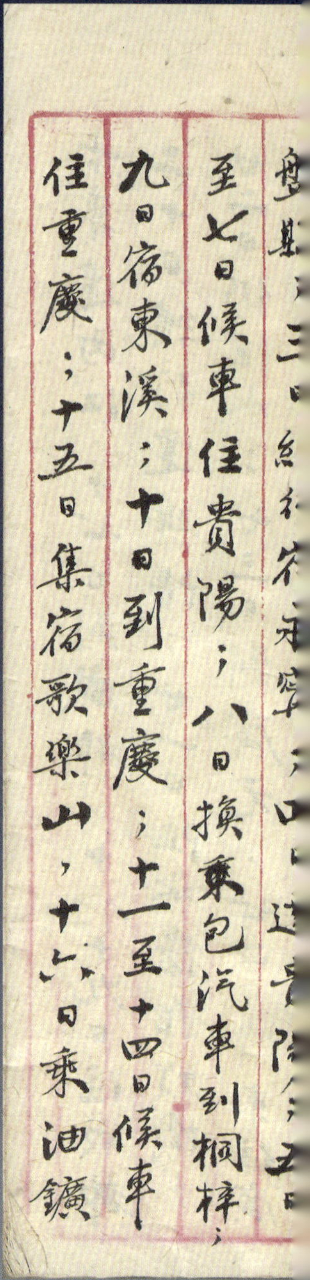

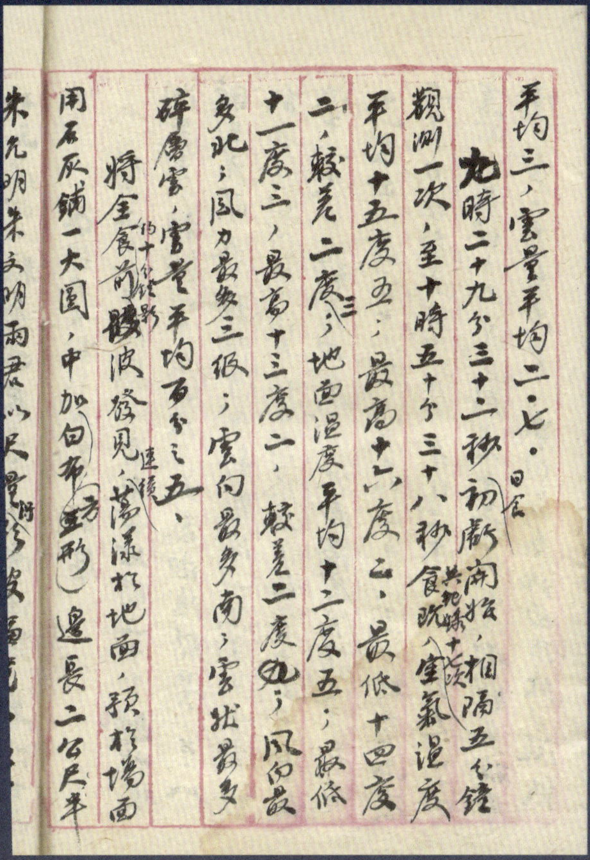

平均三，雲量平均二·七。
九時二十九分三十二秒初虧開始，相隔五分鐘
觀測一次，至十時五十分三十八秒食既，室氣溫度
平均十五度五，最高十六度二，最低十四度
二，較差二度三；地面溫度平均十二度五，最低
十一度三，最高十三度二，較差二度九；風向最
多北，風力最多三級；雲向最多南，雲狀最多
碎層雲，雲量平均百分之五。
將全食前暗波發見，蕩漾於地面，預於場西
用石灰鋪一大圓，中加白布（方形），邊長二公尺半

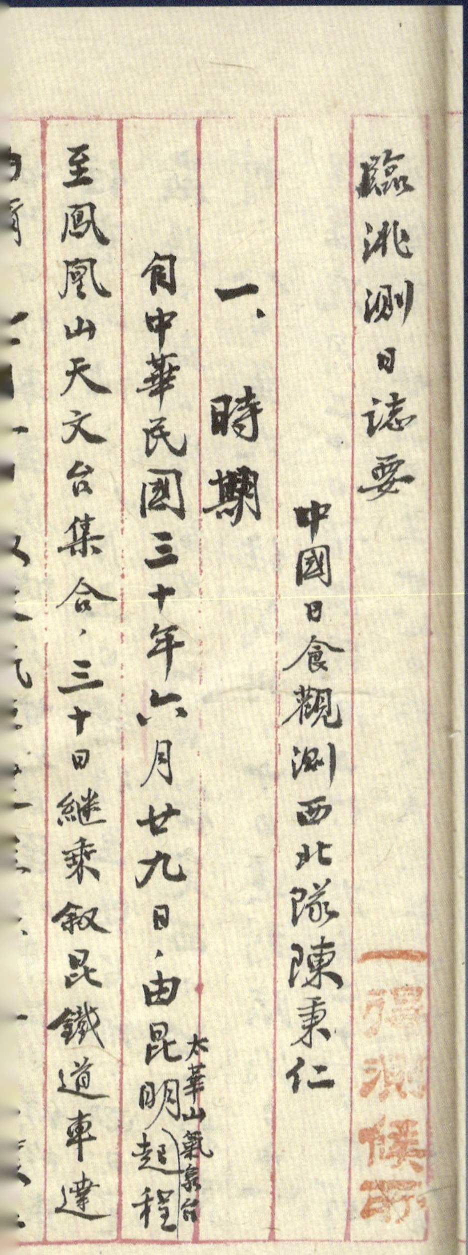

臨洮測日誌要
中國日食觀測西北隊陳秉仁
一、時期
自中華民國三十年六月廿九日，由昆明太華山氣象台起程
至鳳凰山天文台集合，三十日繼乘敘昆鐵道車達

《临洮测日志要》简介

（云南省气象档案馆提供）

《临洮测日志要》记载了中国第一次规模性的日食观测西北考察队考察全过程。1941 年，西北考察队在昆明组建，由中国天文学家张钰哲任队长，陈一得等为队员。6 月 29 日，西北考察队由昆明起程，途经曲靖、盘县、贵阳、重庆、成都、广元、秦安、兰州，8 月 10 日到达临洮，历时 43 天，在临洮开展日食观测共 49 天。全手稿按时期、里程、天气、测点、测项、胜况、测果、学会、讲演、游览、风土和杂记共 12 章记载了西北考察队的整个考察过程。

《临洮测日志要》手稿是研究中国第一次规模性日食观测的重要历史资料，是研究西北考察队的第一手资料，也是研究陈一得本人的最珍贵、最详细、最直接的史料。

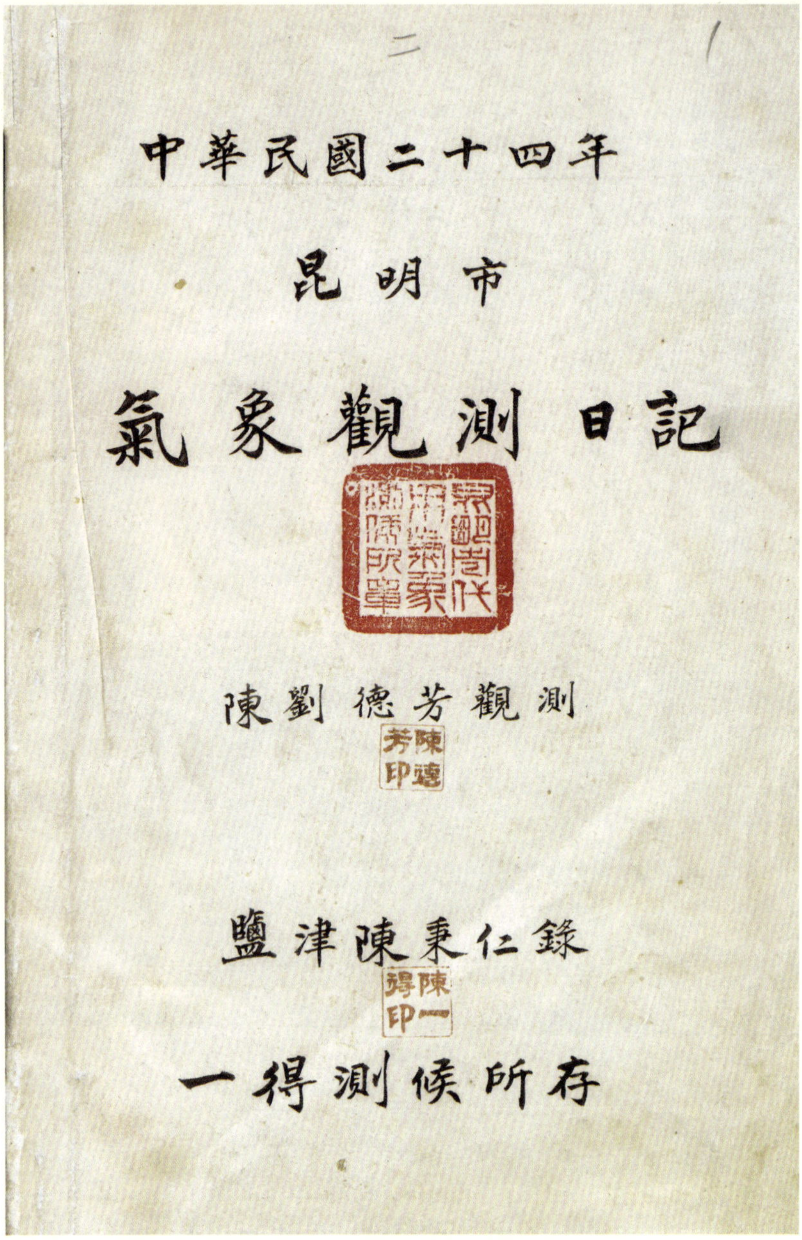
中華民國二十四年
昆明市
氣象觀測日記
一得測候所代用氣象觀測簿
陳劉德芳觀測
芳陳印遠
鹽津陳秉仁錄
得陳印一
一得測候所存

一得测候所《昆明市气象观测日记》

1930—1935 年

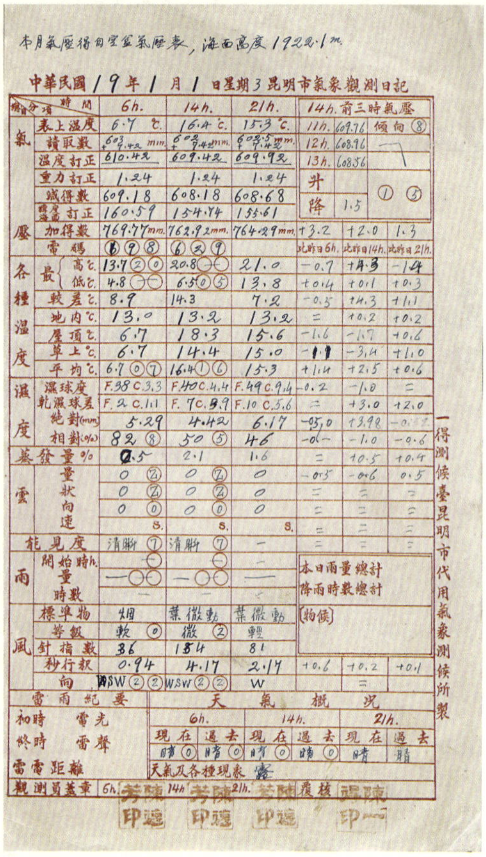
本月氣壓得自空盒氣壓表，海面高度1922.1m.

中華民國19年1月1日星期3昆明市氣象觀測日記

項目	分項	6h.	14h.	21h.	14h.前三時氣壓		
氣	表上溫度	6.7 ℃.	16.4 ℃.	15.3 ℃.	11h.	609.76	傾向⑧
	讀取數	603 +7.42 mm	602 +7.42 mm	602.5 +7.42 mm	12h.	608.96	
	溫度訂正	610.42	609.42	609.92	13h.	608.56	
	重力訂正	1.24	1.24	1.24	升		
	減得數	609.18	608.18	608.68	降	1.5	① ⑤
	器差海面訂正	160.59	154.74	155.61			
壓	加得數	769.77mm.	762.92mm.	764.29mm.	+3.2	+2.0	1.3
	電碼	⑥⑨⑧	⑥②⑨		比昨日6h.	比昨日14h.	比昨日21h.
各種溫度	最高℃.	13.7 ②⓪	20.8 ㊀㊀	21.0	−0.7	+4.3	−1.4
	最低℃.	4.8 ㊀㊀	6.5 ⓪⑤	13.8	+0.4	+0.1	+0.3
	較差℃.	8.9	14.3	7.2	−0.5	+4.3	+1.1
	地內℃.	13.0	13.2	13.2	=	+0.2	+0.2
	屋頂℃.	6.7	18.3	15.6	−1.6	−1.7	+0.6
	草上℃.	6.7	14.4	15.0	−1.1	−3.4	+1.0
	平均℃.	6.7 ⓪⑦	16.4 ①⑥	15.3	+1.4	+2.5	+0.6
濕度	濕球度	F.38 C.3.3	F.40 C.4.4	F.49 C.9.4	−0.2	−1.0	=
	乾濕球差	F.2 C.1.1	F.7 C.3.9	F.10 C.5.6	=	+3.0	+2.0
	絕對(mm)	5.29	4.42	6.17	−05.0	+3.98	[illegible]
	相對(%)	82 ⑧	50 ⑤	46	−0−	−1.0	−0.6
蒸發量%		0.5	2.1	1.6	=	+0.5	+0.4
雲	量	0 ⓩ	0 ⓩ	0	−0.5	−0.6	0.5
	狀	0 ⓩ	0 ⓩ	0	=	=	=
	向	0 ⓪	0 ⓪	0	=	=	=
	速	S.	S.	S.	=	=	=
能見度		清晰 ⑦	清晰 ⑦	—	=	=	=
雨	開始時h.	㊀	㊀	—	本日雨量總計		
	量	—㊀㊀	—㊀㊀	—	降雨時數總計		
	時數	—	—	—			
風	標準物	烟	葉微動	葉微動	(物候)		
	等級	軟 ⓪	微 ②	輕			
	針指數	36	184	81			
	秒行尺	0.94	4.17	2.17	+0.6	+0.2	+0.1
	向	WSW ②②	WSW ②②	W		=	

雷雨紀要	天氣概況					
初時 雷光	6h.		14h.		21h.	
終時 雷聲	現在	過去	現在	過去	現在	過去
	晴 ⓪	晴 ⓪	晴 ⓪	晴 ⓪	晴	晴
雷電距離	天氣及各種現象 露					
觀測員蓋章	6h. 芳陳印遠	14h. 芳陳印遠	21h. 芳陳印遠	覆核 得陳印一		

一得測候臺昆明市代用氣象測候所製

《一得测候所昆明市气象年报》

1930—1935 年，1936 年出版

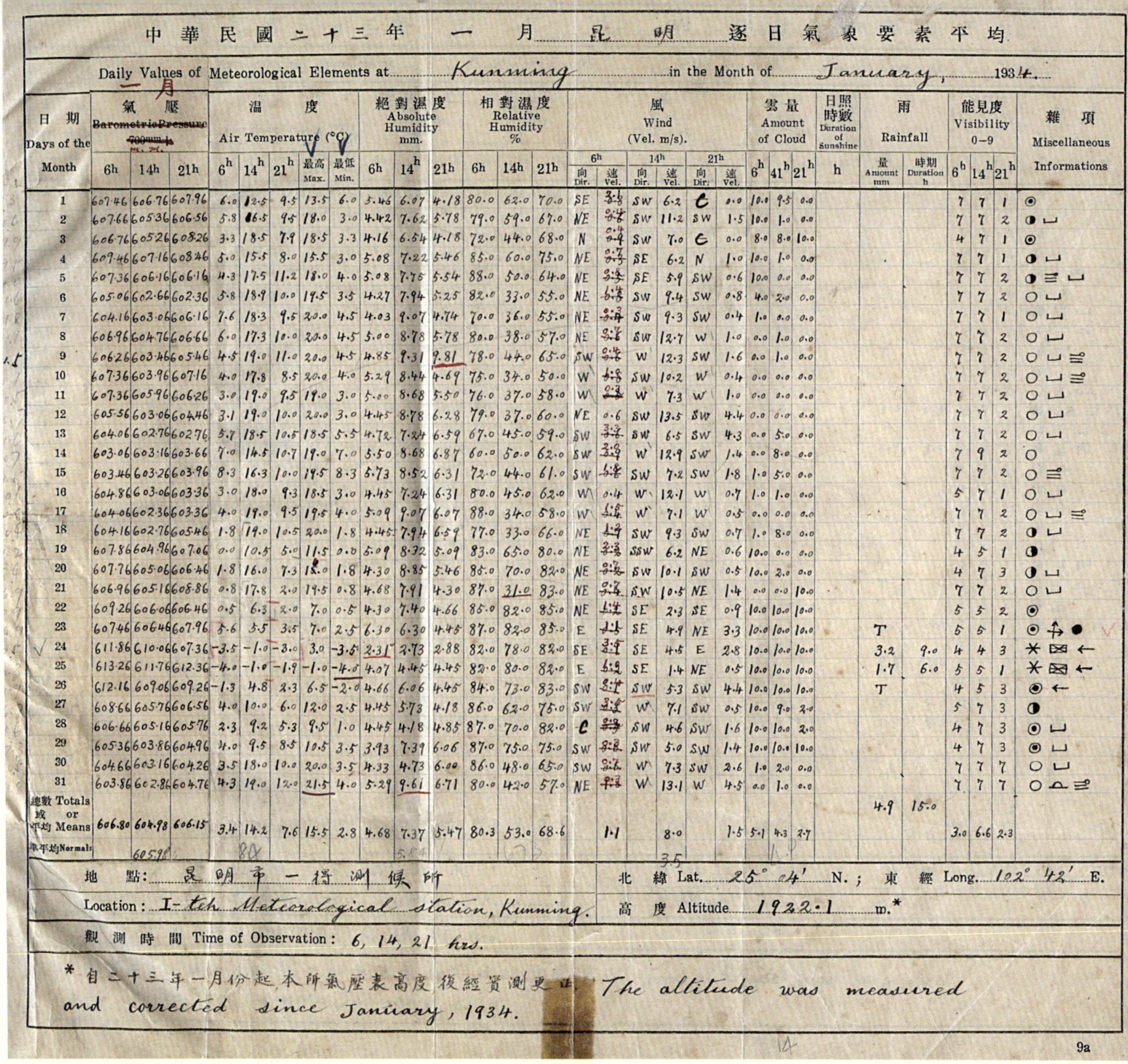

中華民國二十三年 一 月 昆 明 逐日氣象要素平均

Daily Values of Meteorological Elements at Kunming in the Month of January, 1934.

日期 Days of the Month	氣壓 Barometric Pressure 6h	14h	21h	溫度 Air Temperature (°C) 6h	14h	21h	最高 Max.	最低 Min.	絕對濕度 Absolute Humidity mm. 6h	14h	21h	相對濕度 Relative Humidity % 6h	14h	21h
1	607.46	606.76	607.96	6.0	12.5	9.5	13.5	6.0	5.46	6.07	4.18	80.0	62.0	70.0
2	607.66	605.36	606.56	5.8	16.5	9.5	18.0	3.0	4.42	7.62	5.78	79.0	59.0	67.0
3	606.76	605.26	608.26	3.3	18.5	7.9	18.5	3.3	4.16	6.54	4.18	72.0	44.0	68.0
4	609.46	607.16	608.46	5.0	15.5	8.0	15.5	3.0	5.08	7.22	5.46	85.0	60.0	75.0
5	607.36	606.16	606.16	4.3	17.5	11.2	18.0	4.0	5.08	7.75	5.54	88.0	50.0	64.0
6	605.06	602.66	602.36	5.8	18.9	10.0	19.5	3.5	4.27	7.94	5.25	82.0	33.0	55.0
7	604.16	603.06	606.16	7.6	18.3	9.5	20.0	4.5	4.03	9.07	4.74	70.0	36.0	55.0
8	606.96	604.76	606.66	6.0	17.3	10.0	20.0	4.5	5.00	8.78	5.78	80.0	38.0	57.0
9	606.26	603.46	605.46	4.5	19.0	11.0	20.0	4.5	4.85	9.31	9.81	78.0	44.0	65.0
10	607.36	603.96	607.16	4.0	17.8	8.5	20.0	4.0	5.29	8.44	4.69	75.0	34.0	50.0
11	607.36	605.96	606.26	3.0	19.0	9.5	19.0	3.0	5.00	8.68	5.50	76.0	37.0	58.0
12	605.56	603.06	604.46	3.1	19.0	10.0	20.0	3.0	4.45	8.78	6.28	79.0	37.0	60.0
13	604.06	602.76	602.76	5.7	18.5	10.5	18.5	5.5	4.72	7.24	6.59	67.0	45.0	59.0
14	603.06	603.16	603.66	7.0	14.5	10.7	19.0	7.0	5.50	8.68	6.87	60.0	50.0	62.0
15	603.46	603.26	603.96	8.3	16.3	10.0	19.5	8.3	5.73	8.52	6.31	72.0	44.0	61.0
16	604.86	603.06	603.36	3.0	18.0	9.3	18.5	3.0	4.45	7.24	6.31	80.0	45.0	62.0
17	604.06	602.36	603.36	4.0	19.0	9.5	19.5	4.0	5.09	9.07	6.07	88.0	34.0	58.0
18	604.16	602.76	605.46	1.8	19.0	10.5	20.0	1.8	4.45	7.94	6.59	77.0	33.0	66.0
19	607.86	604.96	607.06	0.0	10.5	5.0	11.5	0.0	5.09	8.32	5.09	83.0	65.0	80.0
20	607.76	605.06	606.46	1.8	16.0	7.3	15.0	1.8	4.30	8.85	5.46	85.0	70.0	82.0
21	606.96	605.16	608.86	0.8	17.8	2.0	19.5	0.8	4.68	7.91	4.30	87.0	31.0	83.0
22	609.26	606.06	606.46	0.5	6.3	2.0	7.0	0.5	4.30	7.40	4.66	85.0	82.0	85.0
23	607.46	606.46	607.96	5.6	5.5	3.5	7.0	2.5	6.30	6.30	4.45	87.0	82.0	85.0
24	611.86	610.06	607.36	-3.5	-1.0	-3.0	3.0	-3.5	2.31	2.73	2.88	82.0	78.0	82.0
25	613.26	611.76	612.36	-4.0	-1.0	-1.9	-1.0	-4.0	4.07	4.45	4.45	82.0	80.0	82.0
26	612.16	609.06	609.26	-1.3	4.8	2.3	6.5	-2.0	4.66	6.06	4.45	84.0	73.0	83.0
27	608.66	605.76	606.56	4.0	10.0	6.0	12.0	2.5	4.45	5.73	4.18	86.0	62.0	75.0
28	606.66	605.16	605.76	2.3	9.2	5.3	9.5	1.0	4.45	4.18	4.85	87.0	70.0	82.0
29	605.36	603.86	604.96	4.0	9.5	8.5	10.5	3.5	3.93	7.39	6.06	87.0	75.0	75.0
30	604.66	603.16	604.26	3.5	18.0	10.0	20.0	3.5	4.33	4.73	6.00	86.0	48.0	65.0
31	603.86	602.86	604.76	4.3	19.0	12.0	21.5	4.0	5.29	9.61	6.71	80.0	42.0	57.0
總數或平均 Totals or Means	606.80	604.98	606.15	3.4	14.2	7.6	15.5	2.8	4.68	7.37	5.47	80.3	53.0	68.6
標準平均 Normals														

日期 Days of the Month	風 Wind (Vel. m/s) 6h 向 Dir.	6h 速 Vel.	14h 向 Dir.	14h 速 Vel.	21h 向 Dir.	21h 速 Vel.	雲量 Amount of Cloud 6h	14h	21h	日照時數 Duration of Sunshine h	雨 Rainfall 量 Amount mm	時期 Duration h	能見度 Visibility 0–9 6h	14h	21h	雜項 Miscellaneous Informations
1	SE	3.1	SW	6.2	C	0.0	10.0	9.5	0.0				7	7	1	⊙
2	NE	0.4	SW	11.2	SW	1.5	10.0	1.0	0.0				7	7	2	◑ ⊔
3	N	0.4	SW	7.0	C	0.0	8.0	8.0	10.0				4	7	1	⊙
4	NE	0.7	SE	6.2	N	1.0	10.0	1.0	0.0				7	7	1	◑ ⊔
5	NE	3.8	SE	5.9	SW	0.6	10.0	0.0	0.0				7	7	2	◑ ≡ ⊔
6	NE	1.4	SW	9.4	SW	0.8	4.0	2.0	0.0				7	7	2	○ ⊔
7	NE	0.3	SW	9.3	SW	0.4	1.0	0.0	0.0				7	7	1	○ ⊔
8	NE	0.7	SW	12.7	W	1.0	0.0	1.0	0.0				7	7	2	○ ⊔
9	SW	0.4	W	12.3	SW	1.6	0.0	1.0	0.0				7	7	2	○ ⊔ ≡
10	W	1.8	SW	10.2	W	0.4	0.0	0.0	0.0				7	7	2	○ ⊔ ≡
11	W	0.3	W	7.3	W	1.0	0.0	0.0	0.0				7	7	2	○ ⊔
12	NE	0.6	SW	13.5	SW	4.4	0.0	0.0	0.0				7	7	2	○ ⊔
13	SW	3.3	SW	6.5	SW	4.3	0.0	5.0	0.0				7	7	2	○ ⊔
14	SW	2.8	W	12.9	SW	1.4	0.0	8.0	0.0				7	9	2	○
15	SW	1.8	SW	7.2	SW	1.8	1.0	5.0	0.0				7	7	2	○ ≡
16	W	0.4	W	12.1	W	0.7	1.0	1.0	0.0				5	7	1	○ ⊔
17	W	1.5	W	7.1	W	0.5	0.0	0.0	0.0				7	7	2	○ ⊔ ≡
18	NE	1.2	SW	9.3	SW	0.7	1.0	8.0	0.0				7	7	2	◑ ⊔
19	NE	2.3	SSW	6.2	NE	0.6	10.0	0.0	0.0				4	5	1	◑
20	NE	0.7	SW	10.1	SW	0.5	10.0	2.0	0.0				4	7	3	◑ ⊔
21	NE	0.7	SW	10.5	NE	1.4	0.0	0.0	10.0				7	7	2	○ ⊔
22	NE	1.4	SE	2.3	SE	0.9	10.0	10.0	10.0				5	5	2	⊙
23	E	1.1	SE	4.9	NE	3.3	10.0	10.0	10.0		T		5	5	1	⊙ ⇸ ●
24	SE	3.5	SE	4.5	E	2.8	10.0	10.0	10.0		3.2	9.0	4	4	3	✳ ⊠ ←
25	E	1.9	SE	1.4	NE	0.5	10.0	10.0	10.0		1.7	6.0	5	5	1	✳ ⊠ ←
26	SW	3.4	SW	5.3	SW	4.4	10.0	10.0	10.0		T		4	5	3	⊙ ←
27	SW	3.5	W	7.1	SW	0.5	10.0	9.0	2.0				5	7	3	◑
28	C	0.9	SW	4.6	SW	1.6	10.0	10.0	2.0				4	7	3	⊙ ⊔
29	SW	8.8	SW	5.0	SW	1.4	10.0	10.0	10.0				4	7	3	⊙ ⊔
30	SW	0.7	W	7.3	SW	2.6	1.0	2.0	0.0				7	7	7	○ ⊔
31	NE	9.3	W	13.1	W	4.5	0.0	1.0	0.0				7	7	7	○ ⌓ ≡
總數或平均 Totals or Means		1.1		8.0		1.5	5.1	4.3	2.7		4.9	15.0	3.0	6.6	2.3	
標準平均 Normals																

地點：昆明市一得測候所

Location: I-teh Meteorological station, Kunming.

北緯 Lat. 25° 04′ N.; 東經 Long. 102° 42′ E.

高度 Altitude 1922.1 m.*

觀測時間 Time of Observation: 6, 14, 21 hrs.

* 自二十三年一月份起本所氣壓表高度復經實測更正。The altitude was measured and corrected since January, 1934.

9a

一得测候所昆明气象观测月报

1934 年

中華民國十九年

一得測候所昆明市氣象年報

I-TEH METEOROLOGICAL STATION,

KUNMING. CHINA.

ANNUAL FOR REPOT. 1930.

第一卷

VOL. I.

測候所地點 Location

北緯 Lat 25° 04′ N.

東經 Long 102° 42′ E.

高度 Altitude 1980.0 M.

一得測候所印

昆明市錢局街第163號

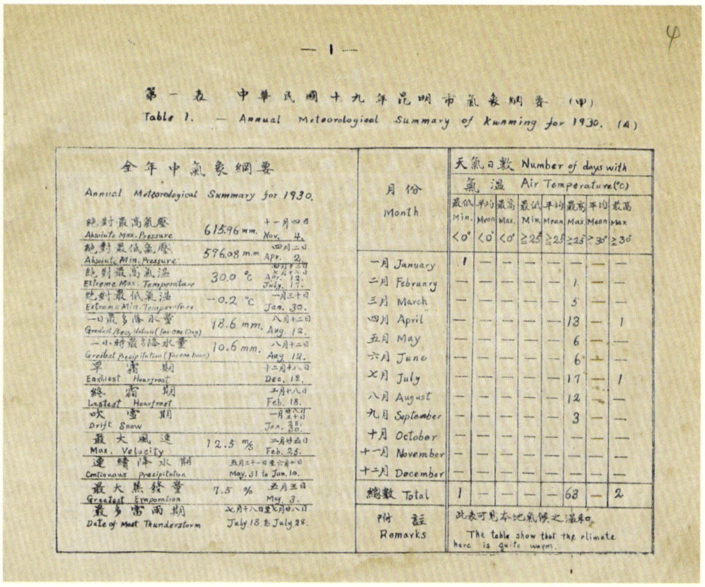

— 1 —

第一表 中華民國十九年昆明市氣象綱要（甲）

Table 1. — Annual Meteorological Summary of Kunming for 1930. (A)

全年中氣象綱要

Annual Meteorological Summary for 1930.

絕對最高氣壓 Absolute Max. Pressure	615.96 mm.	十一月四日 Nov. 4.
絕對最低氣壓 Absolute Min. Pressure	596.08 mm.	四月二日 Apr. 2.
絕對最高氣溫 Extreme Max. Temperature	30.0 °C	四月十二日 七月十七日 Apr. 12. July. 17.
絕對最低氣溫 Extreme Min. Temperature	-0.2 °C	一月三十日 Jan. 30.
一日最多降水量 Greatest Precipitation (for one Day)	18.6 mm.	八月十二日 Aug. 12.
一小時最多降水量 Greatest Precipitation (for one hour)	10.6 mm.	八月十二日 Aug. 12.
早霜期 Earliest Hoarfrost		十二月十八日 Dec. 18.
終霜期 Lastest Hoarfrost		二月十八日 Feb. 18.
吹雪期 Drift Snow		一月廿八日 三十日 Jan. 28. 30.
最大風速 Max. Velocity	12.5 m/s	二月廿五日 Feb. 25.
連續降水期 Continuous Precipitation		五月三十一日至六月十日 May. 31 to Jun. 10.
最大蒸發量 Greatest Evaporation	7.5 %	五月三日 May. 3.
最多雷雨期 Date of Most Thunderstorm		七月十八日至七月廿八日 July 18 to July 28.

月份 Month	天氣日數 Number of days with 氣溫 Air Temperature (°C) 最低 Min. <0°	平均 Mean <0°	最高 Max. <0°	最低 Min. ≥25°	平均 Mean ≥25°	最高 Max. ≥25°	平均 Mean ≥30°	最高 Max ≥30°
一月 January	1	—	—	—	—	—	—	—
二月 February	—	—	—	—	—	1	—	—
三月 March	—	—	—	—	—	5	—	—
四月 April	—	—	—	—	—	13	—	1
五月 May	—	—	—	—	—	6	—	—
六月 June	—	—	—	—	—	6	—	—
七月 July	—	—	—	—	—	17	—	1
八月 August	—	—	—	—	—	12	—	—
九月 September	—	—	—	—	—	3	—	—
十月 October	—	—	—	—	—	—	—	—
十一月 November	—	—	—	—	—	—	—	—
十二月 December	—	—	—	—	—	—	—	—
總數 Total	1	—	—	—	—	68	—	2
附註 Remarks	此表可見本地氣候之溫和。The table show that the climate here is quite warm.							

抗日战争时期

抗日战争时期，日本为其侵略需要相继在我国多地设立了测候所，伪满洲国中央观象台在我国东北、华北等地设立观测台（站）达120多个。由于战争，许多气象台（站）遭受破坏或停止工作，很多气象档案也在这一时期遗失。1941年10月，南京国民政府在重庆成立“中央气象局”，这一时期的气象观测主要是为战争服务，留存下来的气象档案多为军事、航空气象台（站）记录所得。1939年1月，国民党航空委员会迁至重庆，成立了航空委员会气象总台，在全国各军事重镇设立16个空军总站，开展气象观测和空军飞行气象保障服务。1941年，中美特种技术合作所成立，相继在全国设立了165个气象站。1944年7月，美军派出了观察组到延安，开始了与中国共产党领导下的八路军的情报联系和合作，在延安凤凰山建立气象台，进行地面和高空气象观测。1945年3月，中共中央军事委员会在延安清凉山成立气象训练队。延安气象训练队培养了中国共产党领导下的八路军第一批气象工作者，是解放区气象事业诞生的标志，具有重要的历史意义，同时，形成了一批延安时期具有重要历史价值的气象观测档案。遗憾的是，由于处于战争时期，军事及航空气象台（站）观测的记录基本上没有编辑出版，现存的气象档案不完整。

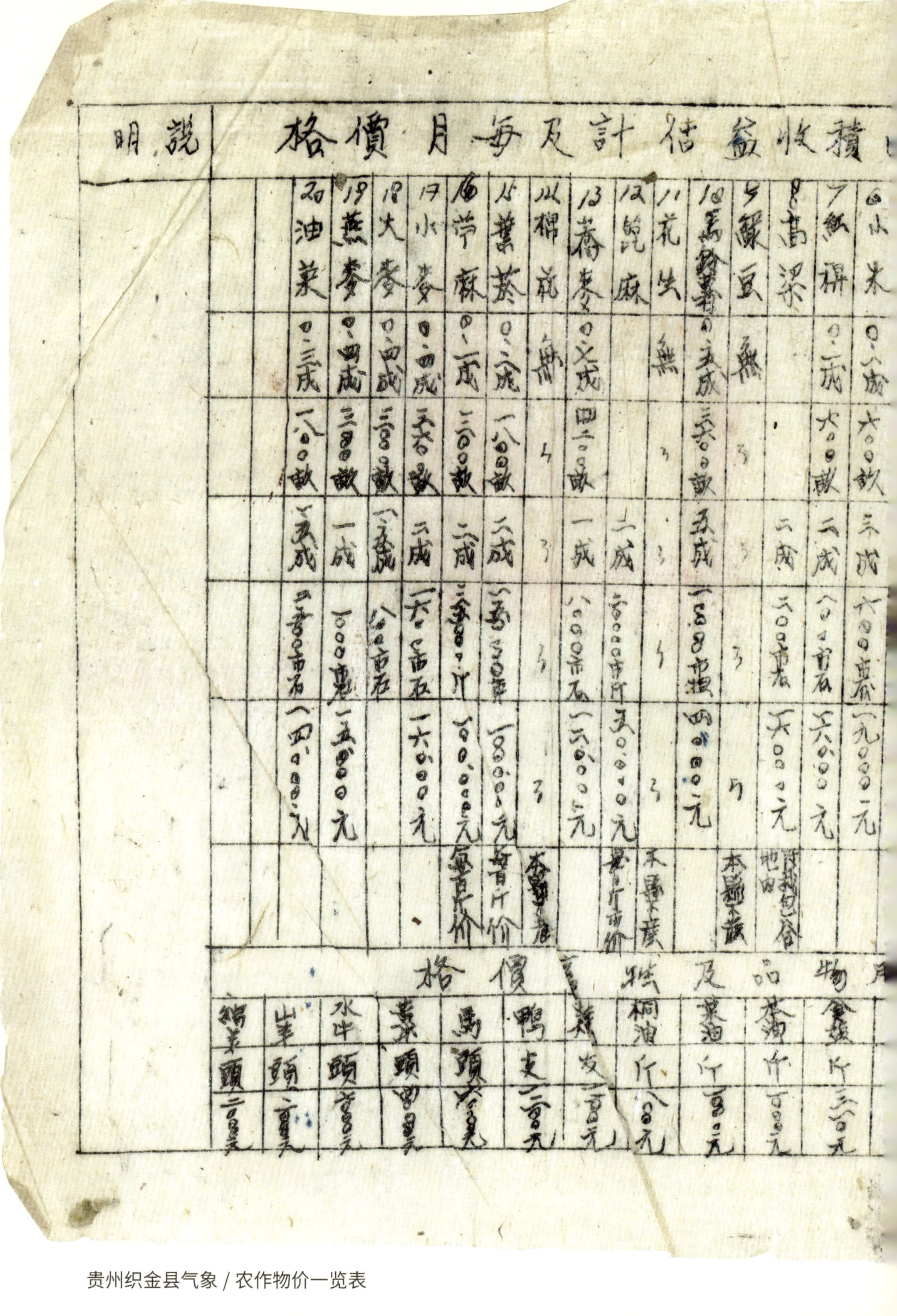

說明	格價月每及計估益收積					
6 小米	0.八成	六000畝	三成	六000市石	一九0000元	
7 紅稗	0.二成	六00畝	二成	八00市石	二六000元	
8 高粱			二成	二000市石	二六000元	地由農家包谷
9 豌豆	無	〃	〃	〃	〃	本縣不產
10 馬鈴薯	0.五成	三五00畝	五成	一八00市担	四0000元	
11 花生	無	〃	〃	〃	〃	本縣不產
12 蓖麻			二成	五0000市斤	五0.000元	每百斤市價
13 蕎麥	0.七成	四二00畝	一成	八000市石	一六0.000元	
14 棉花	無	〃	〃	〃	〃	本縣不產
15 葉菸	0.六成	一八00畝	六成	一八00市斤	一0000.0元	每百斤价
16 苧麻	0.一成	二000畝	二成	二000斤	一00.000元	每百斤价
17 小麥	0.四成	五六00畝	二成	一六0市石	一六000元	
18 大麥	0.四成	二000畝	八成	八00市石		
19 燕麥	0.四成	二300畝	一成	1000市担	一五000元	
20 油菜	0.三成	一八00畝	一五成	二500市石	一四0.000元	

物品及牲畜價格

食鹽	茶油	菜油	桐油	雞	鴨	馬	黃牛	水牛	山羊	綿羊
斤	斤	斤	斤	隻	隻	頭	頭	頭	頭	頭
三八00元	一000元	一000元	八00元	二000元	二000元	[illegible]	[illegible]	[illegible]	[illegible]	[illegible]

贵州织金县气象 / 农作物价一览表

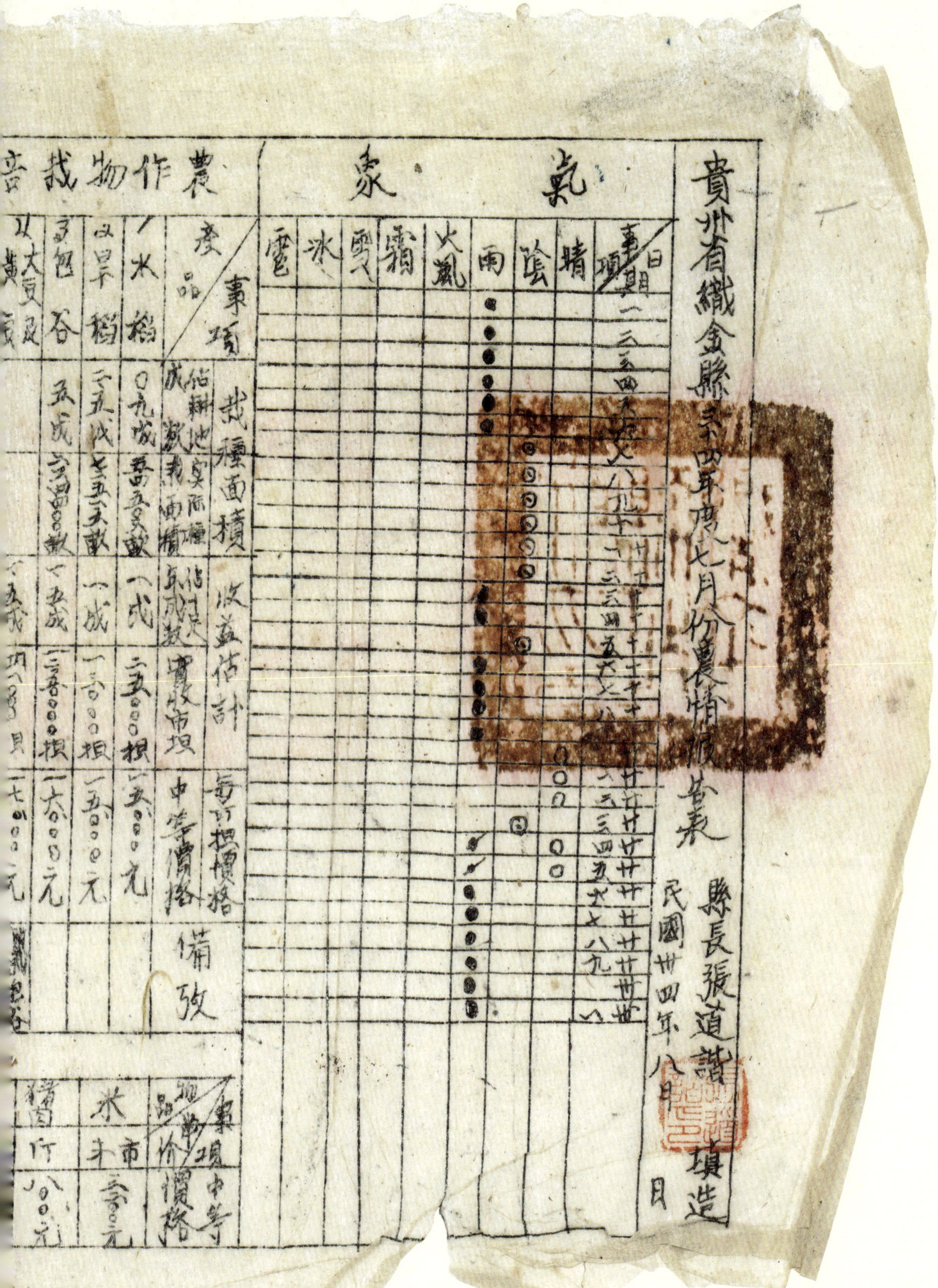

貴州省織金縣三十四年度七月份農情報告表
縣長張道謙 填造
民國卅四年八月 日
氣象
日期 事項
晴
陰
雨
大風
霜
雪
冰
雹
農作物栽
事項 產品
水稻
旱稻
包谷
栽種面積
收益估計
每市担價格
中等價格
備攷
米
市斗

福建省气象局《气象月讯》
1939—1940年

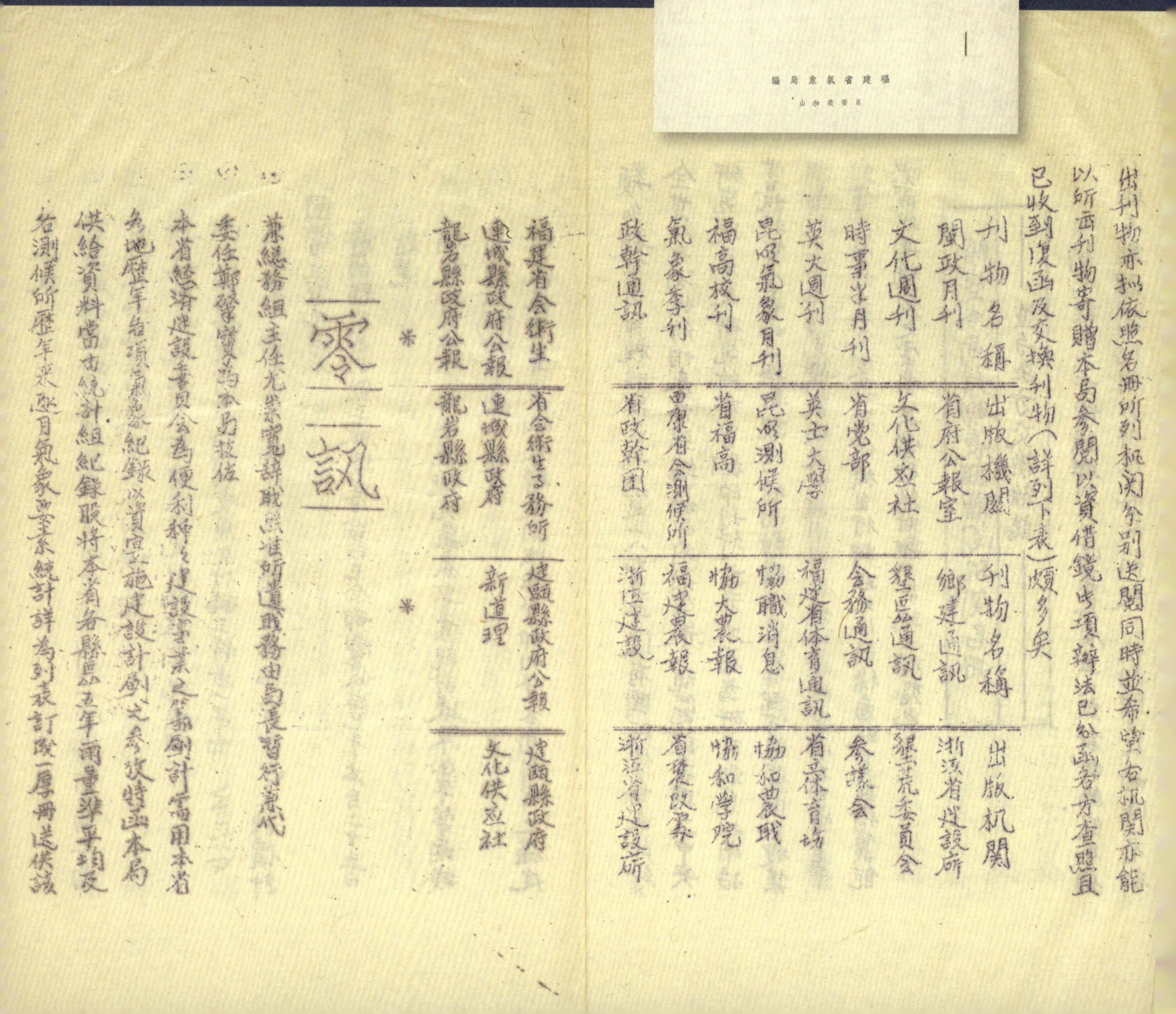

出刊物亦擬依照名冊所列机关分別送閱同時並希望各机關亦能以所出刊物寄贈本局参閱以資借鏡此項辦法已分函各方查照且已收到復函及交換刊物（詳列下表）頗多矣

刊物名稱	出版機關
閩政月刊	省府公報室
文化週刊	文化供应社
時事半月刊	省党部
英大週刊	英士大學
昆明氣象月刊	昆明測候所
福高校刊	省福高
氣象季刊	西康省会測候所
政幹通訊	省政幹团
福建省会衛生	省会衛生事務所
連城縣政府公報	連城縣政府
龍岩縣政府公報	龍岩縣政府

刊物名稱	出版机關
鄉建通訊	浙江省建設厅
墾区通訊	墾荒委員会
会務通訊	参議会
福建省体育通訊	省立体育场
協職消息	協和農職
協大農報	協和學院
福建農報	省農改處
浙江建設	浙江省建設厅
建甌縣政府公報	建甌縣政府
新道理	文化供应社

* *

零訊

兼總務組主任尤紫寬辭職照准所遺職務由局長暫行兼代

委任鄭寶賢為本局技佐

本省經濟建設委員会為便利辦理建設事業之策劃計需用本省各地歷年各項氣象紀錄以資實施建設計劃之参考特函本局供給資料當由統計組紀錄股將本省各縣區五年雨量平均及各測候所歷年來逐月氣象要素統計詳為列表訂成一厚冊送供該

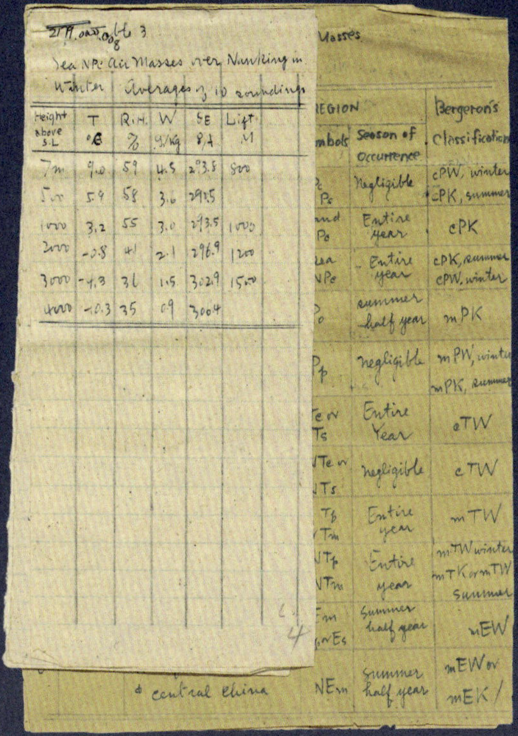

中国高空特征（英文笔记）

1934 年

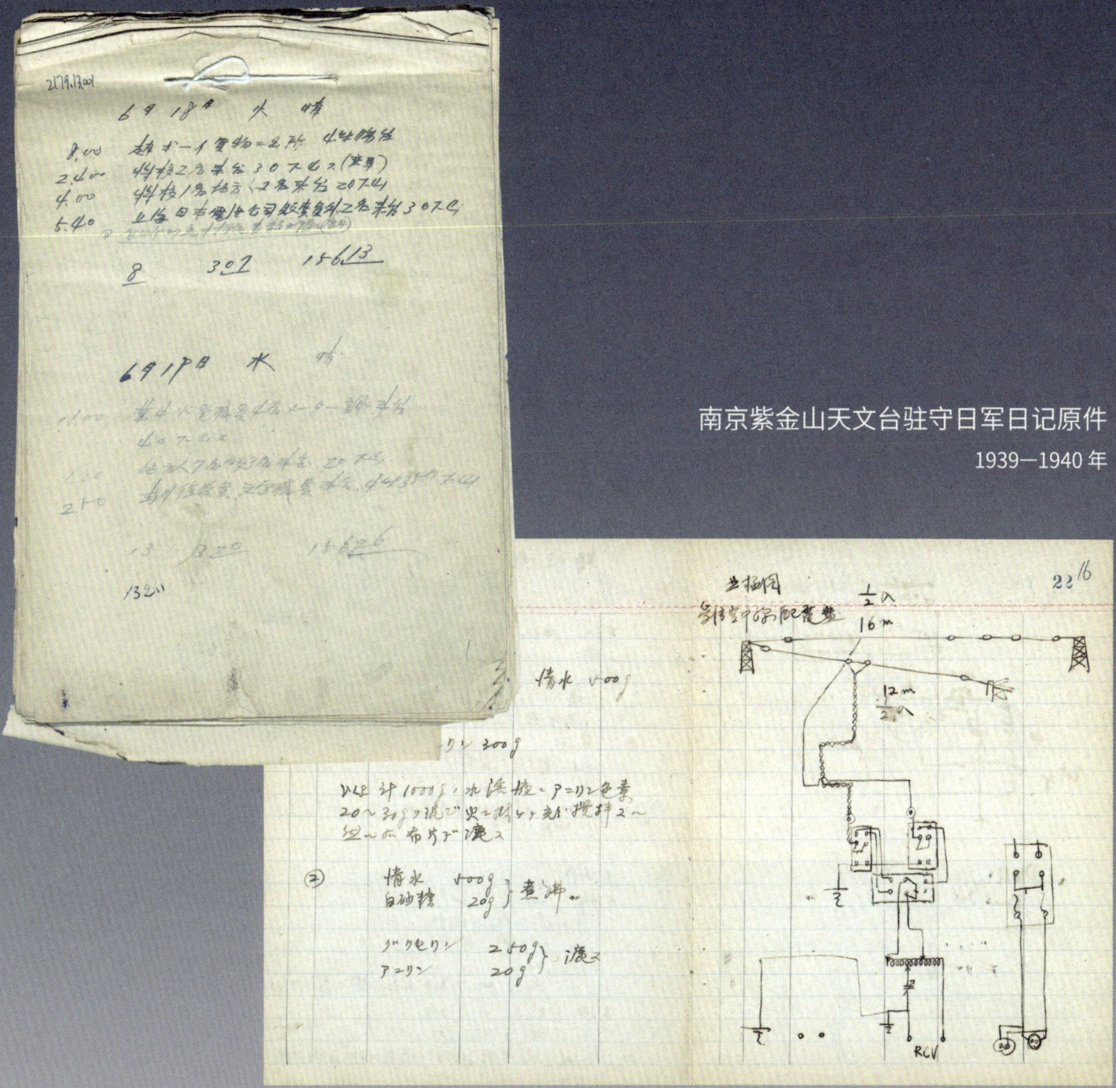

南京紫金山天文台驻守日军日记原件

1939—1940 年

贵州省黄果树测候所物候记载报告表

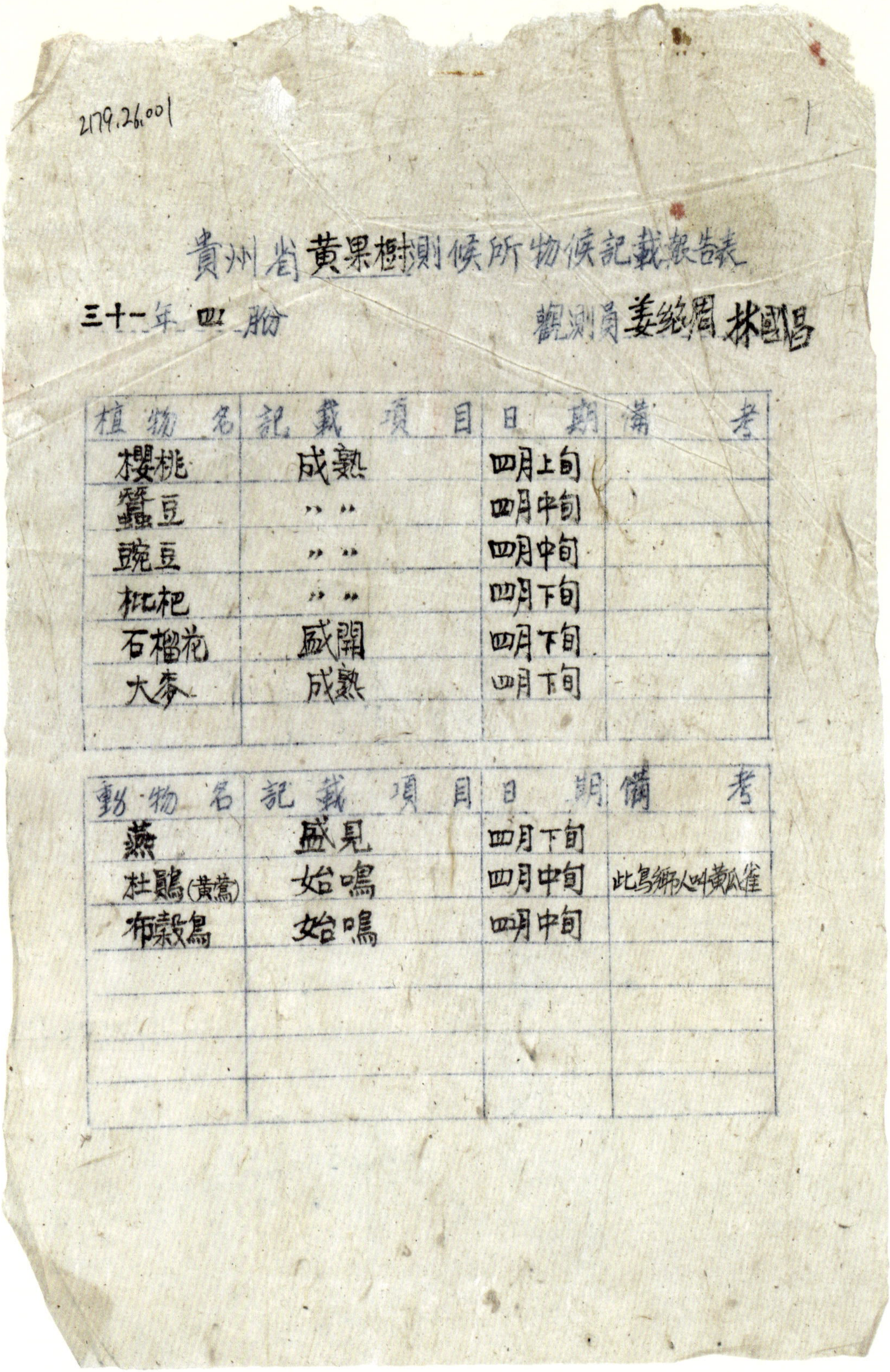

2179.26.001

貴州省黃果樹測候所物候記載報告表

三十一年 四 月份　　觀測員 姜紹周 林國昌

植物名	記載項目	日期	備考
櫻桃	成熟	四月上旬	
蠶豆	〃 〃	四月中旬	
豌豆	〃 〃	四月中旬	
枇杷	〃 〃	四月下旬	
石榴花	盛開	四月下旬	
大麥	成熟	四月下旬	

動物名	記載項目	日期	備考
燕	盛見	四月下旬	
杜鵑（黃鶯）	始鳴	四月中旬	此鳥鄉人叫黃瓜雀
布穀鳥	始鳴	四月中旬	

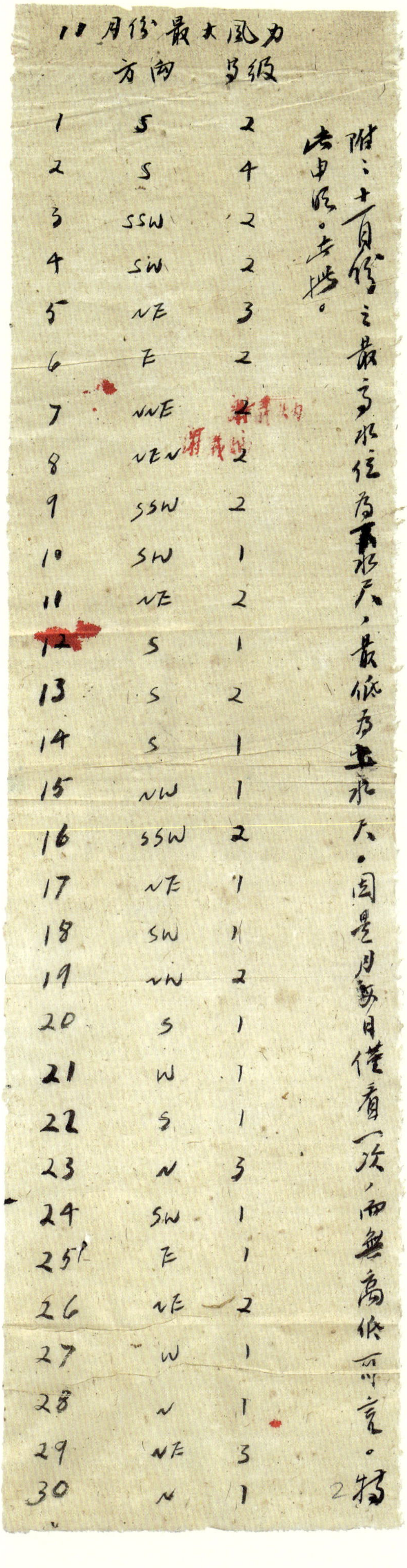

11月份最大風力

	方向	級
1	S	2
2	S	4
3	SSW	2
4	SW	2
5	NE	3
6	E	2
7	NNE	4
8	NEN	2
9	SSW	2
10	SW	1
11	NE	2
12	S	1
13	S	2
14	S	1
15	NW	1
16	SSW	2
17	NE	1
18	SW	1
19	NW	2
20	S	1
21	W	1
22	S	1
23	N	3
24	SW	1
25	E	1
26	NE	2
27	W	1
28	N	1
29	NE	3
30	N	1

附：十一月份之最高水位為[illegible]公尺，最低為[illegible]公尺。因是月每日僅看一次，而無高低可言。特此申明。此據。

黃菓樹水文氣象站雨量記載

月	日	雨(mm)量	降雨時刻	備考
7	1	2.9		
〃	2	1.8		
〃	3	6.8		R
〃	4	4.7		
〃	5	38.4		T
〃	6	21.4		
〃	7	35.1		[illegible]
〃	8	0.8		
〃	9	無		
〃	10	無		
〃	11	無		
〃	12	1.3		
〃	13	無		
〃	14	無		
〃	15	103.4		

合計共二一六·六公厘

記錄 [illegible] 呈

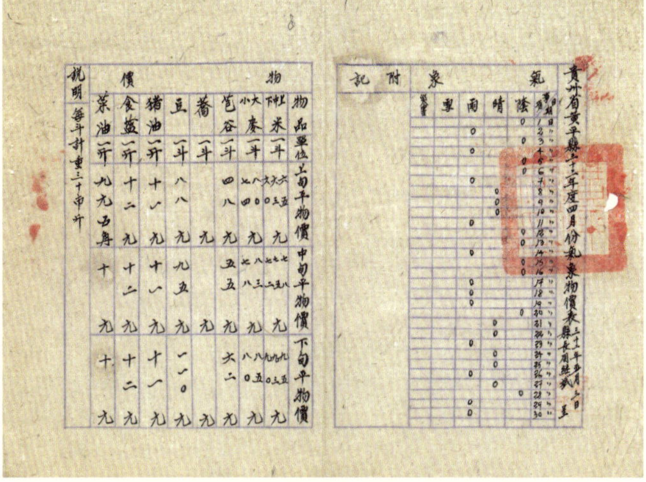

貴州省黃平縣三十二年度四月份氣象物價表 縣長周繼斌 呈

物品	上米	下米	大麥	小麥	包谷	蕎	豆	猪油	食鹽	菜油
單位	一斗	一斗	一斗	一斗	一斗	一斗	一斗	一斤	一斤	一斤
上旬平物價	[illegible]	[illegible]	[illegible]	[illegible]	四八元	元	八八元	十一元	十二元	九九五角
中旬平物價	[illegible]	[illegible]	[illegible]	[illegible]	五五元	元	九五元	十一元	十二元	十元
下旬平物價	[illegible]	[illegible]	[illegible]	[illegible]	六二元	元	一一0元	十一元	十二元	十元

說明：每斗計重三十市斤

氣象附記

贵州黄平县县长周继斌呈送的气象报告书

1943 年

山东青岛市观象台专题

1948 年山东青岛市观象台成立五十周年纪念

天气图分析

1898 年，德国为谋港务及航政发展，在青岛市馆陶路一号设立了一个简易的气象台，是青岛市观象台的前身。1905 年 5 月 10 日，观象台迁往山势和缓、适于观测的水道山。水道山自此改名为观象山。青岛市观象台是近代东亚三大观象台之一，在近代中国气象、海洋科学发展史上占有很重要的地位。1914 年，日本占领青岛后，又改称其为气候测量所。1922 年，中国收回青岛之后，任命著名天文学家、气象学家蒋丙然先生为观象台台长。

青岛市观象台观测场

青岛市观象台台址

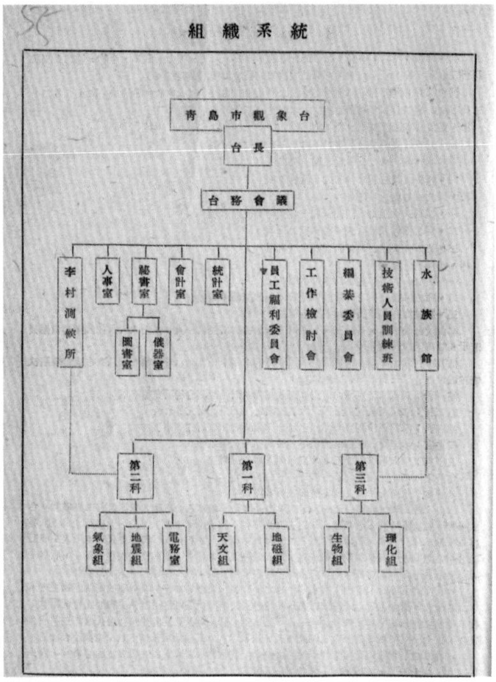

青岛市观象台组织机构图

参观青岛市观象台

《青岛市观象台五十周年纪念特刊》

1898—1928 年，1948 年出版

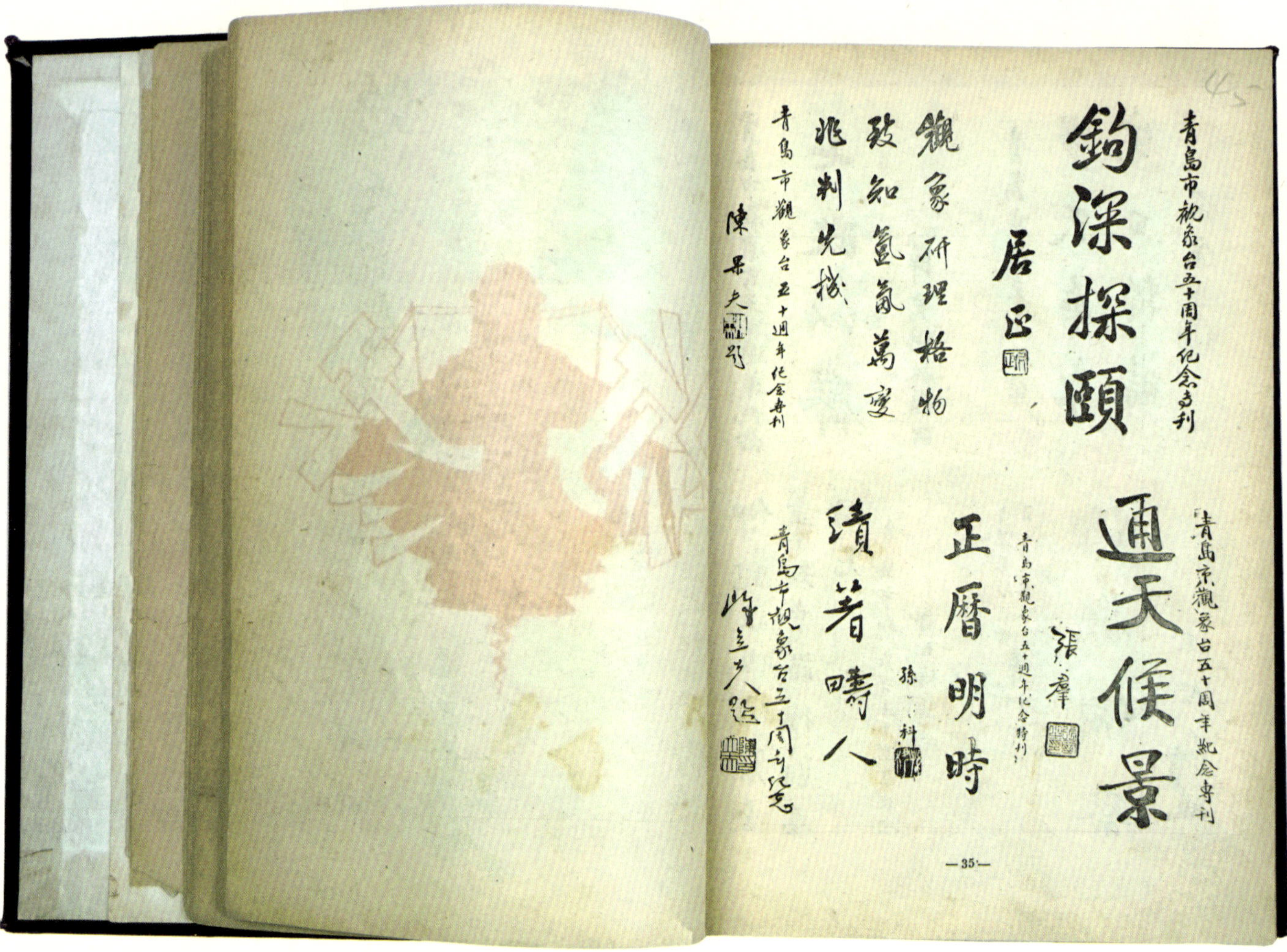

青島每日最大降水量

Maximum amount of precipitation in 1 day, Tsingtao

甲 A 20 mm.

Month / Year	Jan.	Feb.	March	Apr.	May	June	July	Aug.	Sept.	Oct.	Nov.	Dec.	Year
1898	…	…	…	…	…	…	61.0	125.9	31.5	3.8	4.2	8.5	…
99	2.4	4.7	3.5	1.6	9.5	61.8	58.5	18.5	3.3	0.0	2.8	10.1	61.8
1900	0.9	4.8	3.2	21.9	40.2	21.0	65.5	152.5	3.9	27.0	2.3	21.9	152.5
01	7.3	—	—	32.5	12.2	39.7	32.9	12.2	2.3	132.6	5.4	20.5	132.6
02	0.9	12.3	55.5	13.2	8.2	28.0	116.3	35.1	44.0	6.1	1.1	16.9	116.3
03	4.0	1.3	15.0	21.2	13.5	5.1	65.0	107.1	30.9	13.5	13.1	3.7	107.0
04	8.1	6.0	2.2	18.2	17.0	102.0	51.0	24.2	46.8	18.0	5.8	0.0	102.0
05	10.8	0.3	14.2	7.1	20.2	40.0	40.8	36.2	9.6	14.3	15.2	6.7	40.8
05	5.6	4.0	6.0	15.6	24.1	26.9	132.3	46.6	33.6	14.4	4.7	9.3	132.3
07	11.3	1.6	3.3	16.6	21.0	28.8	24.7	106.6	21.7	9.7	8.9	1.1	106.6
08	8.2	3.0	13.0	4.1	30.8	29.3	15.8	20.6	71.1	41.1	13.3	7.5	71.1
09	3.1	0.0	11.6	13.4	0.3	31.8	61.2	38.8	12.4	50.0	28.1	16.8	61.2
10	4.2	—	6.9	27.7	15.5	45.7	122.4	31.0	31.9	18.3	25.9	4.8	122.4
11	33.4	5.0	19.8	9.0	19.1	36.7	65.9	70.7	65.9	33.5	28.1	18.5	70.7
12	0.9	16.4	12.6	18.7	15.0	14.0	80.8	52.3	117.7	14.4	0.3	15.2	117.7
13	6.3	—	0.5	15.0	25.9	52.7	45.9	18.5	4.1	30.8	3.6	4.0	52.7
14	—	—	—	—	—	—	—	—	—	—	—	—	—
15	…	…	…	10.6	28.8	27.0	80.2	38.8	4.0	11.3	6.6	5.0	80.2
16	5.8	5.3	5.6	16.4	16.7	41.3	32.6	38.1	61.2	7.2	20.7	3.0	61.2
17	0.3	0.0	5.0	7.5	9.4	9.9	32.6	72.8	44.8	3.8	3.1	1.1	72.8
18	0.0	7.4	15.6	8.5	31.7	55.3	18.8	75.6	9.4	0.1	31.4	6.3	75.6
19	3.5	—	3.8	3.4	8.2	32.6	23.6	101.2	71.4	0.9	0.8	20.4	101.2
20	4.1	5.0	6.4	3.4	7.4	11.7	18.7	30.0	52.6	7.4	11.2	9.4	52.6
21	6.6	0.0	6.3	8.3	13.8	28.5	30.0	48.8	25.8	8.0	4.7	5.6	48.8
22	3.3	8.2	1.7	43.7	8.8	6.0	47.0	44.4	151.2	18.3	26.5	10.1	151.2
23	11.3	5.7	22.5	10.7	8.6	93.8	66.7	95.8	4.3	2.4	7.8	7.5	95.8
24	—	16.6	1.4	34.9	5.1	7.0	132.1	55.2	37.6	38.2	22.3	2.4	132.1
25	0.3	3.5	14.3	15.0	13.3	42.9	29.6	162.5	33.8	39.9	4.0	6.7	162.5
26	15.6	9.2	5.9	13.4	23.8	9.9	66.0	123.3	49.9	58.4	18.5	13.3	123.3
27	17.8	1.5	13.7	15.5	32.5	9.2	53.4	72.2	12.6	22.4	3.0	11.4	72.2
28	23.6	2.2	19.6	12.1	1.2	15.9	32.1	65.9	225.4	1.0	18.5	11.8	225.4
29	2.6	1.6	5.2	23.2	9.9	53.8	19.7	42.1	13.9	12.1	1.1	13.9	53.8
30	0.0	15.5	19.8	21.0	39.4	14.8	72.1	37.3	32.5	21.5	0.1	4.1	72.1
31	4.4	4.4	0.2	21.3	25.7	23.6	42.2	36.7	103.0	0.9	10.7	11.2	108.0
32	1.6	0.3	11.5	28.6	44.5	26.8	44.4	52.3	14.8	23.3	—	26.9	52.3
33	5.2	1.4	2.7	17.1	48.6	20.3	40.3	53.5	100.0	17.6	7.6	18.7	100.0
34	0.0	1.6	19.5	6.9	22.4	48.9	41.3	27.5	126.6	9.3	4.5	15.1	126.6
35	12.2	2.1	1.2	13.7	38.9	22.7	36.0	7.9	36.8	52.5	42.7	0.0	52.5
35	1.2	3.0	5.5	28.9	14.2	7.0	52.3	25.1	8.9	0.7	2.7	8.6	52.3
37	3.5	21.4	16.7	48.7	1.8	12.5	50.0	44.8	…	…	…	…	…
38	…	4.4	29.6	5.5	36.3	43.5	81.2	60.7	13.3	13.2	0.0	5.1	…
39	2.7	6.1	4.7	27.6	11.3	55.5	14.7	93.2	87.4	1.9	74.0	—	93.2
40	3.8	19.7	1.2	17.8	13.7	91.7	111.0	24.9	13.4	0.6	42.3	20.2	111.0
41	1.2	2.8	10.4	7.1	14.0	45.3	102.8	7.4	14.5	15.0	12.9	4.9	102.8
42	13.8	2.6	5.5	42.2	9.8	30.9	68.6	54.2	64.4	9.5	8.1	3.3	68.6
43	0.7	5.3	9.3	23.5	33.9	28.4	49.0	32.7	29.9	18.3	6.4	0.8	49.0
44	4.7	8.2	0.0	13.2	17.8	57.8	26.6	30.6	17.9	38.2	8.6	0.0	57.8
45	2.2	2.5	12.3	25.5	6.8	74.2	42.9	29.6	11.5	28.4	18.0	0.0	74.2
46	12.6	3.2	5.9	8.9	50.0	6.5	52.9	111.7	48.2	38.6	8.4	1.7	111.7
47	10.4	4.2	4.2	16.7	8.8	34.8	70.1	51.6	27.5	1.7	7.8	10.9	70.1
48	3.3	3.3											
Ext. Max. P.	33.4	21.4	55.5	48.7	50.0	102.0	132.3	162.5	225.4	132.6	74.0	21.9	225.4
Day	29	10	19	13	7	29	9	10	8	11	3	5	8
Year	1911	1937	1902	1939	1946	1904	1906	1925	1928	1901	1939	1900	1928

— 205 —

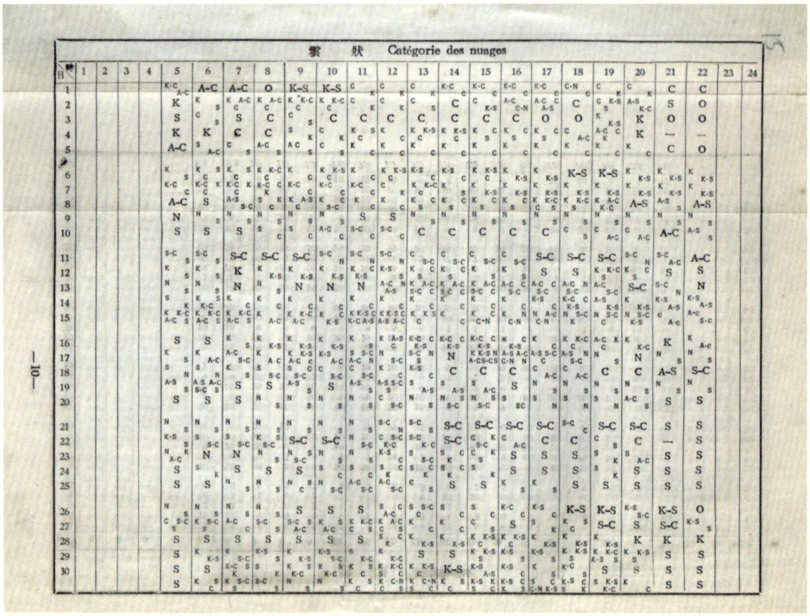
雲狀 Catégorie des nuages

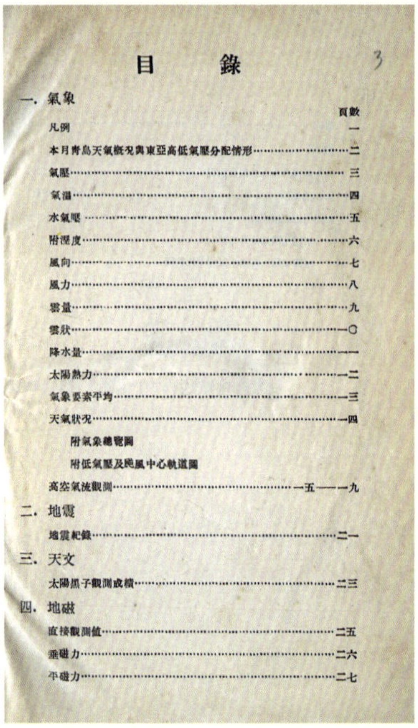

目　　錄

一. 氣象

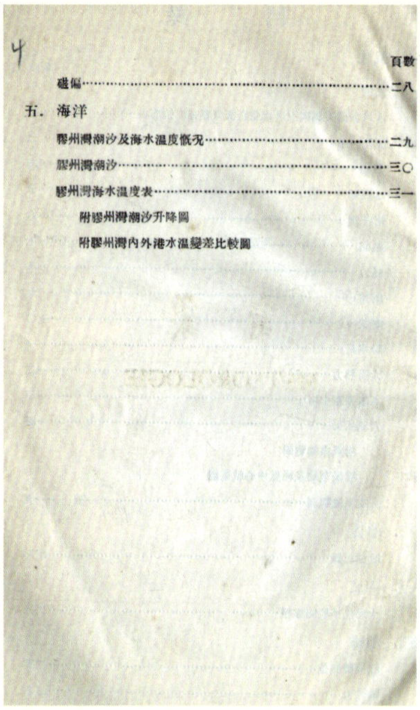

《青岛一九三五年气象月报》
1935 年出版

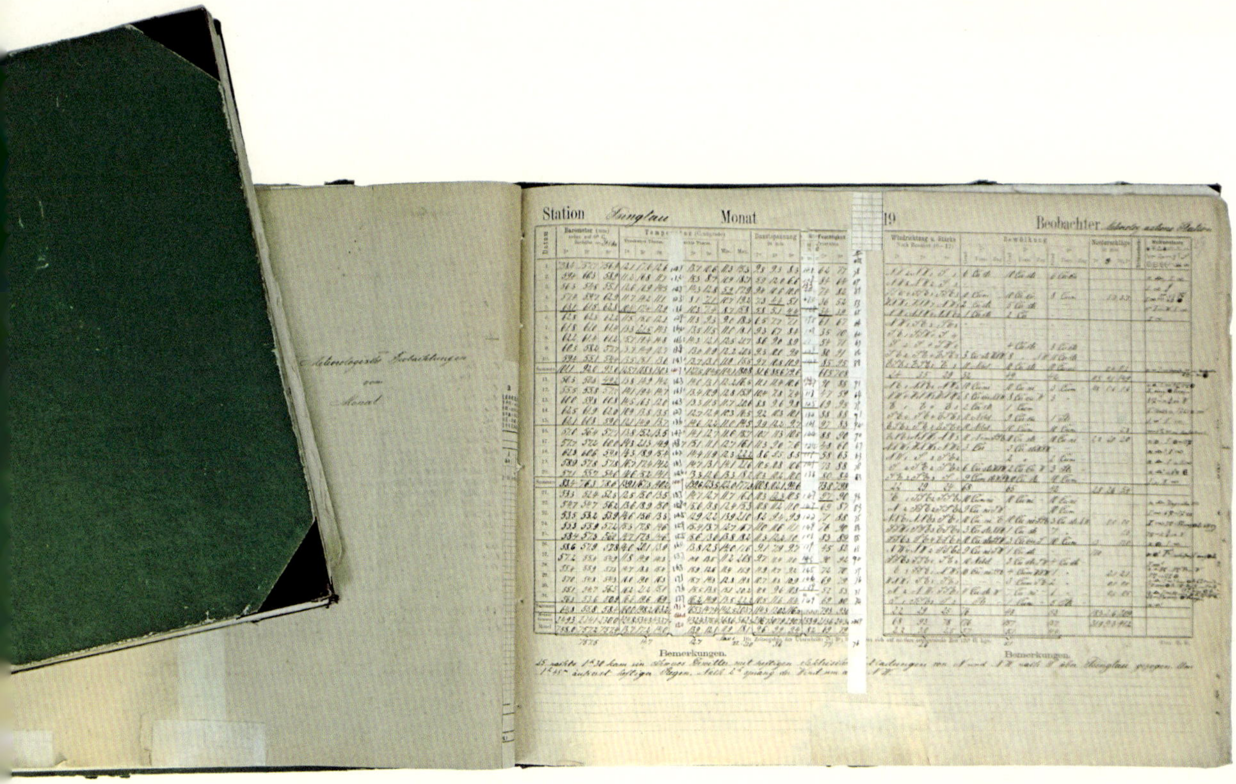

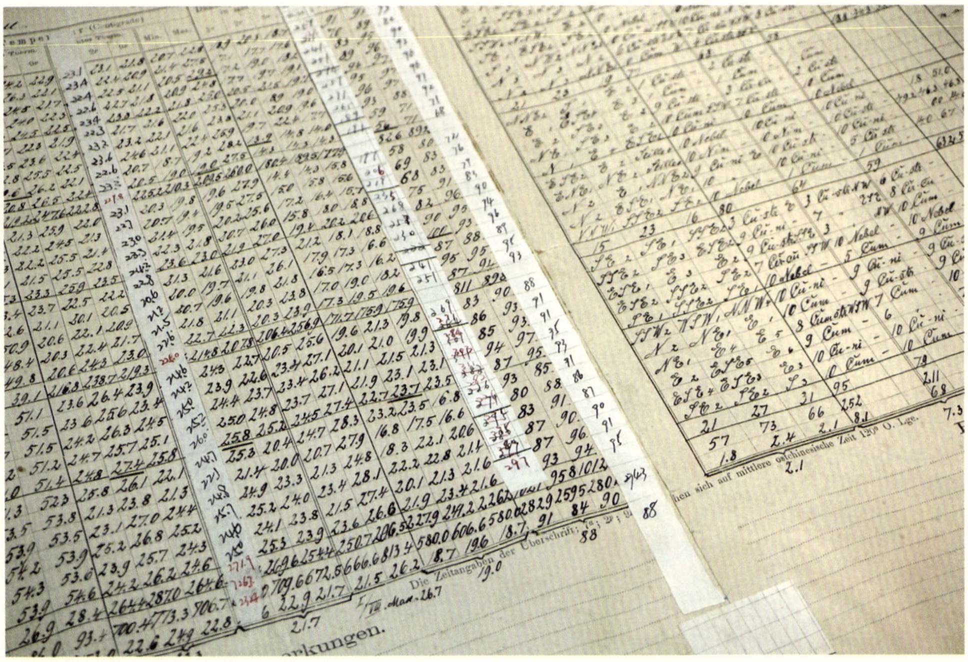

青岛海洋台气象记录月报表

1902—1910 年

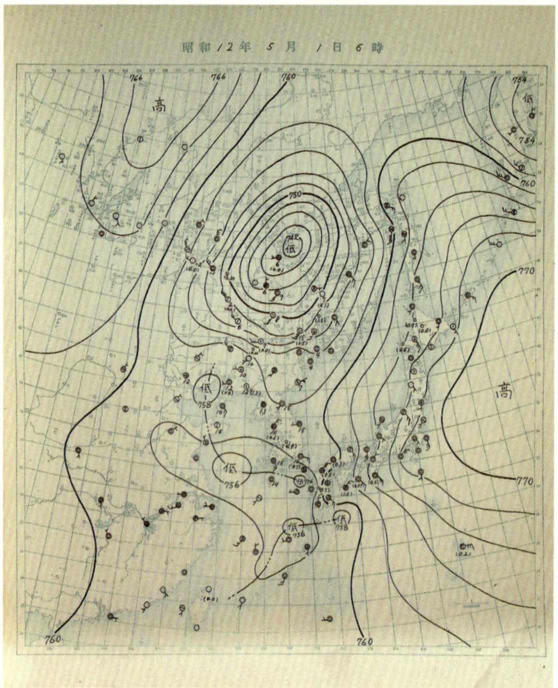

辽宁省珍贵气象档案

（辽宁省气象档案馆提供）

《天气图》 1937 年

《天气图》是辽宁省气象档案馆现存最早的历史天气图集，东北沦陷时期制作。观测要素包括气压、气温、风、降水和云等，每日观测两次（06 时、18 时）。

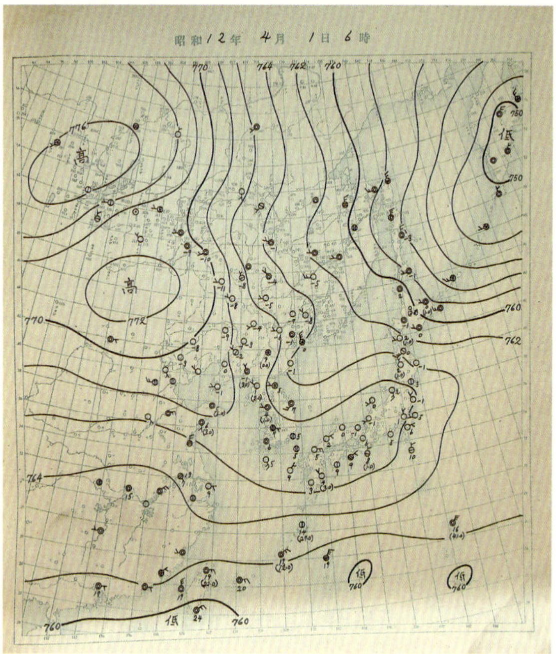

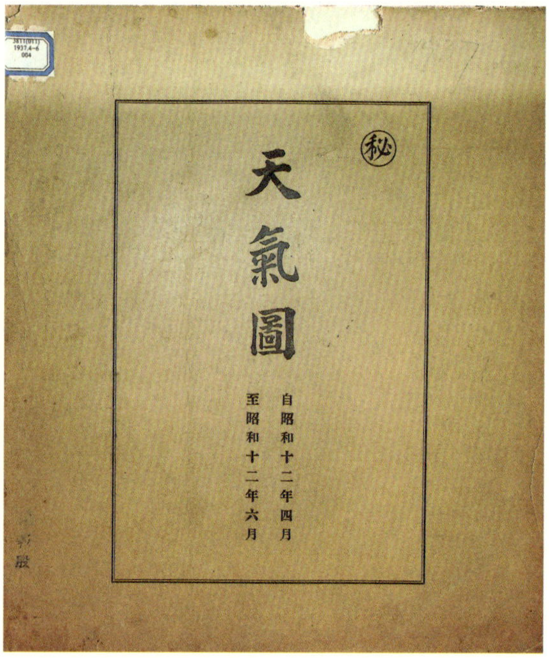

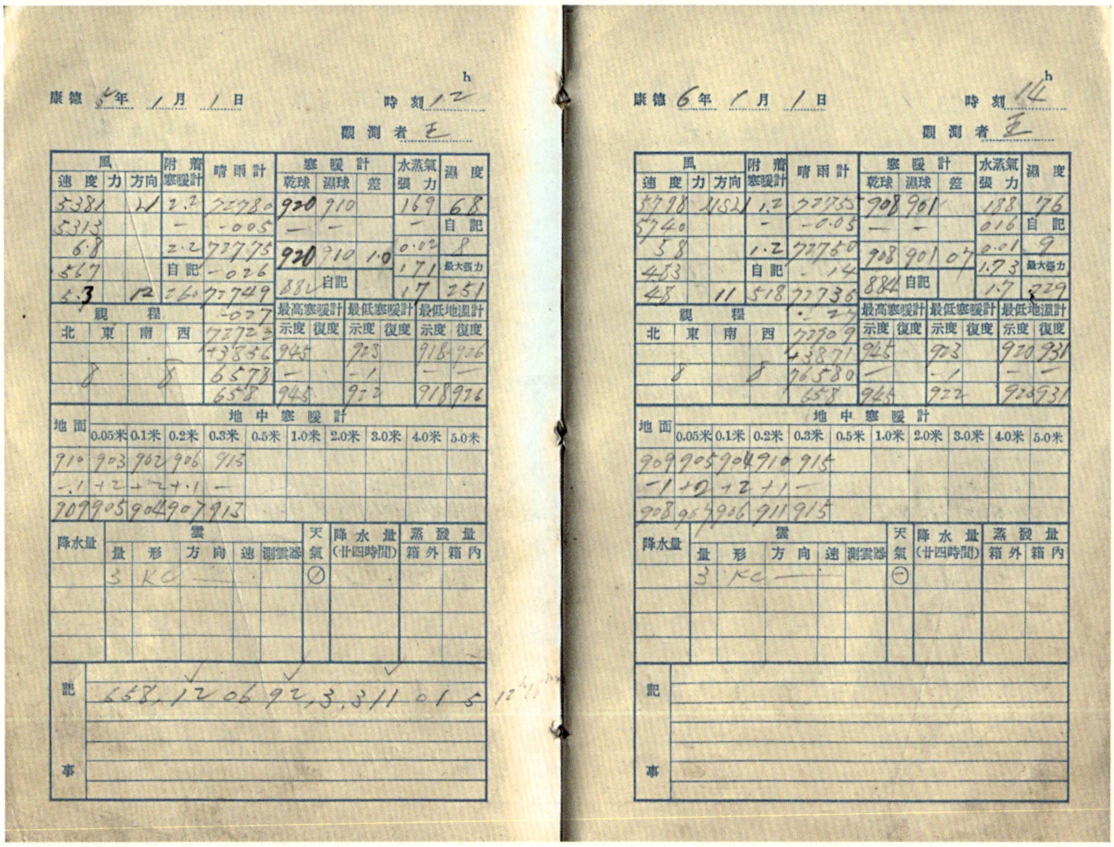

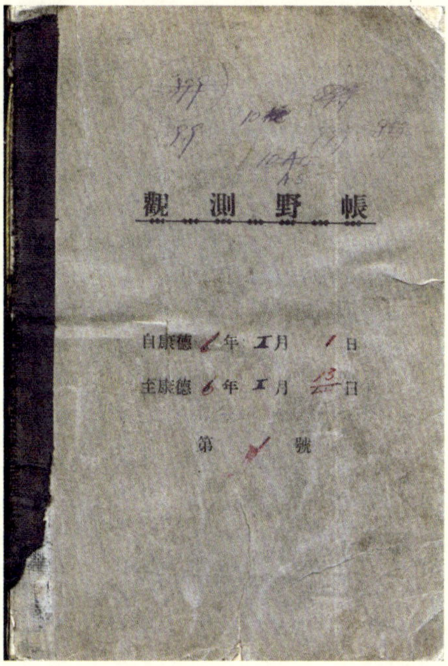

《观测野帐》 1939 年

《观测野帐》是辽宁省气象档案馆现存最早的观测野帐。观测要素包括风（风向、风速）、晴雨、温度（干球、湿球）、水蒸气张力、湿度、能见度、最高气温、最低气温、最低地温、地温（地面，0.05、0.1、0.2、0.3、0.5、1.0、2.0、3.0、4.0、5.0 米）、降水量、云（量、形、方向、速度）、蒸发量、天气现象及记事等。每日观测 8 次（02、06、10、12、14、18、22、00 时）。

关东观测所

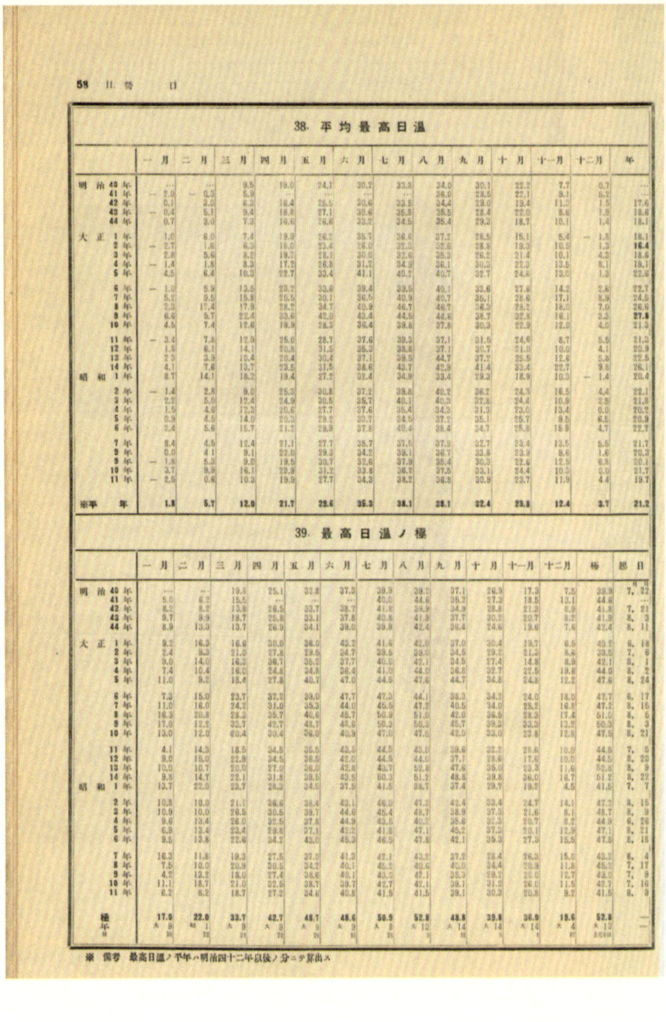

58 [illegible]

38. 平均最高日温

	一月	二月	三月	四月	五月	六月	七月	八月	九月	十月	十一月	十二月	年
明治 40 年	…	…	9.5	19.0	24.1	30.2	33.8	34.0	30.1	22.2	7.7	0.7	…
41 年	-2.0	-0.3	5.9	…	…	…	…	36.0	28.5	22.1	9.1	5.2	…
42 年	0.1	3.0	6.3	16.4	25.5	30.6	33.5	34.4	29.0	13.4	11.2	1.5	17.6
43 年	-0.4	5.1	9.4	18.8	27.1	30.6	35.8	35.5	28.4	22.0	8.6	1.9	18.6
44 年	0.7	3.0	7.3	16.6	26.6	33.2	34.5	35.4	29.3	18.7	10.1	1.4	18.1
大正 1 年	1.0	6.0	7.4	19.9	26.2	35.7	36.6	37.2	28.5	15.1	5.4	-1.8	18.1
2 年	-2.7	1.6	6.3	18.0	23.4	26.0	32.3	32.6	28.8	19.3	10.5	1.3	16.4
3 年	2.8	5.6	8.2	19.2	28.1	30.0	32.6	35.3	26.2	21.4	10.1	4.3	18.6
4 年	-1.4	1.8	8.3	17.2	26.8	31.2	34.9	36.1	30.3	22.3	13.5	8.1	19.1
5 年	4.5	6.4	10.3	22.7	33.4	41.1	40.2	40.7	32.7	24.6	13.0	1.3	22.6
6 年	-1.0	5.9	13.5	23.2	33.6	39.4	33.5	40.1	33.6	27.6	14.2	2.6	22.7
7 年	5.2	9.5	15.8	25.5	30.1	36.5	40.9	40.7	35.1	28.6	17.1	8.9	24.5
8 年	2.3	17.4	17.9	28.2	34.7	40.9	46.7	46.7	36.3	28.2	18.0	7.0	26.6
9 年	6.6	5.7	22.4	33.6	42.0	43.4	44.5	44.6	38.7	32.8	16.1	3.3	27.8
10 年	4.5	7.4	12.6	18.9	28.3	36.4	39.6	37.8	30.3	22.9	12.0	4.0	21.3
11 年	-3.4	7.8	12.9	25.0	28.7	37.6	39.3	37.1	31.5	24.6	8.7	5.5	21.3
12 年	1.8	6.1	14.1	20.8	31.5	35.3	38.8	37.1	30.7	21.0	10.0	4.1	20.9
13 年	2.3	3.9	10.4	20.4	30.4	37.1	39.5	44.7	37.2	25.5	12.6	5.8	22.5
14 年	4.1	7.6	13.7	23.5	31.5	38.6	43.7	42.8	41.4	33.4	22.7	9.8	26.1
昭和 1 年	8.7	14.1	18.2	19.4	27.2	32.4	34.9	33.4	29.3	18.9	10.3	-1.4	20.4
2 年	-1.4	2.8	9.0	25.3	30.8	37.2	39.8	40.2	36.2	24.3	16.5	4.4	22.1
3 年	2.2	5.0	12.4	24.9	30.5	35.7	40.1	40.3	32.8	24.4	10.9	2.5	21.8
4 年	1.5	4.6	12.3	20.6	27.7	37.6	35.4	34.3	31.3	23.0	13.4	0.0	20.2
5 年	0.9	4.5	14.0	20.3	29.2	33.7	34.5	37.2	35.1	25.7	9.5	6.5	20.9
6 年	2.4	5.6	15.7	21.2	29.9	37.8	40.4	38.4	34.7	25.8	15.9	4.7	22.7
7 年	8.4	4.5	12.4	21.1	27.7	35.7	37.5	37.3	32.7	23.4	13.5	5.5	21.7
8 年	0.0	4.1	9.1	22.0	29.3	34.2	38.1	36.7	33.8	23.9	9.6	1.6	20.3
9 年	-1.8	5.3	9.0	19.5	30.7	32.6	37.9	35.4	30.3	22.6	12.5	6.8	20.1
10 年	3.7	9.9	16.1	22.9	31.2	33.8	36.7	37.5	33.1	24.4	10.5	0.0	21.7
11 年	-2.5	0.6	10.3	19.9	27.7	34.3	38.2	36.8	30.9	23.7	11.9	4.4	19.7
※平年	1.8	5.7	12.0	21.7	29.6	35.3	38.1	38.1	32.4	23.8	12.4	3.7	21.2

39. 最高日温ノ極

	一月	二月	三月	四月	五月	六月	七月	八月	九月	十月	十一月	十二月	極	起日 (月 日)
明治 40 年	—	—	19.8	25.1	32.8	37.3	39.9	39.2	37.1	26.9	17.3	7.5	39.9	7, 22
41 年	5.0	6.2	15.5	…	…	…	40.0	44.6	35.2	27.3	18.5	13.1	44.6	…
42 年	8.2	8.2	13.8	26.5	33.7	38.7	41.8	38.9	34.9	28.8	21.3	8.9	41.8	7, 21
43 年	9.7	9.9	18.7	25.8	33.1	37.8	40.8	41.9	37.7	30.2	20.7	8.2	41.9	8, 3
44 年	8.9	13.3	13.7	26.9	34.1	39.0	39.9	42.4	36.4	24.6	19.6	7.6	42.4	8, 11
大正 1 年	9.2	16.3	16.6	30.0	38.0	43.2	41.6	42.0	37.0	30.4	19.7	6.5	43.2	6, 18
2 年	2.4	9.3	21.0	27.8	29.5	34.7	39.5	39.0	34.5	29.2	21.3	8.6	39.5	7, 6
3 年	9.0	14.0	16.3	36.7	35.2	37.7	40.0	42.1	34.5	27.4	14.8	8.9	42.1	8, 1
4 年	7.4	10.4	16.0	24.8	34.8	36.4	41.0	44.0	36.8	32.7	22.5	19.6	44.0	8, 2
5 年	11.0	9.2	18.4	27.8	40.7	47.0	44.5	47.6	44.7	34.8	24.8	12.2	47.6	8, 24
6 年	7.3	15.0	23.7	32.2	39.0	47.7	47.3	44.1	38.3	34.2	24.0	18.0	47.7	6, 17
7 年	11.0	16.0	24.2	31.0	35.3	44.0	45.5	47.2	40.5	34.0	25.2	16.8	47.2	8, 15
8 年	16.3	20.8	28.3	35.7	40.6	45.7	50.9	51.0	42.0	36.5	28.3	17.4	51.0	8, 5
9 年	17.0	12.2	33.7	42.7	48.7	48.6	50.3	50.3	45.7	39.3	33.3	13.2	50.3	8, 3
10 年	13.0	12.0	20.4	30.4	36.0	40.9	47.0	47.5	42.0	33.0	23.8	12.8	47.5	8, 21
11 年	4.1	14.3	18.5	34.5	35.5	43.6	44.5	43.0	39.6	32.2	28.6	10.0	44.5	7, 5
12 年	9.0	15.0	22.9	34.5	38.5	42.0	44.5	44.0	37.1	28.6	17.6	10.0	44.5	8, 20
13 年	10.0	10.7	20.0	27.0	36.0	42.8	43.7	52.8	47.6	35.0	23.3	11.6	52.8	8, 9
14 年	9.8	14.7	22.1	31.8	38.5	43.5	50.3	51.2	48.8	39.8	36.0	16.7	51.2	8, 22
昭和 1 年	13.7	22.0	23.7	28.3	34.6	37.5	41.5	38.7	37.4	29.7	19.2	4.5	41.5	7, 7
2 年	10.8	10.0	21.1	36.6	38.4	43.1	46.0	47.2	42.4	33.4	24.7	14.1	47.2	8, 15
3 年	10.9	10.0	26.5	30.5	39.7	44.6	45.4	48.7	38.9	37.3	21.6	8.1	48.7	8, 9
4 年	9.6	13.4	26.0	32.5	37.8	44.9	43.5	40.2	35.6	32.3	20.7	8.2	44.9	6, 26
5 年	6.9	13.4	23.4	29.8	37.1	42.2	41.8	47.1	45.2	37.3	20.1	12.9	47.1	8, 21
6 年	9.5	13.8	22.6	34.2	43.0	45.3	46.5	47.8	42.1	35.3	27.3	15.5	47.8	8, 18
7 年	16.3	11.8	19.3	27.5	37.0	41.3	42.1	43.2	37.2	28.4	26.3	15.0	43.2	8, 4
8 年	7.5	10.0	20.9	30.5	34.2	40.1	45.2	40.6	40.0	34.4	28.9	11.8	45.2	7, 17
9 年	4.2	13.2	18.0	27.4	38.6	40.1	43.0	42.1	35.3	29.2	20.0	12.7	43.0	7, 9
10 年	11.1	18.7	21.0	32.5	38.7	39.7	42.7	42.1	39.1	31.2	26.0	11.5	42.7	7, 16
11 年	6.2	8.2	18.7	27.2	34.6	40.8	41.5	41.5	39.1	30.3	20.8	9.2	41.5	8, 9
極	17.0	22.0	33.7	42.7	48.7	48.6	50.9	52.8	48.8	39.8	36.0	19.6	52.8	—
年	大 9	昭 1	大 9	大 9	大 9	大 9	大 8	大 13	大 14	大 14	大 14	大 4	大 13	—
日	[illegible]	[illegible]	[illegible]	[illegible]	[illegible]	[illegible]	[illegible]	[illegible]	[illegible]	[illegible]	[illegible]	[illegible]	[illegible]	

※ 備考 最高日温ノ平年ハ明治四十二年以後ノ分ニテ算出ス

《满洲气象累年报告》

1905—1936 年

《满洲气象累年报告》是辽宁省气象档案馆现存最早的气象整编资料。观测要素包括气压、气温、湿度、风、云、降水、日照、地温和天气现象。

《康德六年时宪书》

1939 年

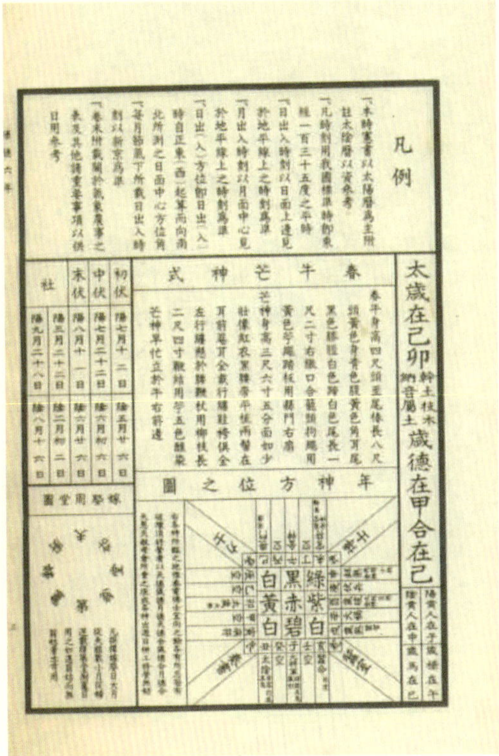

凡例

一本時憲書以太陽曆為主附註太陰曆以資參考

一凡時刻用我國標準時卽東經一百三十五度之平時

一日出入時刻以日面上邊見於地平線上之時刻為準

一月出入時刻以月面中心見於地平線上之時刻為準

一日出(入)方位卽日出(入)時自正東(西)起算向南向北所測之日面中心方位角

一每月節氣下所載日出入時刻以新京為準

一卷末附載關於氣象農事之表及其他須重要事項以供日用參考

太歲在己卯 幹土枝木 納音屬土 歲德在甲合在己

春牛芒神式

春牛身高四尺頭至尾樁長八尺頭黃色身青色腹黃色角耳尾黑色膝脛白色蹄白色尾長一尺二寸右繳口合籠頭拘繩用黃色苧繩踏板用縣門右扇

芒神身高三尺六寸五分面如少壯像紅衣黑腰帶平梳兩髻在耳前罨耳全戴行纏鞋袴俱全左行纏懸於腰鞭杖用柳枝長二尺四寸鞭結用苧五色醮染

芒神早忙立於牛右前邊

初伏	中伏	末伏	社	
陽七月十二日	陽七月二十二日	陽八月十一日	陽三月二十二日	陽九月二十八日
陰五月廿六日	陰六月初六日	陰六月廿六日	陰二月初二日	陰八月十六日

年神方位之圖

嫁娶周堂圖

《康德六年时宪书》是辽宁省气象档案馆现存最早标注日历、节气、各地日月出入时刻等的资料。要素包括日历、节气、日月出入时刻、生肖、气温、降水、农事合作、邮政自费、度量衡、学校教育等。

解放战争时期

解放战争时期我国气象档案主要来自中华民国空军所属气象台（站）形成的观测资料、中国共产党在解放区创建的气象台（站）和在延安接收美军气象台的历史记录。1945 年，中共中央军事委员会先后在吉林、齐齐哈尔、沈阳、牡丹江、长春、公主岭设立了多个气象台，保障人民解放军东北战役顺利开展。随着国民党的溃败，解放军占领并接收了驻沪、宁空军和“中央航空公司”的气象机构，以及南京气象站、上海气象台、杭州气象台留存下来的大量气象观测档案。解放战争时期，中央军委陆续培养了多批气象人才，如张乃召、毛雪华、周鲁女、曾宪波、邹竞蒙等，他们为新中国气象事业的建立与发展做出了卓越贡献。1950 年，我国气象台站统一由中共中央军委气象局和各大军区气象处进行建设和管理，中国的气象事业从此进入一个崭新的发展阶段，各类气象档案才得以完整地保存至今。

延安时期珍贵气象档案资料

张乃召（1912—1979）
原名张有年，河北平定人。

中国共产党组建的第一个气象台——延安气象台的领导人，中华人民共和国成立后任中央军委气象局副局长，1953 年后任中央气象局副局长。

1944 年 7 月，美军派出观察组来到延安，开始了与中国共产党领导下的八路军的情报联系和合作。在延安凤凰山、清凉山设立的气象观测站形成了较为连续和完整的延安时期气象档案资料。1945 年，中共中央军委在延安成立气象训练队，培养了八路军第一批气象工作人员，包括张乃召、周鲁女、邹竞蒙等。9 月，延安气象台成立，这是中国共产党组建的第一个气象台，由张乃召担任领导，第一批工作人员还有邹竞蒙、毛雪华、陈涌珉、周鲁女、曾宪波等，开始进行地面和高空气象观测。

延安气象人合影
前排左起：张丽、张乃召、高鹰
后排左起：曾宪波、傅涌泉、周鲁女、邹竞蒙

延安气象台人员与美军合影

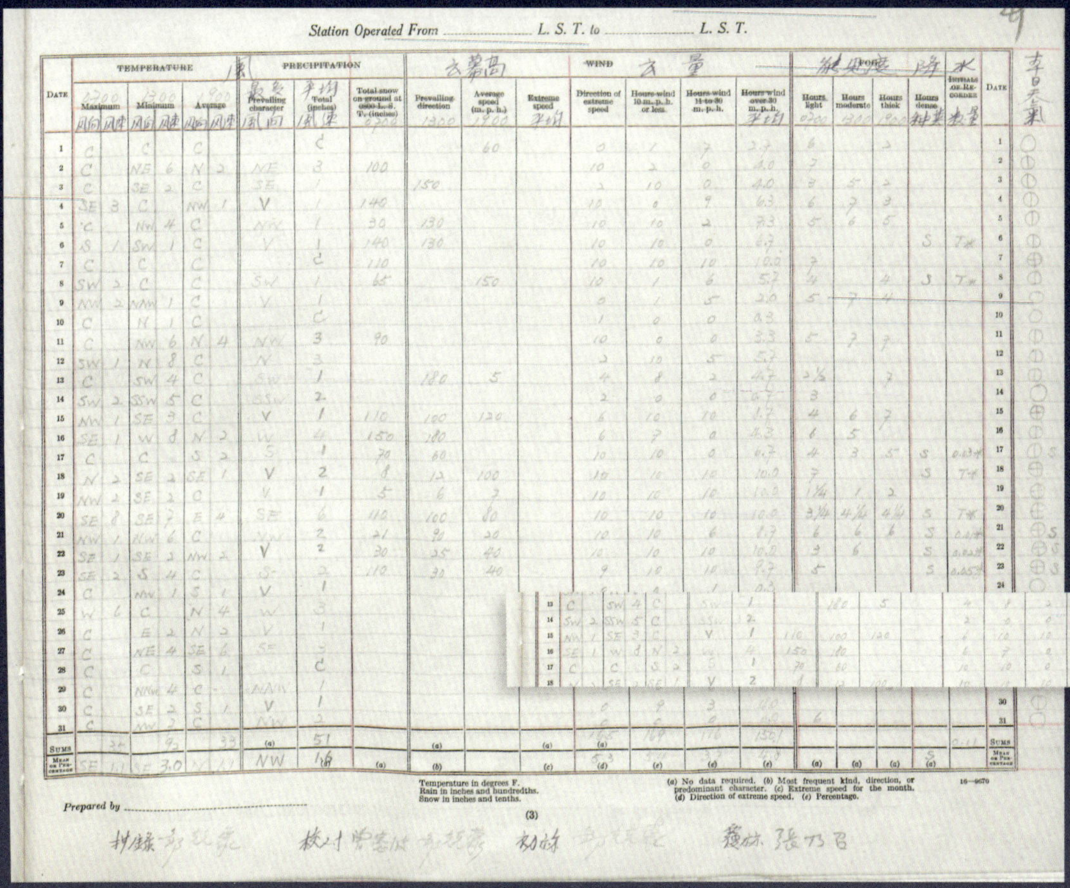

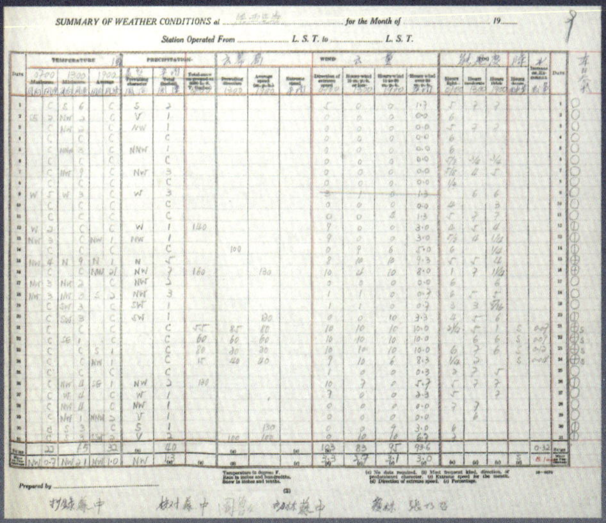

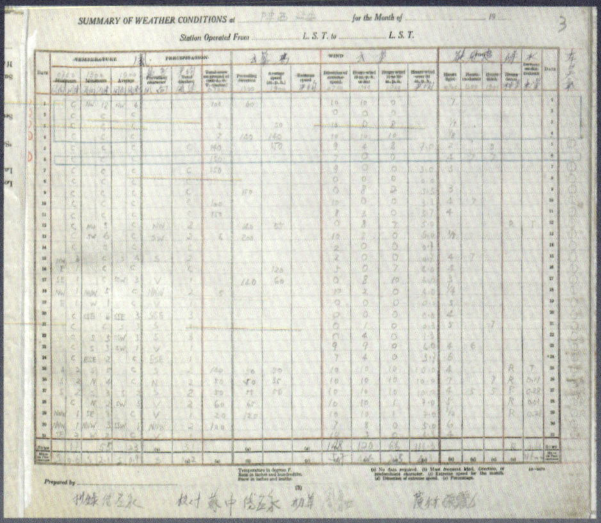

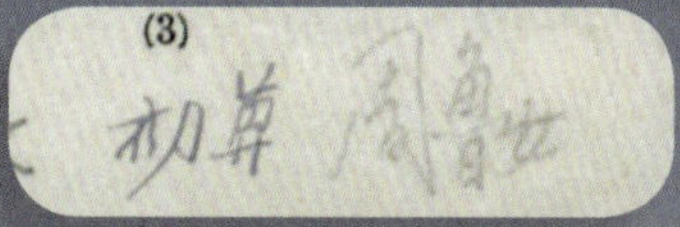

陕西延安（机）气象记录月报表

1945—1947 年

延安时期珍贵气象档案资料

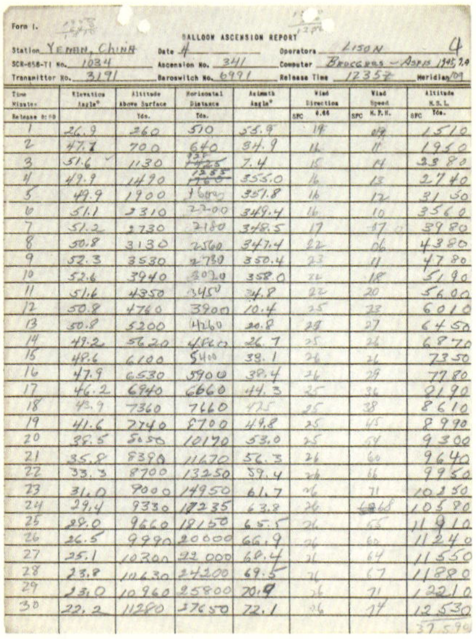

Form 1.

BALLOON ASCENSION REPORT

Station YENAN, CHINA Date 4 Operators LISON

SCR-658-T1 No. 1034 Ascension No. 341 Computer Brucceas – Arpis 1945.9.4

Transmitter No. 3191 Baroswitch No. 6991 Release Time 12357 Meridian 109

Time Minutes Release 0:00	Elevation Angle°	Altitude Above Surface Yds.	Horizontal Distance Yds.	Azimuth Angle°	Wind Direction SFC 0.66	Wind Speed SFC M.P.H.	Altitude M.S.L. SFC Yds.
1	26.9	260	510	55.9	14	[illegible]	1510
2	47.7	700	640	34.9	16	11	1950
3	51.6	1130	925	7.4	15	14	2380
4	49.9	1490	1255	355.0	16	13	2740
5	49.9	1900	1600	351.8	16	12	3150
6	51.1	2310	2200	349.4	16	10	3560
7	51.2	2730	2180	348.5	17	17	3980
8	50.8	3130	2560	347.4	22	06	4380
9	52.3	3530	2730	350.4	23	11	4780
10	52.6	3940	3020	358.0	22	18	5190
11	51.6	4350	3450	34.8	22	20	5600
12	50.8	4760	3900	10.4	25	23	6010
13	50.8	5200	4260	20.8	29	27	6450
14	49.2	5620	4860	26.7	25	26	6870
15	48.6	6100	5400	33.1	26	26	7350
16	47.9	6530	5900	38.4	26	29	7780
17	46.2	6940	6660	44.3	25	36	8190
18	43.9	7360	7660	475	25	38	8610
19	41.6	7740	8700	49.8	25	45	8990
20	38.5	5050	10170	53.0	25	54	9300
21	35.8	8390	11670	56.3	26	60	9640
22	33.3	8700	13250	59.4	26	66	9950
23	31.0	9000	14950	61.7	26	71	10250
24	29.4	9330	17235	63.8	26	68	10580
25	28.0	9660	18150	65.5	26	65	11910
26	26.5	9990	20000	66.9	26	60	11240
27	25.1	10300	22000	68.4	26	64	11550
28	23.8	10630	24200	69.5	26	67	11880
29	23.0	10960	25800	70.9	26	71	12210
30	22.2	11280	27650	72.1	26	74	12530
							37590

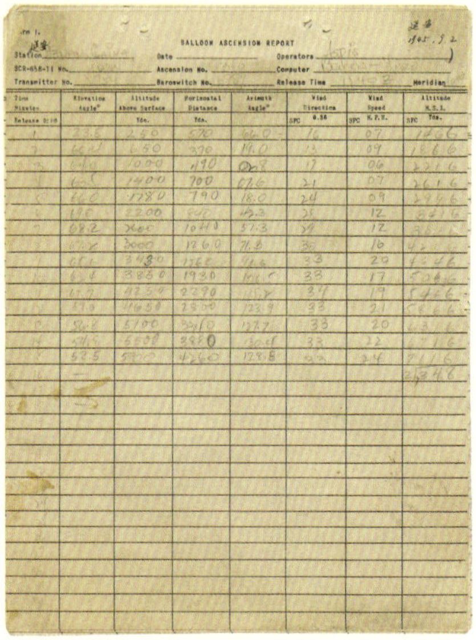

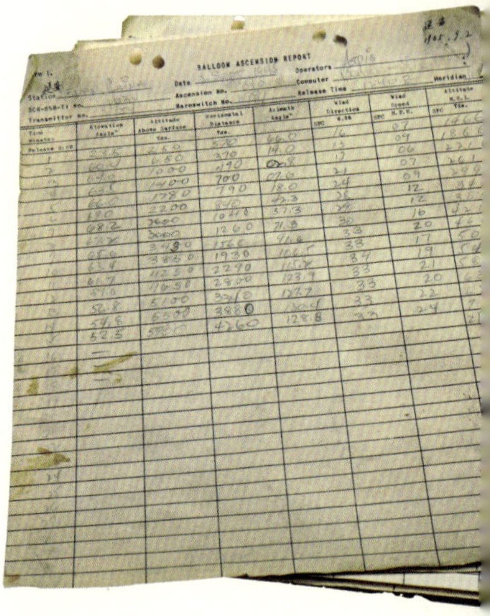

延安气球上升报告

1945 年

延安八路军总部气象台
在施放高空测风气球

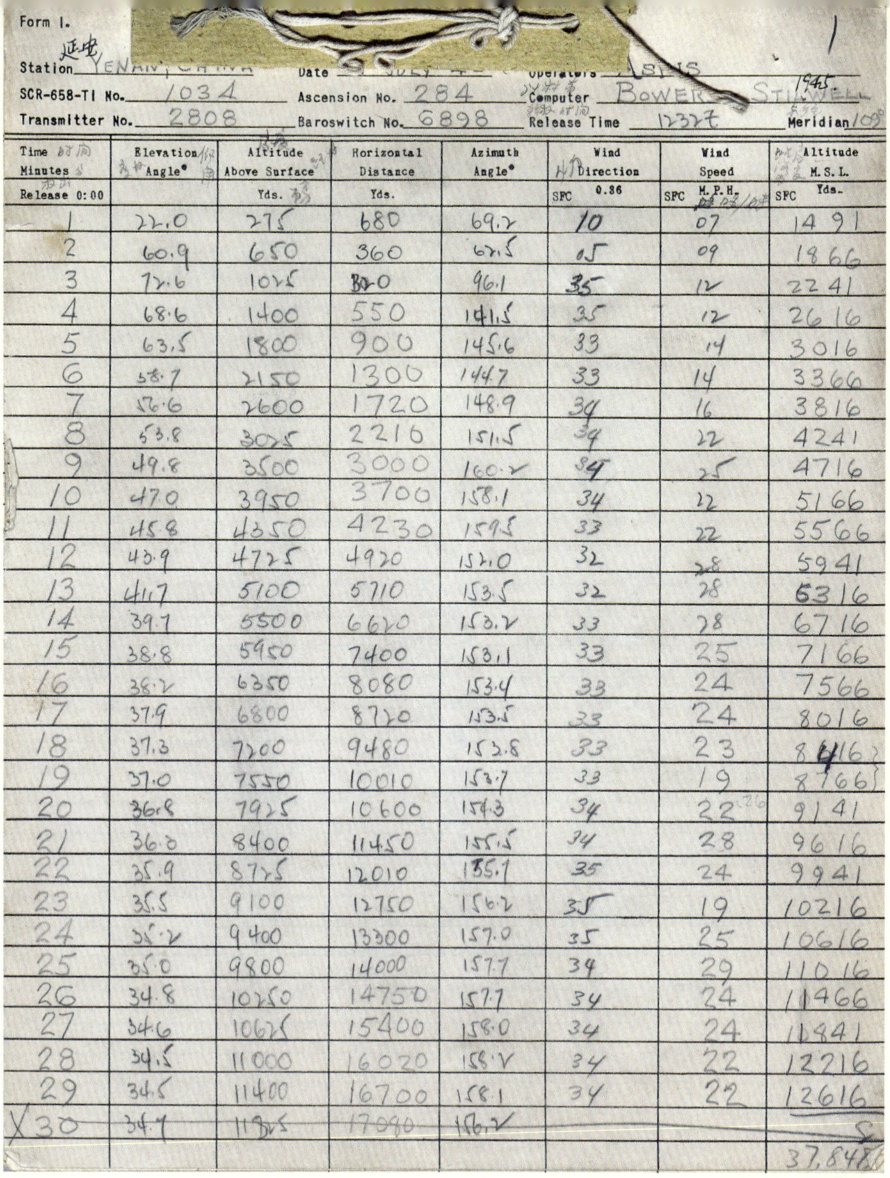

Form 1.

Station 延安 YENAN, CHINA　Date 9 JULY 45　Operators ASPIS
SCR-658-TI No. 1034　Ascension No. 284　Computer BOWER STILWELL 1945
Transmitter No. 2808　Baroswitch No. 6898　Release Time 1232Z　Meridian 109°

Time Minutes Release 0:00	Elevation Angle°	Altitude Above Surface Yds.	Horizontal Distance Yds.	Azimuth Angle°	Wind Direction SFC 0.36	Wind Speed SFC M.P.H.	Altitude M.S.L. SFC Yds.
1	22.0	275	680	69.2	10	07	1491
2	60.9	650	360	67.5	05	09	1866
3	72.6	1025	820	96.1	35	12	2241
4	68.6	1400	550	141.5	35	12	2616
5	63.5	1800	900	145.6	33	14	3016
6	58.7	2150	1300	144.7	33	14	3366
7	56.6	2600	1720	148.9	34	16	3816
8	53.8	3025	2210	151.5	34	22	4241
9	49.8	3500	3000	160.2	34	25	4716
10	47.0	3950	3700	158.1	34	22	5166
11	45.8	4350	4230	159.5	33	22	5566
12	43.9	4725	4920	152.0	32	28	5941
13	41.7	5100	5710	153.5	32	28	6316
14	39.7	5500	6620	153.2	33	28	6716
15	38.8	5950	7400	153.1	33	25	7166
16	38.2	6350	8080	153.4	33	24	7566
17	37.9	6800	8720	153.5	33	24	8016
18	37.3	7200	9480	152.8	33	23	8416
19	37.0	7550	10010	153.7	33	19	8766
20	36.8	7925	10600	154.3	34	22	9141
21	36.0	8400	11450	155.5	34	28	9616
22	35.9	8725	12010	155.1	35	24	9941
23	35.5	9100	12750	156.2	35	19	10216
24	35.2	9400	13300	157.0	35	25	10616
25	35.0	9800	14000	157.7	34	29	11016
26	34.8	10250	14750	157.7	34	24	11466
27	34.6	10625	15400	158.0	34	24	11841
28	34.5	11000	16020	158.2	34	22	12216
29	34.5	11400	16700	158.1	34	22	12616
X30	34.7	11825	17090	156.2			
							37,848

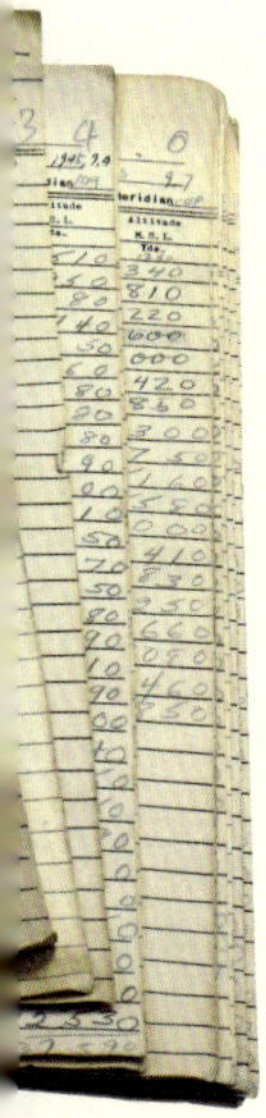

延安气球上升数据记录

1945 年

《延安高空风观测记录表》

1945 年

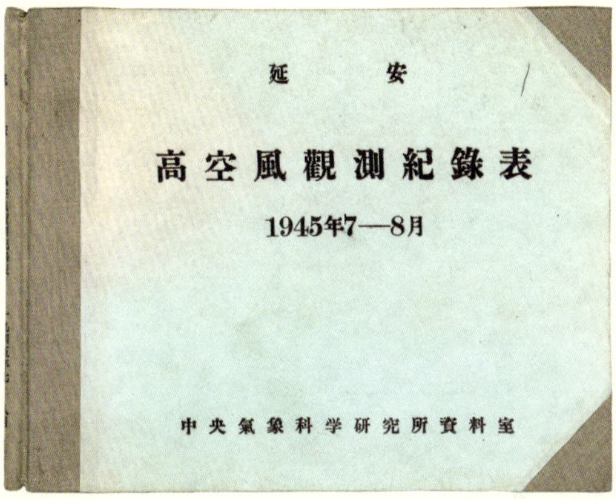

延　安

高空風觀測紀錄表

1945年7—8月

中央氣象科学研究所資料室

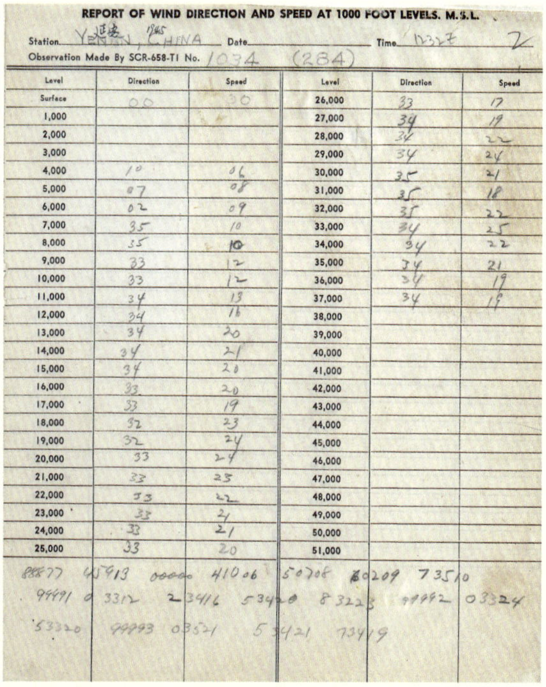

REPORT OF WIND DIRECTION AND SPEED AT 1000 FOOT LEVELS. M.S.L.

Station YENAN, CHINA 延安 1945　Date　Time 1232Z　2
Observation Made By SCR-658-TI No. 1034 (284)

Level	Direction	Speed	Level	Direction	Speed
Surface	00	00	26,000	33	17
1,000			27,000	34	19
2,000			28,000	34	22
3,000			29,000	34	24
4,000	10	06	30,000	35	21
5,000	07	08	31,000	35	18
6,000	02	09	32,000	35	22
7,000	35	10	33,000	34	25
8,000	35	10	34,000	34	22
9,000	33	12	35,000	34	21
10,000	33	12	36,000	34	19
11,000	34	13	37,000	34	19
12,000	34	16	38,000		
13,000	34	20	39,000		
14,000	34	21	40,000		
15,000	34	20	41,000		
16,000	33	20	42,000		
17,000	33	19	43,000		
18,000	32	23	44,000		
19,000	32	24	45,000		
20,000	33	24	46,000		
21,000	33	23	47,000		
22,000	33	22	48,000		
23,000	33	21	49,000		
24,000	33	21	50,000		
25,000	33	20	51,000		

88877 45913 00000 41006 50708 80209 73510
99991 03312 23416 53420 83223 99992 03324
53320 99993 03521 53421 73419

延安（机）气象观测月总簿

1951—1953 年

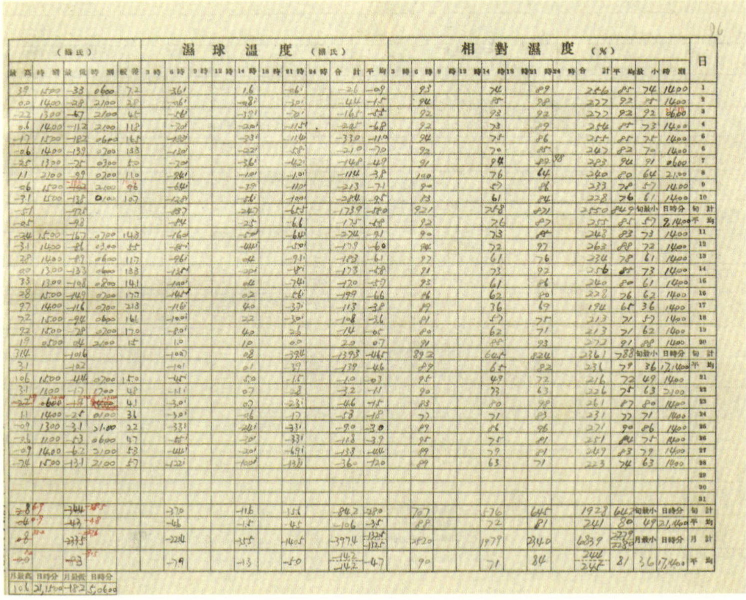

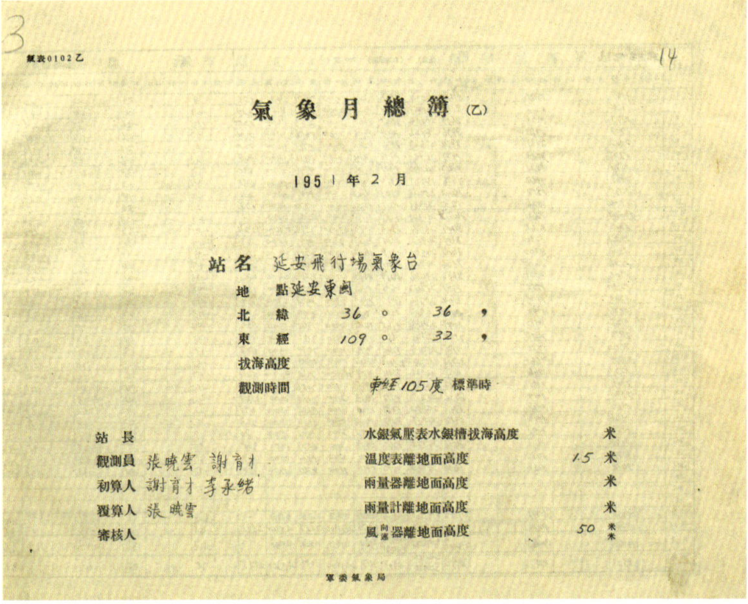

氣表0102乙

14

氣象月總簿（乙）

195 1 年 2 月

站名 延安飛行場氣象台

地點 延安東關

北緯 36 ° 36 ′

東經 109 ° 32 ′

拔海高度

觀測時間 東經105度 標準時

站長		水銀氣壓表水銀槽拔海高度	米
觀測員	張曉雲 謝育才	溫度表離地面高度	1.5 米
初算人	謝育才 李承緒	雨量器離地面高度	米
覆算人	張曉雲	雨量計離地面高度	米
審核人		風向速器離地面高度	50 米

軍委氣象局

亚欧天气图

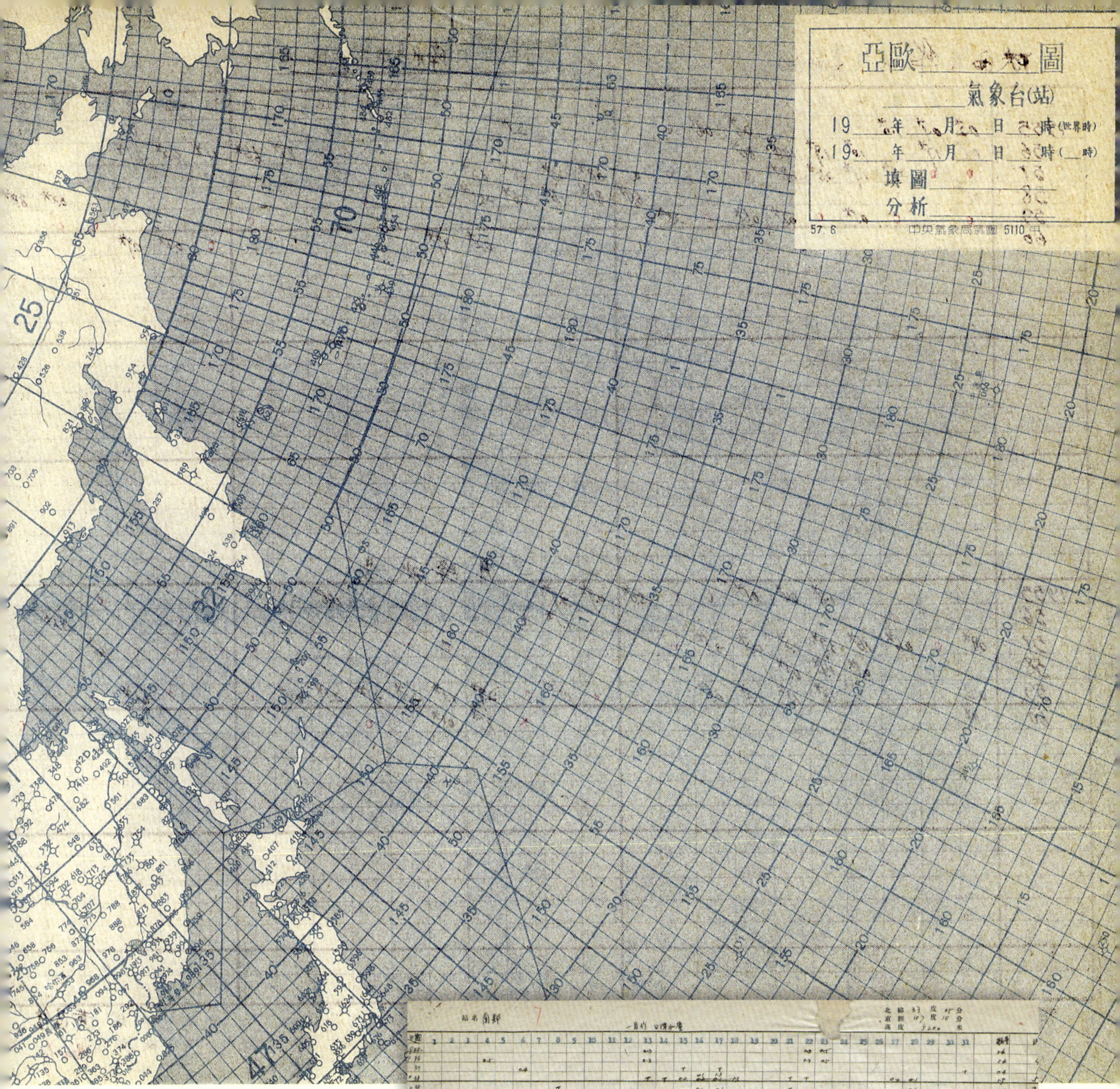

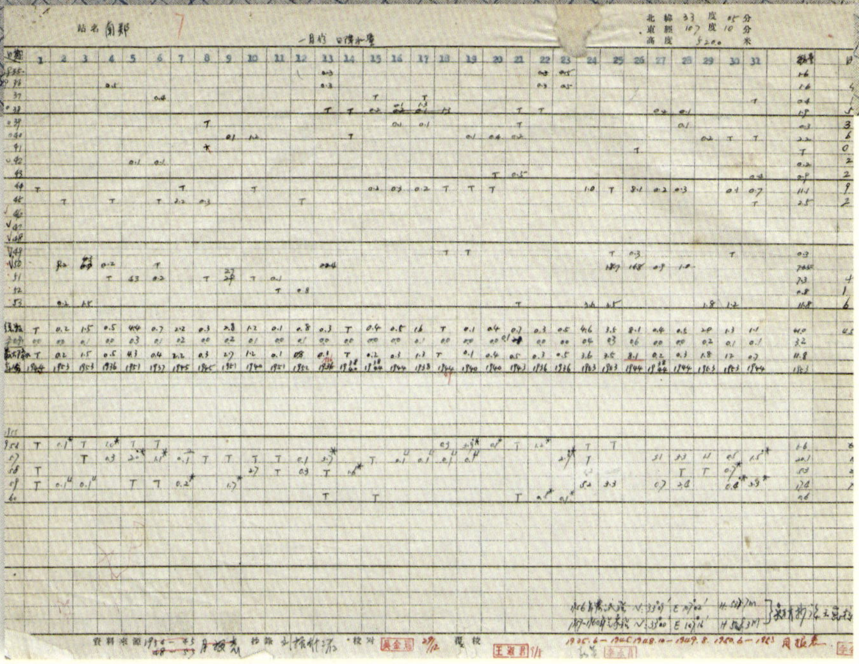

延安逐日降水量统计表

1946 年

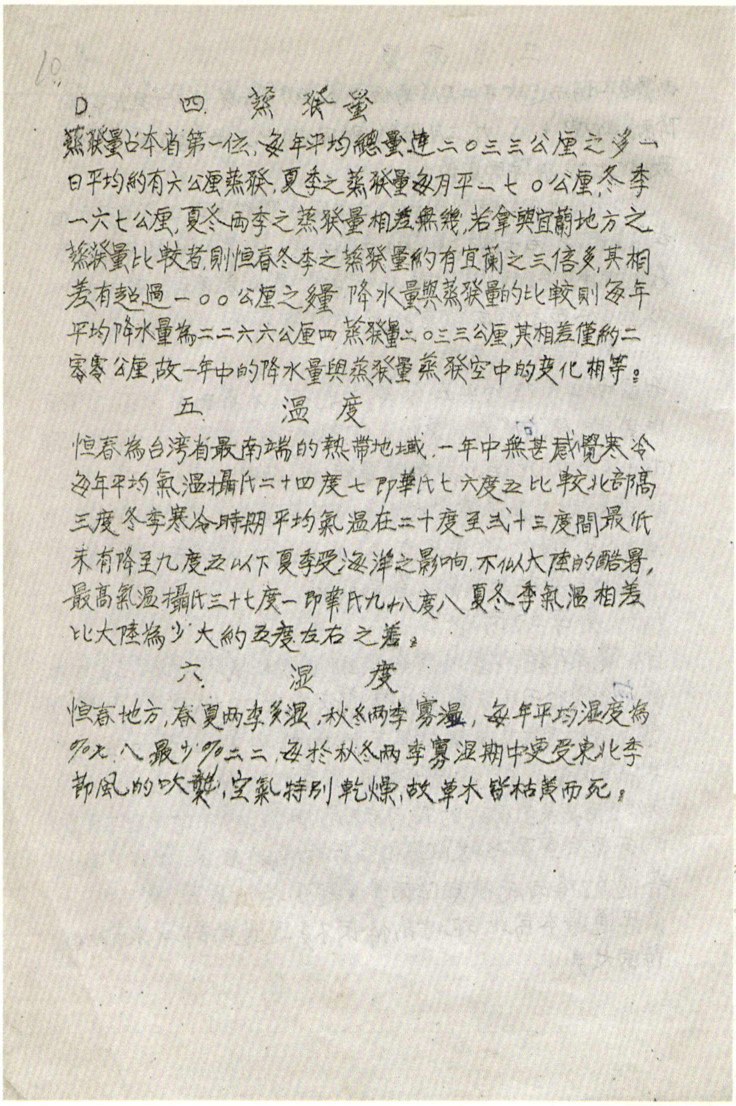

10.

D. 四. 蒸發量

蒸發量占本省第一位，每年平均總量達二〇三三公厘之多，一日平均約有六公厘蒸發，夏季之蒸發量每月平一七〇公厘，冬季一六七公厘，夏冬兩季之蒸發量相差無幾，若拿與宜蘭地方之蒸發量比較者，則恒春冬季之蒸發量約有宜蘭之三倍多，其相差有超過一〇〇公厘之鑃。降水量與蒸發量的比較則每年平均降水量為二二六六公厘四，蒸發量二〇三三公厘，其相差僅約二零零公厘，故一年中的降水量與蒸發量蒸發空中的变化相等。

五. 温度

恒春為台湾省最南端的熱帶地域，一年中無甚感覺寒冷，每年平均氣温攝氏二十四度七，即華氏七六度五，比較北部隔三度，冬季寒冷時期平均氣温在二十度至廿十三度間，最低未有降至九度五以下，夏季受海洋之影响，不似大陸的酷暑，最高氣温攝氏三十七度一，即華氏九十八度八，夏冬季氣温相差比大陸為少，大約五度左右之差。

六. 湿度

恒春地方，春夏兩季多湿，秋冬兩季寡湿，每年平均湿度為％七八，最少％二二，每於秋冬兩季寡湿期中更受東北季節風的吹襲，空氣特別乾燥，故草木皆枯黄而死。

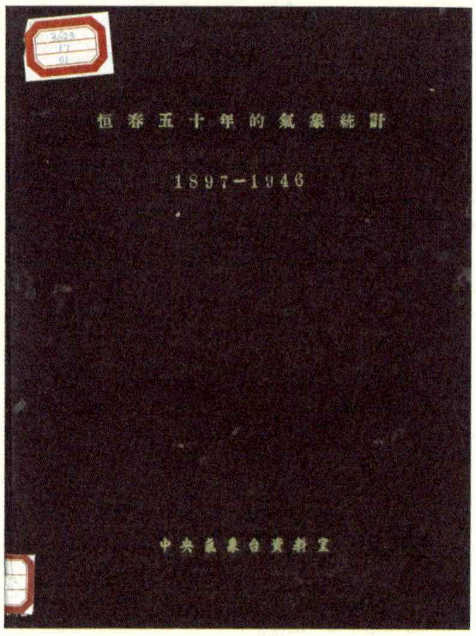

台湾《恒春五十年的气象统计》

1947 年出版

恒春五十年的氣象統計

台灣氣象局恒春測候所 民國三十六年五月刊行

开国大典原始观测记录

章淹（1925—2024），原北京气象学院教授，新中国第一批气象预报员，曾为开国大典做过天气预报。

开国大典原始观测天气图

1949 年 10 月 1 日

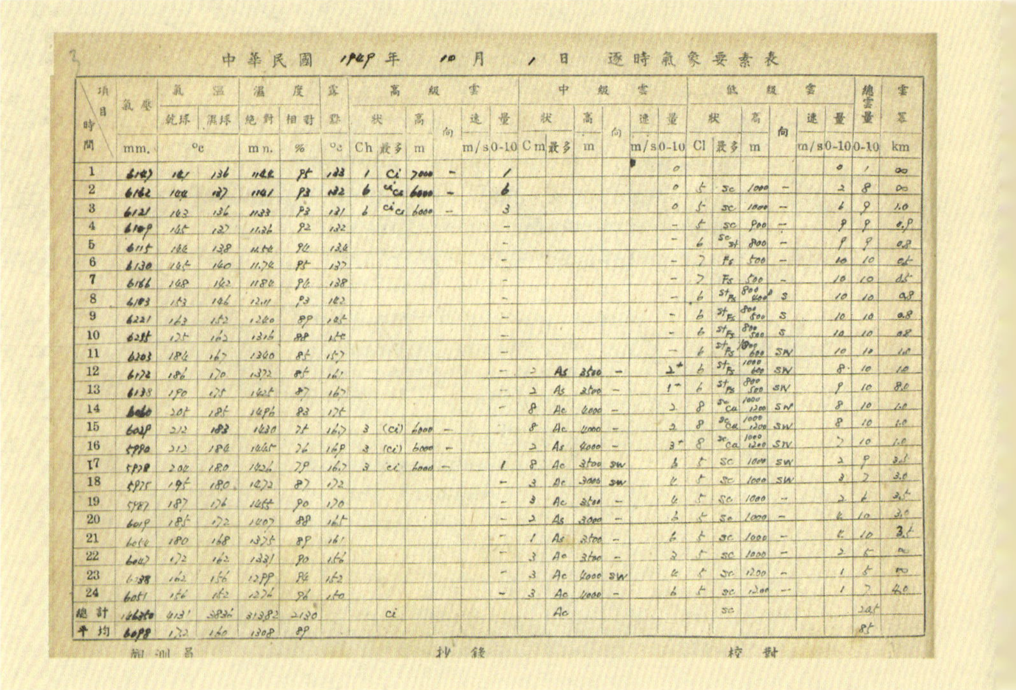

3

中華民國 1949 年 10 月 1 日 逐時氣象要素表

項目/時間	氣壓 mm.	氣温 乾球 °c	氣温 濕球 °c	濕度 絶對 mn.	濕度 相對 %	露點 °c	高級雲 狀 Ch	高級雲 狀 最多	高級雲 高 m	高級雲 向	高級雲 速 m/s	高級雲 量 0-10	中級雲 狀 Cm	中級雲 狀 最多	中級雲 高 m	中級雲 向	中級雲 速 m/s	中級雲 量 0-10	低級雲 狀 Cl	低級雲 狀 最多	低級雲 高 m	低級雲 向	低級雲 速 m/s	低級雲 量 0-10	總雲量 0-10	雲冪 km
1	6147	141	136	1144	95	133	1	Ci	7000	–		1						0						0	1	∞
2	6162	144	137	1141	93	132	6	CiCs	6000	–		6						0	5	Sc	1000	–		2	8	∞
3	6121	143	136	1133	93	131	6	CiCs	6000	–		3						0	5	Sc	1000	–		6	9	1.0
4	6109	145	137	1136	92	132						–						–	5	Sc	900	–		9	9	0.9
5	6115	144	138	1154	94	134						–						–	6	ScSt	800	–		9	9	0.8
6	6130	145	140	1174	95	137						–						–	7	Fs	500	–		10	10	0.5
7	6166	148	142	1180	96	138						–						–	7	Fs	500	–		10	10	0.5
8	6183	153	146	1211	93	142						–						–	6	StFs	800 400	S		10	10	0.8
9	6221	163	152	1240	89	145						–						–	6	StFs	800 500	S		10	10	0.8
10	6255	175	162	1316	88	150						–						–	6	StFs	800 500	S		10	10	0.8
11	6203	184	167	1340	85	157						–						–	6	StFs	1000 600	SW		10	10	1.0
12	6172	186	170	1372	85	161						–	2	As	3500	–		2+	6	StFs	1000 600	SW		8	10	1.0
13	6138	190	175	1425	87	167						–	2	As	2500	–		1+	6	StFs	800 500	SW		9	10	8.0
14	6060	205	185	1496	83	175						–	8	Ac	4000	–		2	8	ScCu	1000 1200	SW		8	10	1.0
15	6029	212	183	1430	75	167	3	(Ci)	6000	–			8	Ac	4000	–		2	8	ScCu	1000 1200	SW		8	10	1.0
16	5990	212	184	1445	76	169	3	(Ci)	6000	–			2	As	4000	–		3+	8	ScCu	1000 1200	SW		7	10	1.0
17	5978	204	180	1426	79	167	3	Ci	6000	–		1	8	Ac	3500	SW		6	5	Sc	1000	SW		2	9	3.5
18	5975	195	180	1472	87	172						–	3	Ac	3000	SW		4	5	Sc	1000	SW		3	7	3.0
19	5987	187	176	1455	90	170						–	3	Ac	3500	–		4	5	Sc	1000	–		2	6	3.5
20	6019	185	172	1407	88	165						–	2	As	3000	–		6	5	Sc	1000	–		6	10	3.0
21	6046	180	168	1375	89	161						–	1	As	3500	–		6	5	Sc	1000	–		4	10	3.5
22	6047	172	162	1331	90	156						–	3	Ac	3500	–		2	5	Sc	1000	–		2	5	∞
23	6038	162	156	1299	94	152						–	3	Ac	4000	SW		4	5	Sc	1200	–		1	5	∞
24	6051	156	152	1276	96	150						–	3	Ac	4000	–		6	5	Sc	1200	–		1	7	4.0
總計	146350	4131	3836	31382	2130			Ci						Ac						Sc					205	
平均	6098	172	160	1308	89																				8.5	

觀測員　　抄錄　　校對

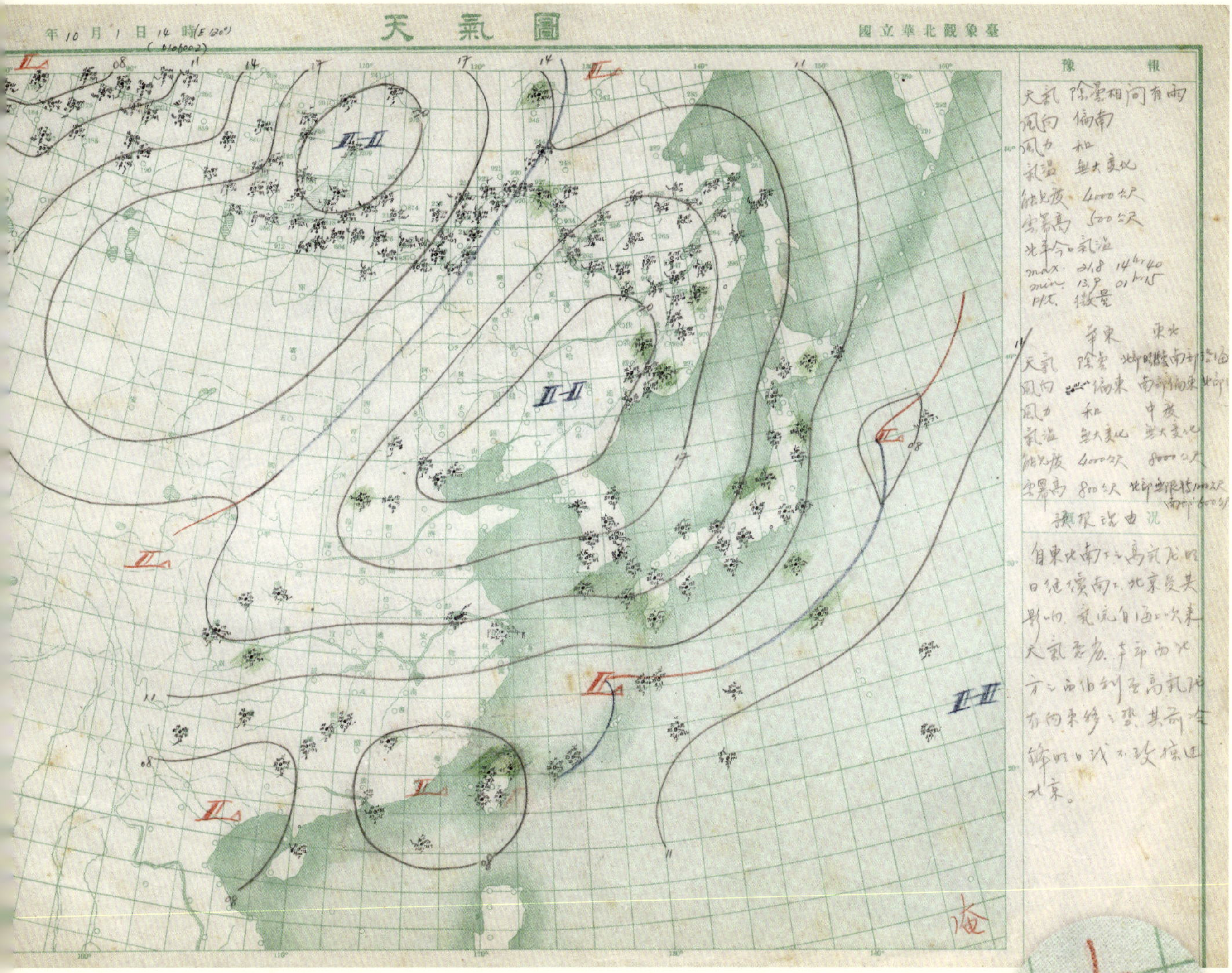

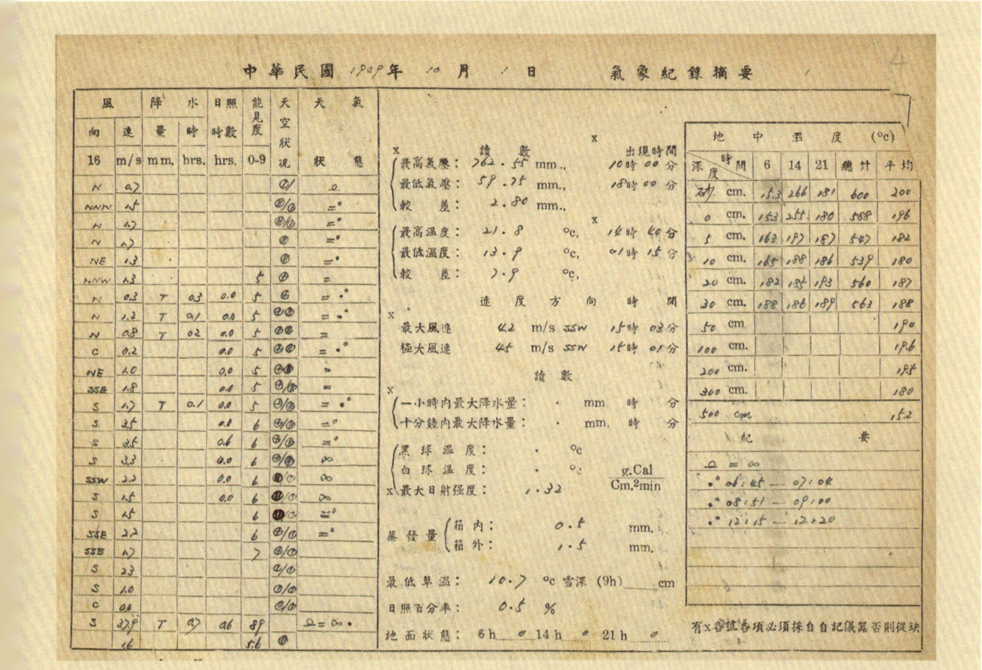

中華民國 1949 年 10 月 1 日 氣象紀錄摘要

風 向 16	風 速 m/s	降水 量 mm.	降水 時 hrs.	日照時數 hrs.	能見度 0-9	天空狀況	天氣狀態
N	0.7					[illegible]	[illegible]
NNW	1.5					[illegible]	=°
N	1.7					[illegible]	=°
N	1.7					[illegible]	=°
NE	1.3					[illegible]	=°
NNW	1.3				5	[illegible]	=
N	0.3	T	0.3	0.0	5	[illegible]	= •°
N	1.2	T	0.1	0.0	5	[illegible]	= •°
N	0.8	T	0.2	0.0	5	[illegible]	=
C	0.2			0.0	5	[illegible]	= •°
NE	1.0			0.0	5	[illegible]	=
SSE	1.8			0.0	5	[illegible]	=
S	1.7	T	0.1	0.0	5	[illegible]	= •°
S	3.5			0.8	6	[illegible]	=°
S	3.5			0.6	6	[illegible]	=°
S	3.3			0.0	6	[illegible]	∞
SSW	2.2			0.0	6	[illegible]	∞
S	1.5			0.0	6	[illegible]	∞
S	1.5				6	[illegible]	=°
SSE	2.2				6	[illegible]	=°
SSE	1.7				7	[illegible]	
S	2.3					[illegible]	
S	1.0					[illegible]	
C	0.6					[illegible]	
S	37.9	T	0.7	0.6	89		Ω = ∞ •
	1.6				5.6	[illegible]	

	讀數		出現時間
x 最高氣壓：	762.55	mm.,	10時 00分
最低氣壓：	59.75	mm.,	18時 00分
較差：	2.80	mm.,	
x 最高溫度：	21.8	°c,	14時 40分
最低溫度：	13.9	°c,	01時 15分
較差：	7.9	°c,	

	速度	方向	時間
x 最大風速	4.2 m/s	SSW	15時 03分
極大風速	4.5 m/s	SSW	15時 01分

	讀數		
x 一小時內最大降水量：	·	mm	時 分
十分鐘內最大降水量：	·	mm.	時 分

黑球溫度： · °c

白球溫度： · °c

x 最大日射强度： 1.32 g.Cal/Cm.²min

蒸發量 箱內： 0.5 mm.

蒸發量 箱外： 1.5 mm.

最低草溫： 10.7 °c 雪深（9h）____ cm

日照百分率： 0.5 %

地面狀態： 6h 0 14h 0 21h 0

地中溫度（°c） 深度＼時間	6	14	21	總計	平均
地面 cm.	15.3	26.6	18.1	60.0	20.0
0 cm.	15.3	25.5	18.0	58.8	19.6
5 cm.	16.3	18.7	18.7	54.7	18.2
10 cm.	16.5	18.8	18.6	53.9	18.0
20 cm.	18.2	18.5	18.3	56.0	18.7
30 cm.	18.8	18.6	18.9	56.3	18.8
50 cm.					19.0
100 cm.					19.6
200 cm.					19.5
300 cm.					18.0
500 cm					15.2

紀要

Ω = ∞

•° 06:45 — 07:04

•° 08:51 — 09:00

•° 12:15 — 12:20

有x符號各項必須採自自記儀器否則從缺

开国大典原始观测记录报表

1949 年 10 月 1 日

其他

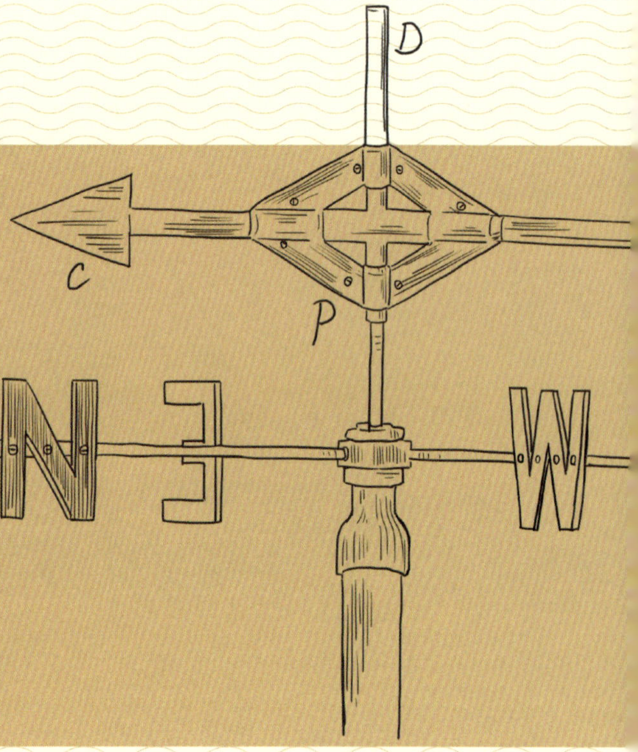

中国气象局气象档案馆馆藏很多综合性气象资料，包括外国教会组织、中华民国国立中央研究院气象研究所、中央气象局、中华民国地方政府、徐家汇观象台等编印的近百种气象整编成果资料和历史天气图。很多综合性珍贵档案内容中刊载和记录了台风、暴雨、雹灾、沙尘暴等灾害天气资料，这些珍贵档案为后人了解我国灾害天气背景、研究我国气候变化提供了宝贵资源。另外，档案馆还藏有部分珍贵的观测规范、手册、规程、观测方法等技术手册和规范，使当时的气象工作者有章可循，也为我国现代气象科学的发展奠定了坚实基础。

1931 年武汉洪水中的街道

我国地域辽阔，自然条件复杂，属于典型的季风气候区，灾害天气类型多样，是世界上受气象灾害影响最严重的国家之一。历史上干旱、暴雨、台风、沙尘暴等气象灾害多有发生，如 1931 年武汉洪水、1954 年长江淮河洪水、1959 年川滇黔三省干旱、2004 年 8 月 12 日被称之为“世纪大风暴”的“云娜”台风，都给国民经济和人们的生命、财产造成了极大损失。据统计，由于天气现象引起的气象灾害占中国自然灾害的 71%。因此，研究灾害天气记录，建立有效的防灾、减灾、预报、预警体系，是气象预报的重点工作之一。

1931 年洪水中的江汉关
（湖北省气象档案馆提供）

1931 年武汉洪水中的警察

1879 年 7 月 31 日，上海遭受强台风的袭击。徐家汇观象台运用单站气象要素分析，首次较准确地发出警报，受到上海各有关方面的关注。

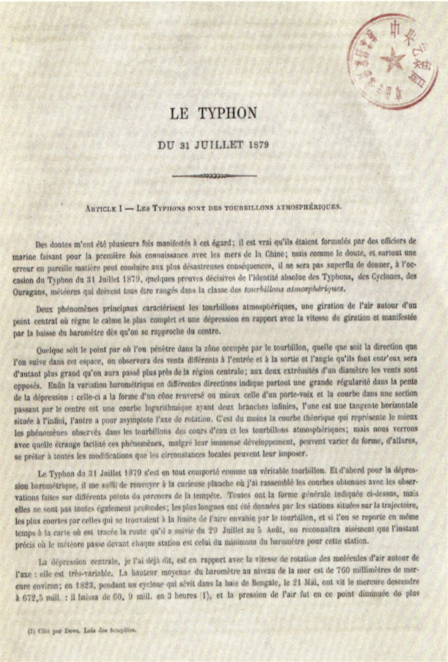

LE TYPHON

DU 31 JUILLET 1879

ARTICLE I — LES TYPHONS SONT DES TOURBILLONS ATMOSPHÉRIQUES.

Des doutes m'ont été plusieurs fois manifestés à cet égard; il est vrai qu'ils étaient formulés par des officiers de marine faisant pour la première fois connaissance avec les mers de la Chine; mais comme le doute, et surtout une erreur en pareille matière peut conduire aux plus désastreuses conséquences, il ne sera pas superflu de donner, à l'occasion du Typhon du 31 Juillet 1879, quelques preuves décisives de l'identité absolue des Typhons, des Cyclones, des Ouragans, météores qui doivent tous être rangés dans la classe des *tourbillons atmosphériques.*

Deux phénomènes principaux caractérisent les tourbillons atmosphériques, une giration de l'air autour d'un point central où règne le calme le plus complet et une dépression en rapport avec la vitesse de giration et manifestée par la baisse du baromètre dès qu'on se rapproche du centre.

Quelque soit le point par où l'on pénètre dans la zône occupée par le tourbillon, quelle que soit la direction que l'on suive dans cet espace, on observera des vents différents à l'entrée et à la sortie et l'angle qu'ils font entr'eux sera d'autant plus grand qu'on aura passé plus près de la région centrale; aux deux extrémités d'un diamètre les vents sont opposés. Enfin la variation barométrique en différentes directions indique partout une grande régularité dans la pente de la dépression : celle-ci a la forme d'un cône renversé ou mieux celle d'un porte-voix et la courbe dans une section passant par le centre est une courbe logarithmique ayant deux branches infinies, l'une est une tangente horizontale située à l'infini, l'autre a pour asymptote l'axe de rotation. C'est du moins la courbe théorique qui représente le mieux les phénomènes observés dans les tourbillons des cours d'eau et les tourbillons atmosphériques; mais nous verrons avec quelle étrange facilité ces phénomènes, malgré leur immense développement, peuvent varier de forme, d'allures, se prêter à toutes les modifications que les circonstances locales peuvent leur imposer.

Le Typhon du 31 Juillet 1879 s'est en tout comporté comme un véritable tourbillon. Et d'abord pour la dépression barométrique, il me suffit de renvoyer à la curieuse planche où j'ai rassemblé les courbes obtenues avec les observations faites sur différents points du parcours de la tempête. Toutes ont la forme générale indiquée ci-dessus, mais elles ne sont pas toutes également profondes; les plus longues ont été données par les stations situées sur la trajectoire, les plus courtes par celles qui se trouvaient à la limite de l'aire envahie par le tourbillon, et si l'on se reporte en même temps à la carte où est tracée la route qu'il a suivie du 29 Juillet au 5 Août, on reconnaîtra aisément que l'instant précis où le météore passe devant chaque station est celui du minimum du baromètre pour cette station.

La dépression centrale, je l'ai déjà dit, est en rapport avec la vitesse de rotation des molécules d'air autour de l'axe : elle est très-variable. La hauteur moyenne du baromètre au niveau de la mer est de 760 millimètres de mercure environ; en 1823, pendant un cyclone qui sévit dans la baie de Bengale, le 21 Mai, ont vit le mercure descendre à 672,5 mill. : il baissa de 60, 9 mill. en 3 heures (1), et la pression de l'air fut en ce point diminuée de plus

(1) Cité par Dove. Lois des tempêtes.

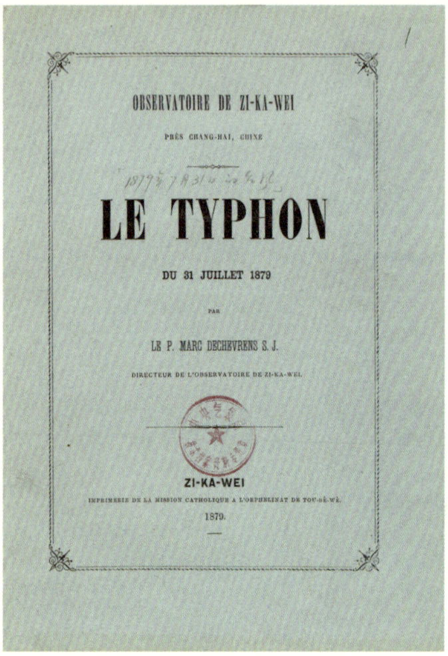

OBSERVATOIRE DE ZI-KA-WEI

PRÈS CHANG-HAI, CHINE

LE TYPHON

DU 31 JUILLET 1879

PAR

LE P. MARC DECHEVRENS S. J.

DIRECTEUR DE L'OBSERVATOIRE DE ZI-KA-WEI.

ZI-KA-WEI

IMPRIMERIE DE LA MISSION CATHOLIQUE A L'ORPHELINAT DE TOU-SÈ-WÈ.

1879.

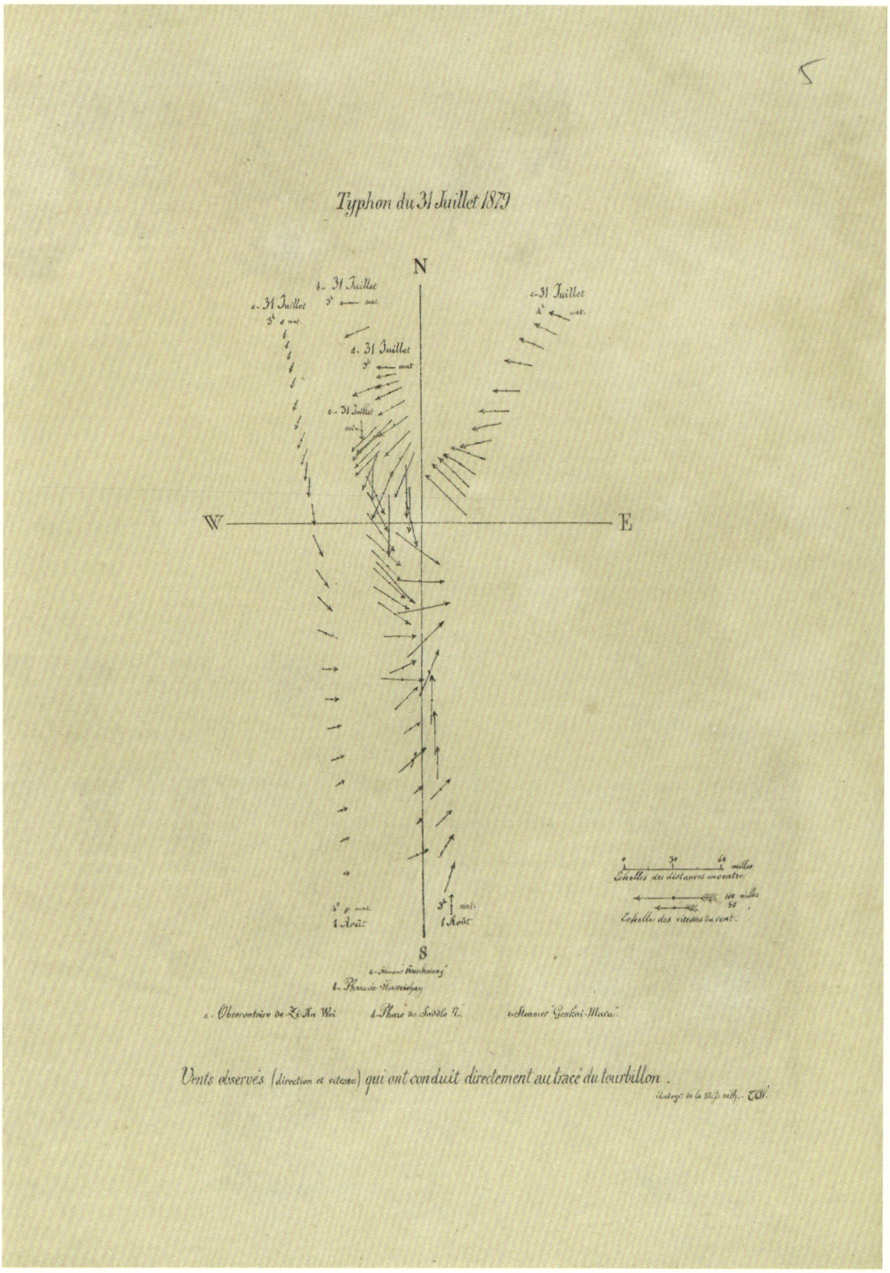

1879 年 7 月 31 日的台风记录

1979 年出版

Typhon du 31 Juillet 1879.

Forme générale des spires indiquée par les directions du vent portées sur la planche en regard.

徐家汇观象台手绘的 1879 年 7 月 31 日
影响上海强台风的台风眼

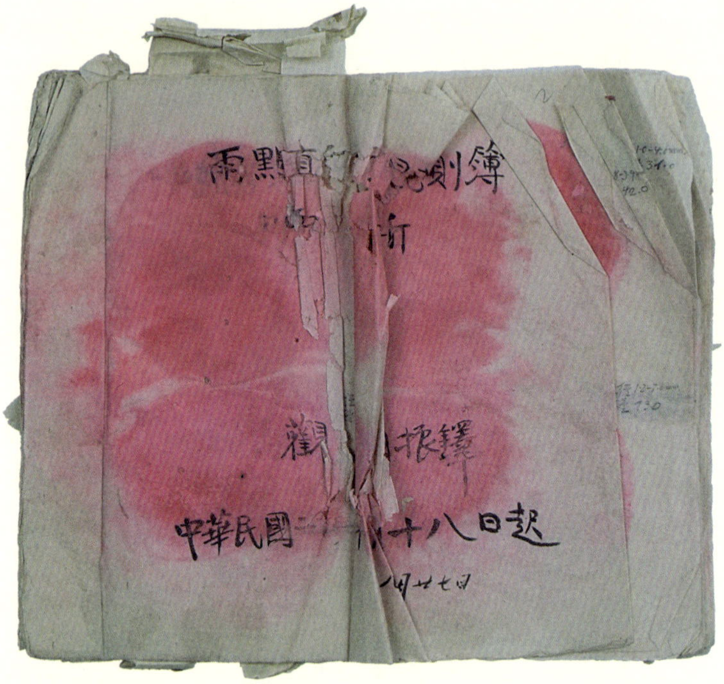

《峨眉雷雨纪要》

1933 年

《兰州雷雨纪要》

1933—1938 年

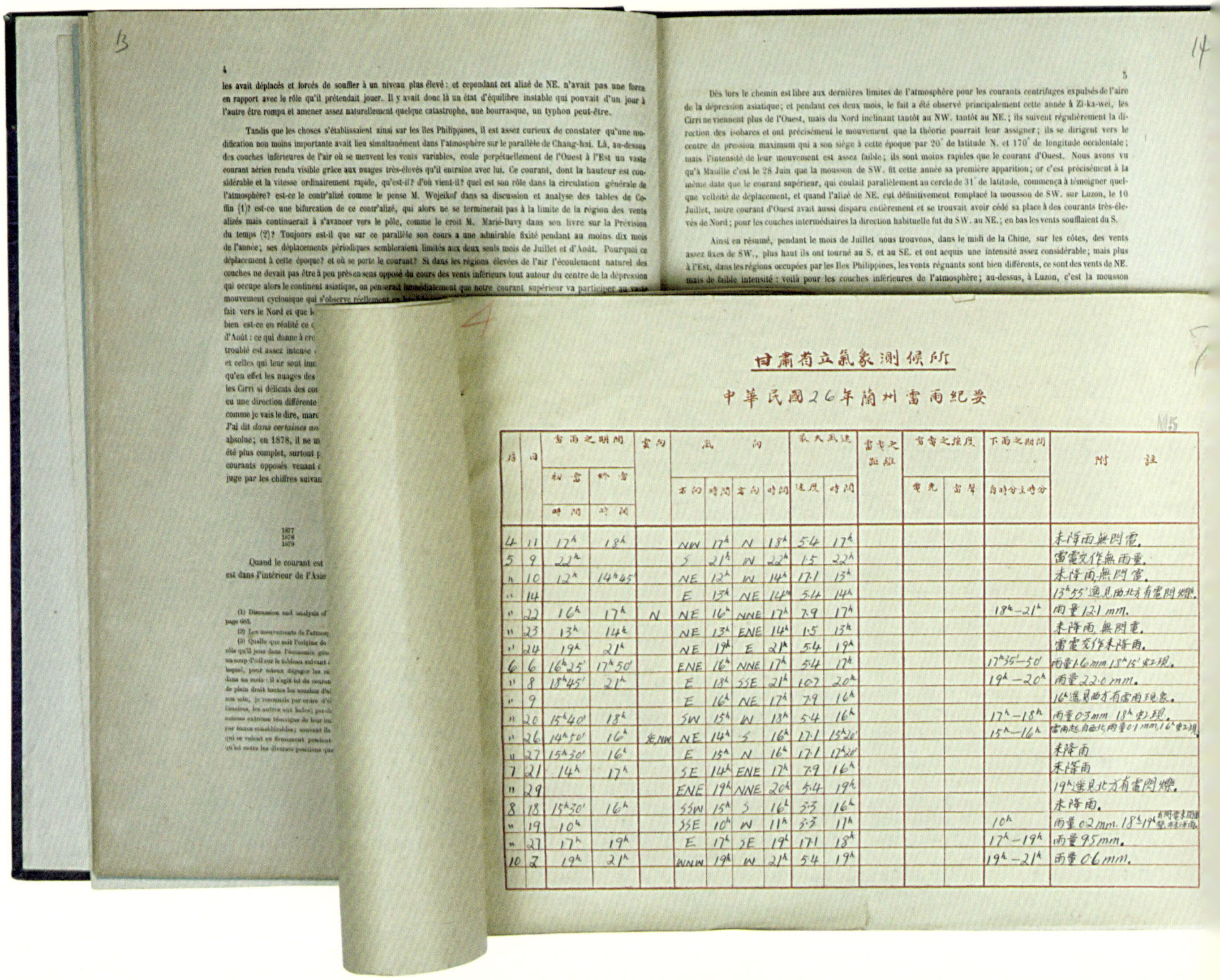

水利部 以后资料室 中央气象局

中國科學院地理研究所　　　　本文第 1 頁

黄河中游歷史上的嚴霜、鉅雹、大雪简介

中國科学院地理研究所　　徐近之

前　言

黄河流域除最上游外，大體在北緯三十四度以北。依照盧鋈的中國氣候區划，它绝大部份是属於草原氣候（BSKw），在正常年份的降水量為200—300毫米，多集中於七八两月。须知在草原氣候带以南，從豫西以至隴南是秦嶺和牛伏山區，甚崇高部份是北方氣候（DWa-b），又称雪林氣候，大致與東北幾省的氣候相似。至於豫東、皖北、苏北则為温暖冬乾及潮濕温和氣候（CWa+CFaw"），即么枕生所謂暖温過渡型季風氣候。而鄂尔多斯與阿拉善是沙漠氣候（BWkw）。我们知道，無論草原和沙漠氣候都是富於大陸性的，因此可以说黄河流域的氣候基本上是大陸型季候風氣候。

草原和沙漠氣候以乾燥期長為其特徵，所以黄河流域多旱。氣候带彼此的交接地區，各年的氣候并不是完全固定不变的。像秦嶺伏牛山系，雖然是有数的氣候界划，但它对於南北行氣流的作用，並無絶对阻挠影响。草原和沙漠之间，氣候的擺動就更大了。何况中游的下部是草原氣候、温暖冬乾及潮濕温和氣候和北方氣候交接地區，宜乎更富於過渡性。

氣候上的過渡性，是通過許多反常氣候現象来表示的。旱而至於成旱災，當然是黄河流域最大特徵，須待專題討論。筆者從黄河中游地區的府志、州志和一些縣志裡收集了歷史上関於嚴霜、鉅雹、大雪的記載，然後又根據幾省通志加以查对，按省的舊時府、州、縣區排列出来，成為三表。對於這三种災害在歷史時期分佈的情况可以得到一個輪廓的概念，也許對於瞭解黄土高原的氣候和農業的関係多少有一些幫助。

筆者雖然把這三种反常氣候現象的出現年代一律改成公元年份，由於学力淺薄，不能將舊曆月份和日期也都改成公元的計算法，這是非常抱歉的。希望参用表時，根據常識估計，當不難找出大致的相當時期的（按舊曆

30×25=750　　　　本期第　　頁

《黄河中游历史上的严霜、巨雹、大雪简介》
1939 年出版

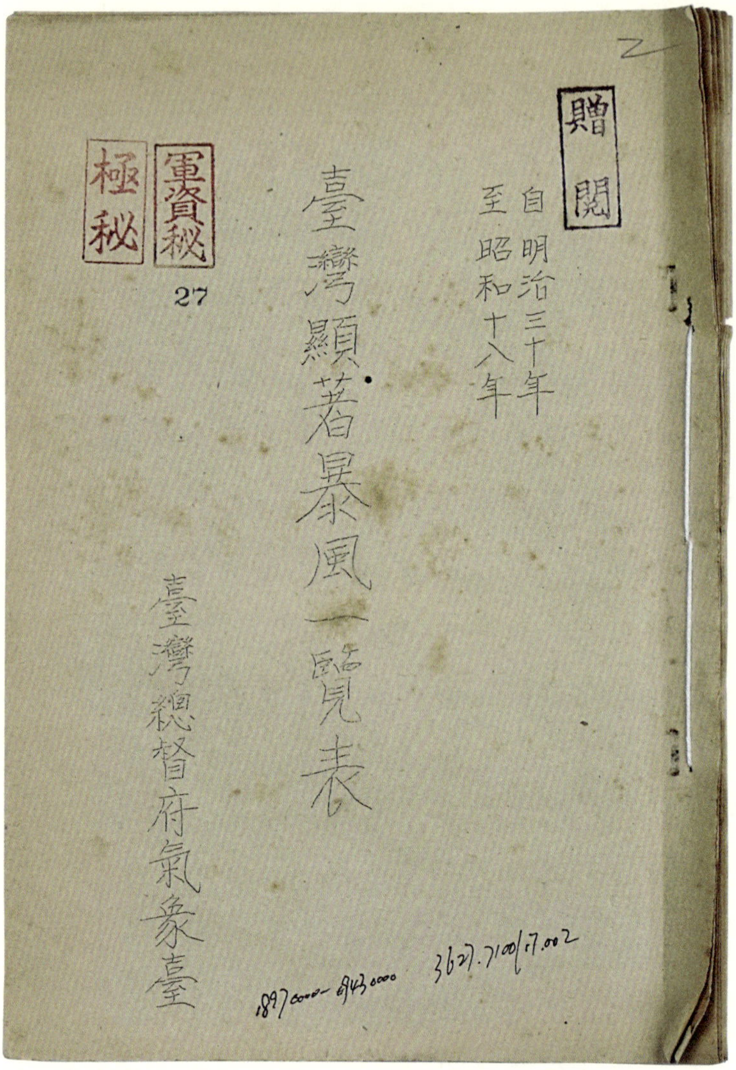
贈閲

軍資秘

極秘

27

臺灣顯著暴風一覽表

自明治三十年

至昭和十八年

臺灣總督府氣象臺

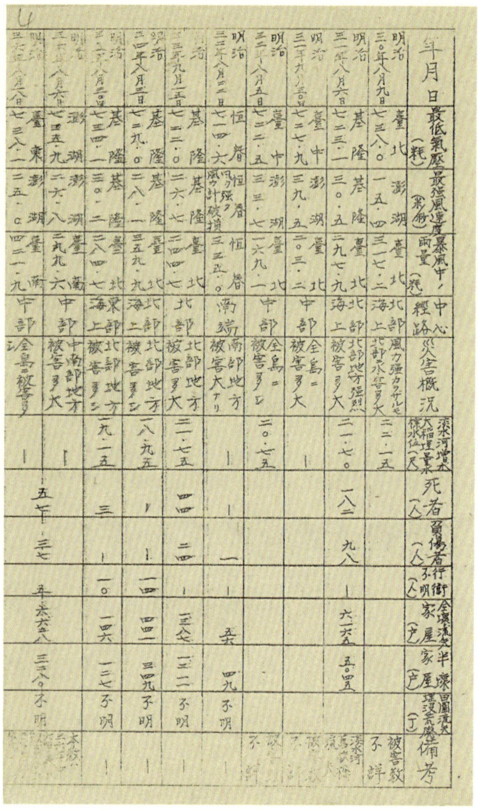

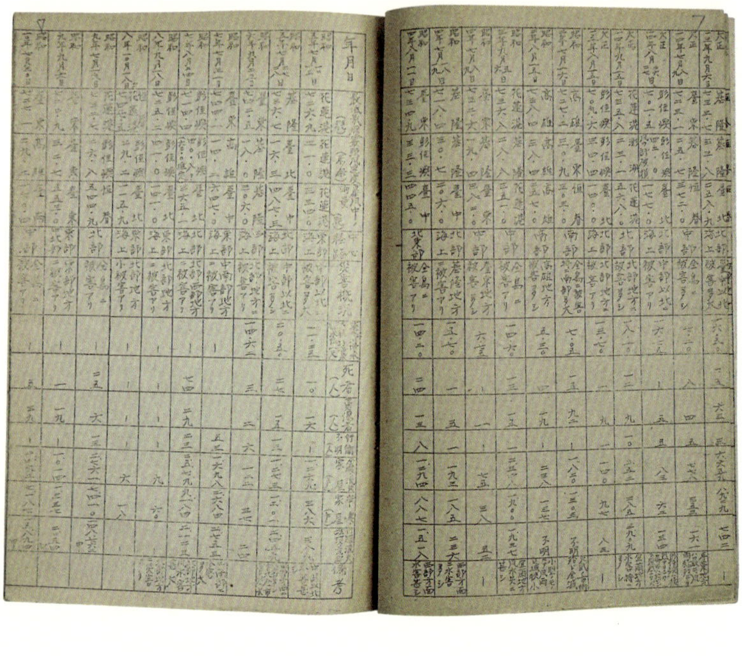

《台湾显著暴风一览表》

1897—1943 年

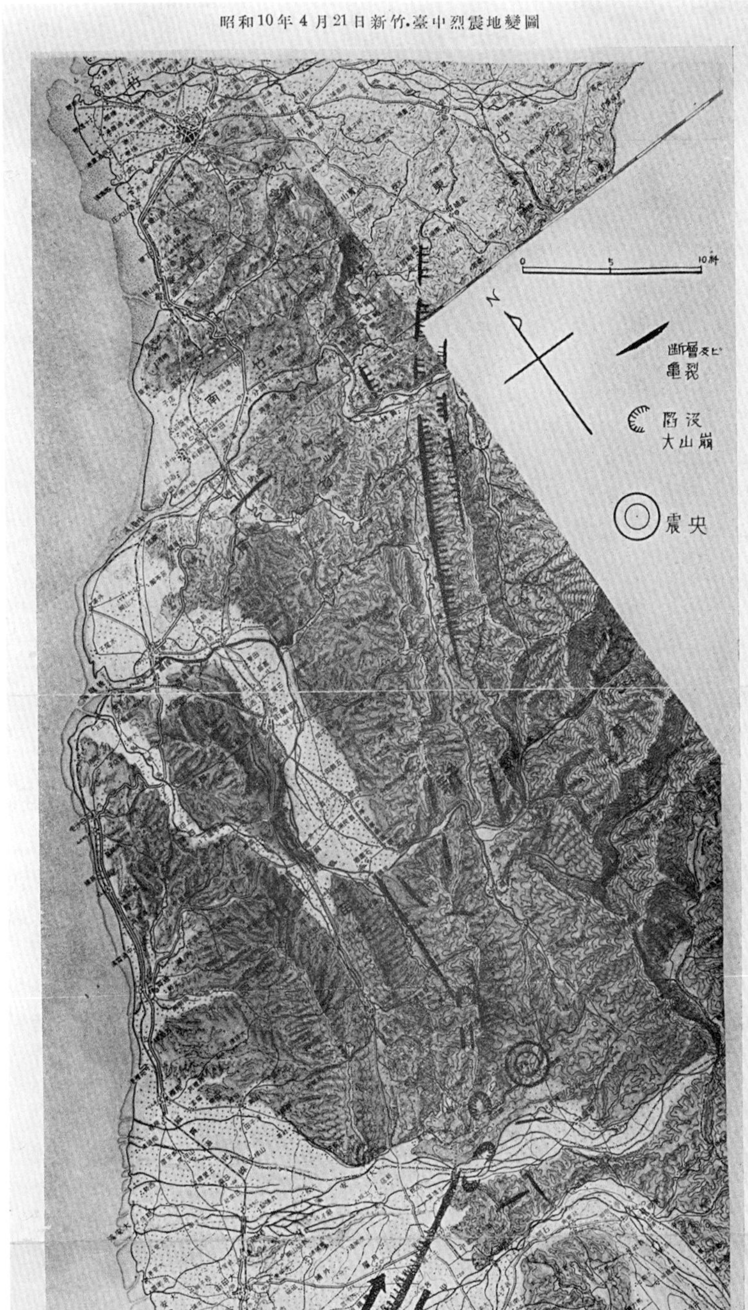

《台湾新竹台中烈震报告》

1936年出版

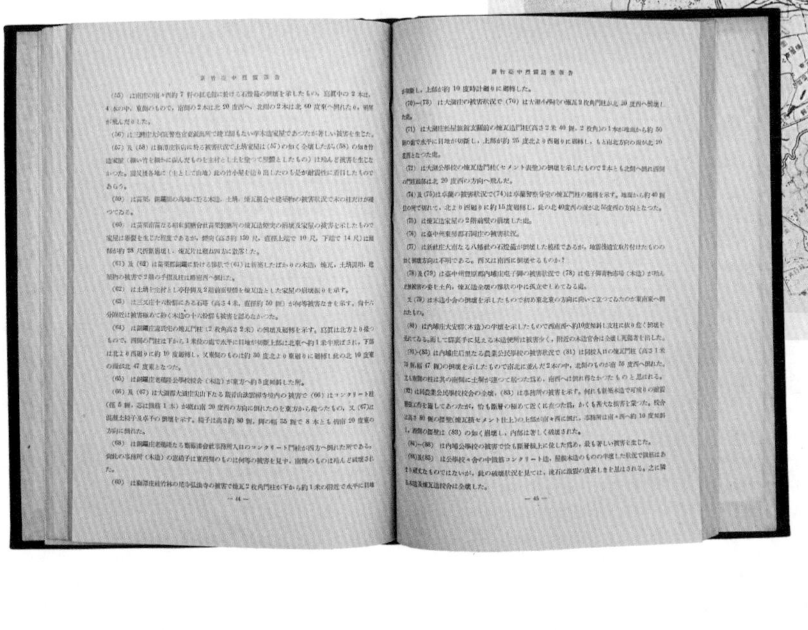

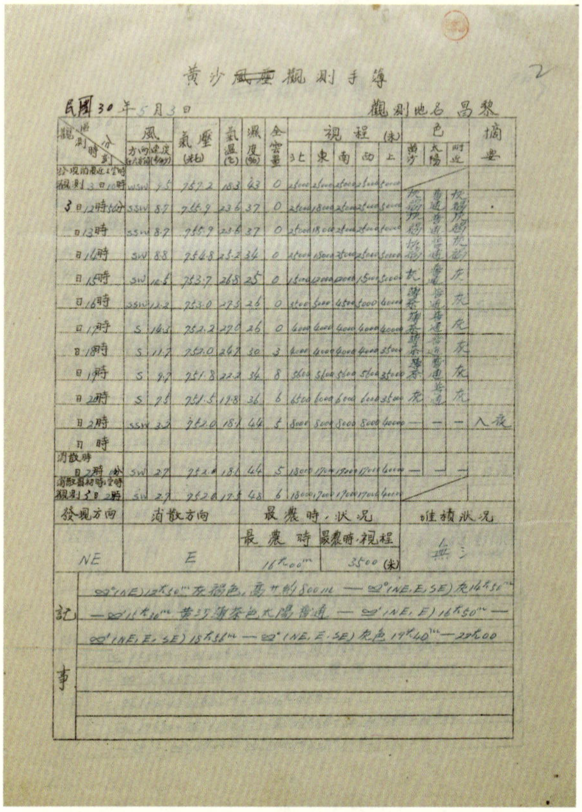

《昌黎黄沙风尘观测手簿》

1941—1943 年

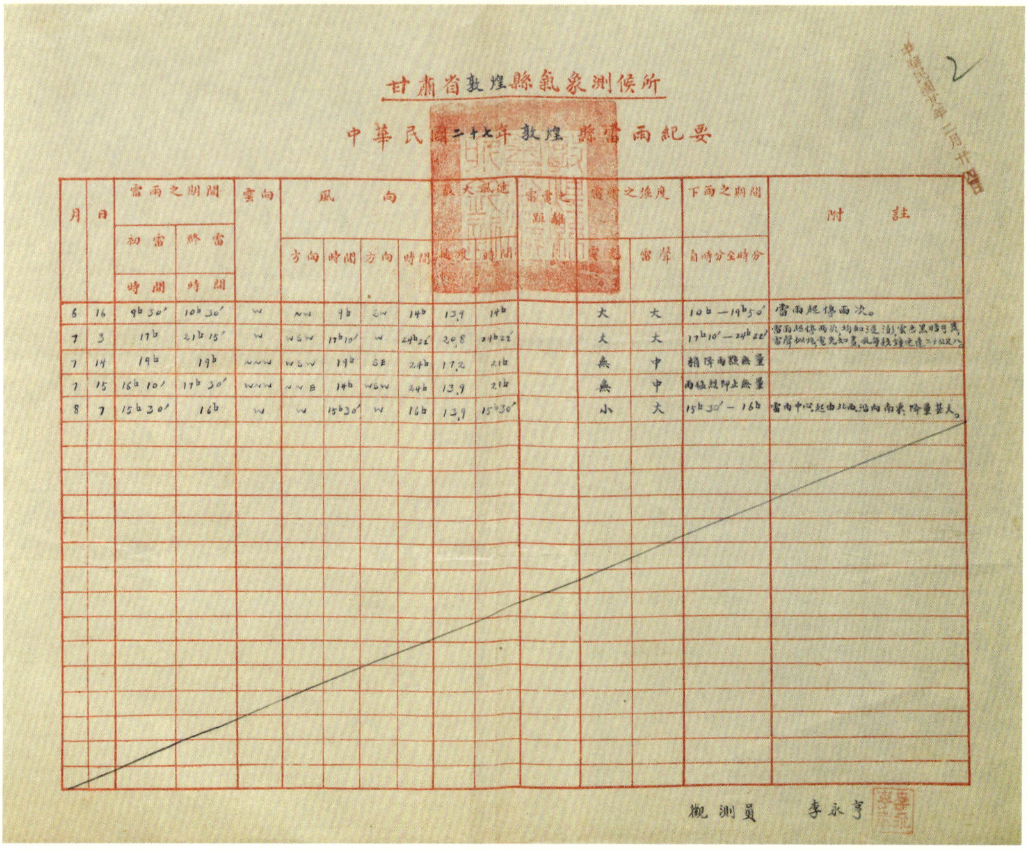

《甘肃、宁夏雷雨纪要》

1937—1948 年

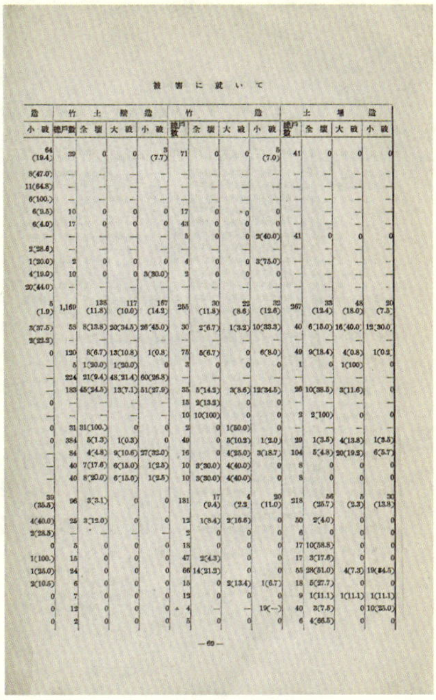

被害に就いて

造	竹土[illegible]造				竹造				土[illegible]造			
小破	總戶數	全壞	大破	小破	總戶數	全壞	大破	小破	總戶數	全壞	大破	小破
64(19.4)	39	0	0	3(7.7)	71	0	0	5(7.0)	41	0	0	0
8(47.0)	—	—	—	—	—	—	—	—	—	—	—	—
11(64.8)	—	—	—	—	—	—	—	—	—	—	—	—
6(100.)	—	—	—	—	—	—	—	—	—	—	—	—
6(3.5)	10	0	0	0	17	0	0	0	—	—	—	—
6(4.0)	17	0	0	0	43	0	0	0	—	—	—	—
—	—	—	—	—	5	0	0	2(40.0)	41	0	0	0
2(28.6)	—	—	—	—	—	—	—	—	—	—	—	—
1(20.0)	2	0	0	0	4	0	0	3(75.0)	—	—	—	—
4(19.0)	10	0	0	3(30.0)	2	0	0	0	—	—	—	—
20(44.0)	—	—	—	—	—	—	—	—	—	—	—	—
5(1.9)	1,169	138(11.8)	117(10.0)	167(14.2)	255	30(11.8)	22(8.6)	32(12.6)	267	33(12.4)	48(18.0)	20(7.5)
3(37.5)	58	8(13.8)	20(34.5)	26(45.0)	30	2(6.7)	1(3.2)	10(33.3)	40	6(15.0)	16(40.0)	12(30.0)
2(22.2)	—	—	—	—	—	—	—	—	—	—	—	—
0	120	8(6.7)	13(10.8)	1(0.8)	75	5(6.7)	0	6(8.0)	49	9(18.4)	4(0.8)	1(0.2)
—	5	1(20.0)	1(20.0)	0	3	0	0	0	1	0	1(100)	0
—	224	21(9.4)	48(21.4)	60(26.8)	—	—	—	—	—	—	—	—
—	183	45(24.5)	13(7.1)	51(27.9)	35	5(14.2)	3(8.6)	12(34.5)	26	10(38.5)	3(11.6)	0
0	—	—	—	—	15	2(13.2)	0	0	—	—	—	—
—	—	—	—	—	10	10(100)	0	0	2	2(100)	0	0
0	31	31(100.)	0	0	2	0	1(50.0)	0	—	—	—	—
0	384	5(1.3)	1(0.3)	0	49	0	5(10.2)	1(2.0)	29	1(3.5)	4(13.8)	1(3.5)
—	84	4(4.8)	9(10.6)	27(32.0)	16	0	4(25.0)	3(18.7)	104	5(4.8)	20(19.2)	6(5.7)
—	40	7(17.6)	6(15.0)	1(2.5)	10	3(30.0)	4(40.0)	0	8	0	0	0
—	40	8(20.0)	6(15.0)	1(2.5)	10	3(30.0)	4(40.0)	0	8	0	0	0
39(35.5)	96	3(3.1)	0	0	181	17(9.4)	4(2.2)	20(11.0)	218	56(25.7)	5(2.3)	30(13.8)
4(40.0)	25	3(12.0)	0	0	12	1(8.4)	2(16.6)	0	50	2(4.0)	0	0
2(28.5)	—	—	—	—	2	0	0	0	6	0	0	0
0	5	0	0	0	18	0	0	0	17	10(58.8)	0	0
1(100.)	15	0	0	0	47	2(4.3)	0	0	17	3(17.6)	0	0
1(25.0)	24	0	0	0	66	14(21.3)	0	0	55	28(51.0)	4(7.3)	19(34.5)
2(10.5)	6	0	0	0	15	0	2(13.4)	1(6.7)	18	5(27.7)	0	0
0	7	0	0	0	12	0	0	0	9	1(11.1)	1(11.1)	1(11.1)
0	12	0	0	0	4	—	—	19(—)	40	3(7.5)	0	10(25.0)
0	2	0	0	0	5	0	0	0	6	4(66.5)	0	0

—69—

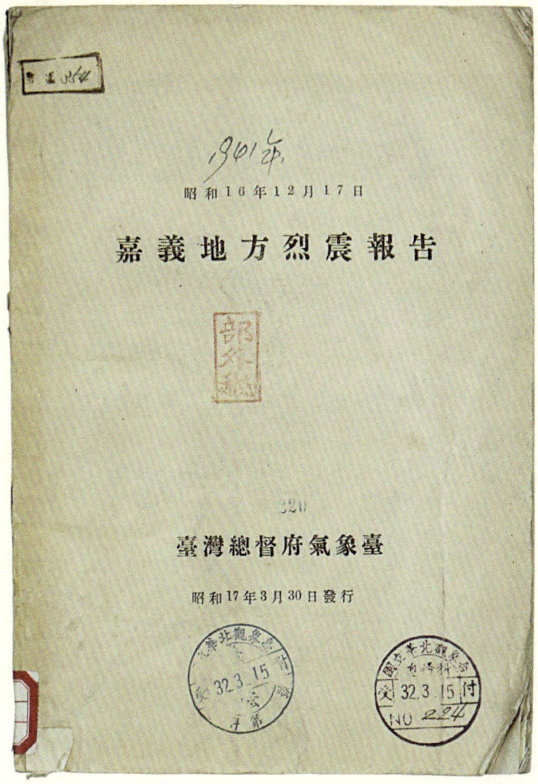

1941年

昭和16年12月17日

嘉義地方烈震報告

部外秘

320

臺灣總督府氣象臺

昭和17年3月30日發行

台湾《嘉義地方烈震报告》

1942 年出版

花蓮港測候所より見た發光現象見取圖本文165頁參照 (上村技手畫)

花莲港测候所手绘发光现象取景图

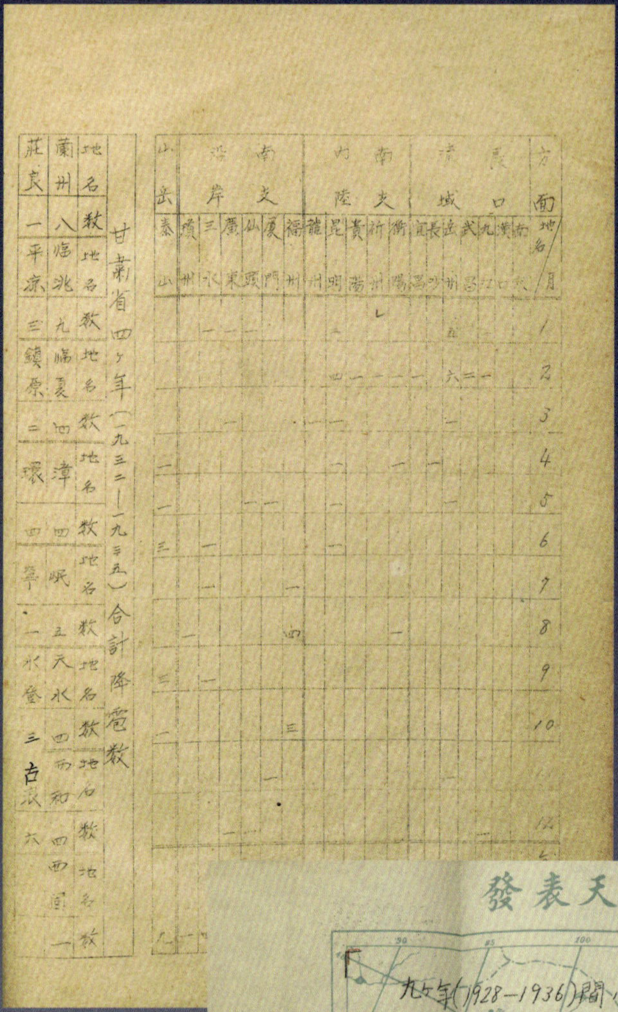
甘肅省四ヶ年（一九三二—一九三五）合計降雹數

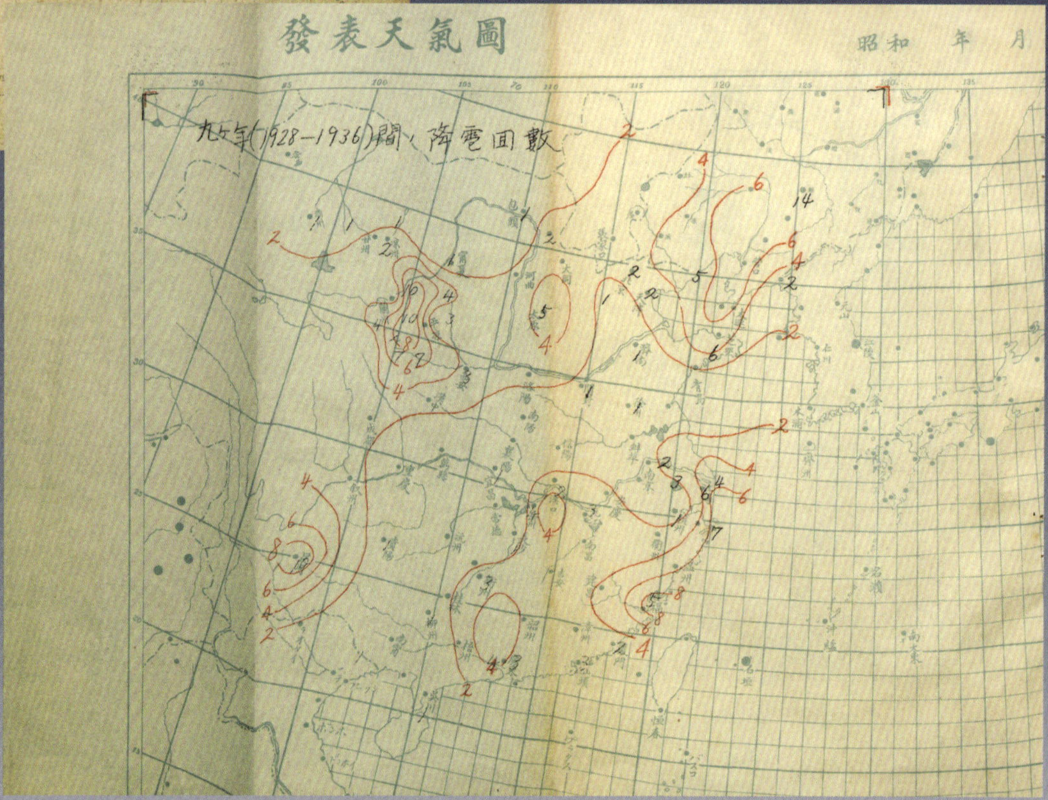
發表天氣圖
昭和　年　月
九ヶ年(1928—1936)間ノ降雹回數

《中国降雹调查》
1928—1936年

气象观测规范

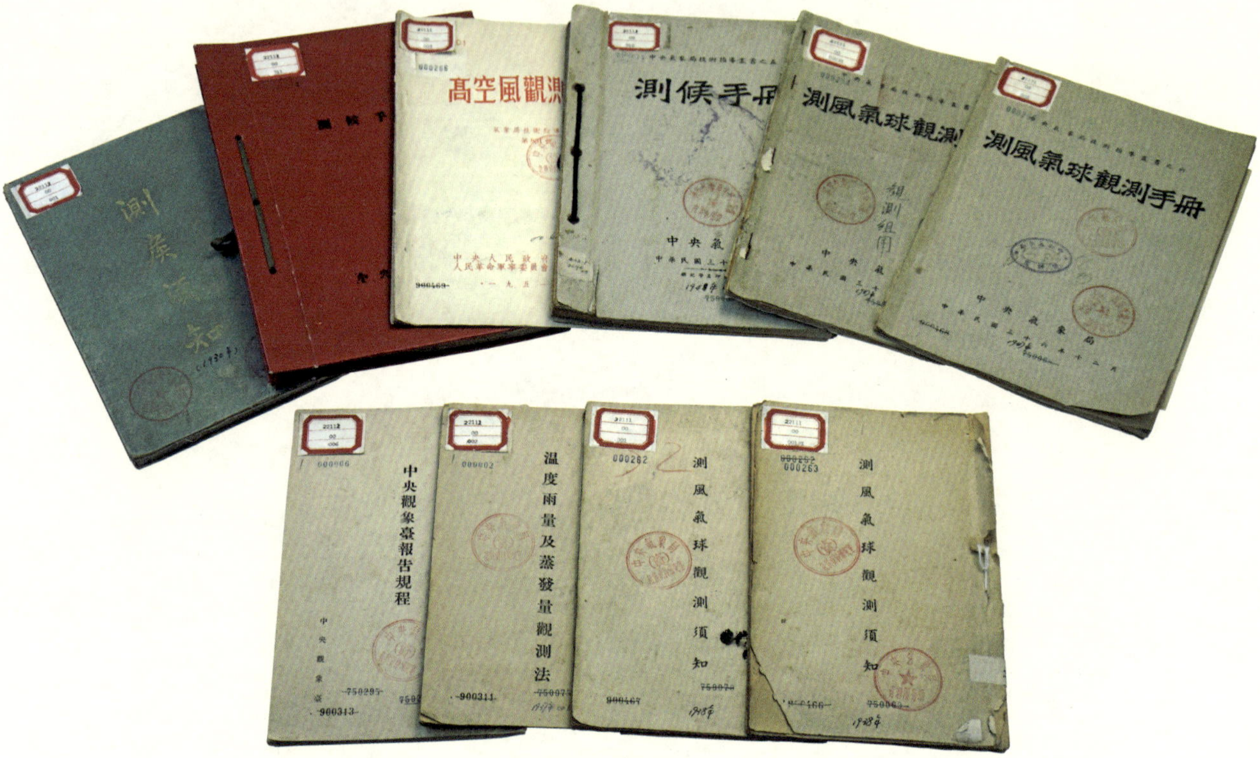

气象观测须知、规程、手册等是指导气象观测的规范。为了统一气象观测流程、规范观测工作，中华民国国立中央研究院气象研究所先后编印了《测候须知》《测风气球观测须知》《温度雨量及蒸发量观测法》等气象观测业务技术规范，对我国气象观测工作开展起到了重要的促进作用。

雨計ヲ置ク室内ニハ仮令厳寒ノ候ト雖モ決シテ暖爐火鉢等ヲ置クヘカラス而シテ其排置法及観測法ハ左ノ如シ

甲　フォルチン形晴雨計

晴雨計ノ管ハ鉛直ナル位置ヲ占ムルヲ要シ且ツ輙スク動搖セサルヲ要スルヲ以テ之ニ伴フ處ノ一個ノ木版アリ木版ノ上部ニハ鈎釘(イ)アリ以テ管頭ノ吊環(ロ)ヲ懸クルノ用ニ供シ其下部ニハ更ニ三個ノ螺旋ヲ有セル環(ハ)ヲ備フ而シテ木版ヲ柱或ハ壁ニ釘定シ管頭ノ吊環ヲ其鈎釘ニ掛ケ晴雨計ノ自ラ鉛直ナル位置ヲ占ムルヲ俟テ下環(ハ)ノ三個ノ螺旋ヲ徐カニ回轉シテ晴雨計ノ動搖スヘキ場所ヲ狹隘ナラシムルトキハ最モ観測ニ便ナリ但シ此三個ノ螺旋ヲ餘リ強ク回轉シテ全ク其動搖ヲ妨クルコトナキ様注意スヘシ何トナレハ螺旋ヲ強ク回轉スルトキハ晴雨計其鉛直ナル位置ヲ占ムルコト能ハサルノ恐アレハナリ

第一圖ハ晴雨計ヲ懸ケタル有様ヲ示スモノナリ

第一圖

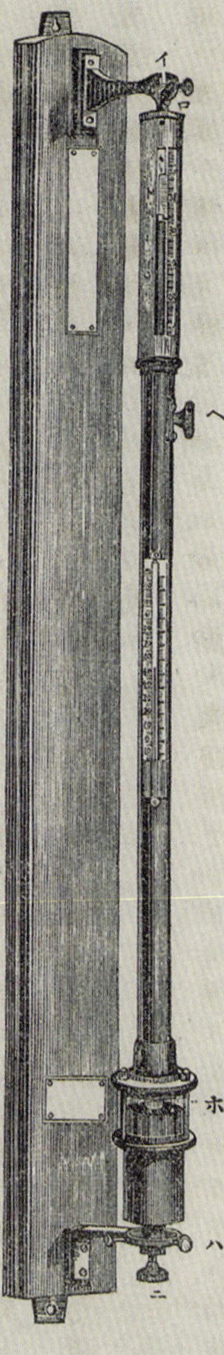

晴雨計ノ観測ヲ為スニハ先ツ第一ニ附着寒暖計(附着寒暖計トハ晴雨計ノ管ニ附着セルモノヲ云フ)ノ示度ヲ撿シ然ル後徐ニ槽下ノ螺旋(ニ)ヲ廻轉シ槽内ノ水銀面ヲシテ象牙針端(ホ)ト密接セシムヘシ(之ヲ名ケテ水銀面ノ整理ト云フ)

水銀面若シ針端ヨリ低キトキハ眼ヲ針端ト同一ノ高サニ或ハ之ヨリ稍高ク置ケハ針端ト其水銀面ニ映

《气象观测法》
1886 年出版

第十七圖

雲之形狀

卷雲

Cirrus (c).

層積雲

Strato-cumulus (sk).

卷積雲

Cirro-cumulus (ck).

積雲

Cumulus (k).

卷層雲

Cirro-stratus (cs).

積層雲

Cumulo-stratus (ks).

層雲

Stratus (s).

亂雲

Nimbus (n).

地理局

圖畫 北村董平

印刷 菊澤清光

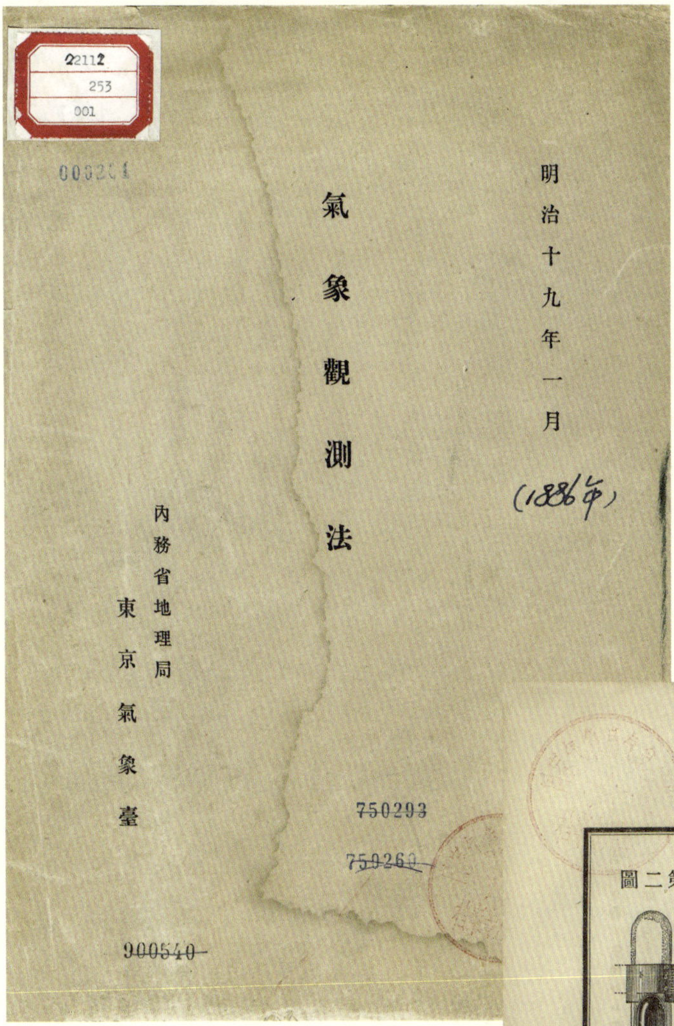

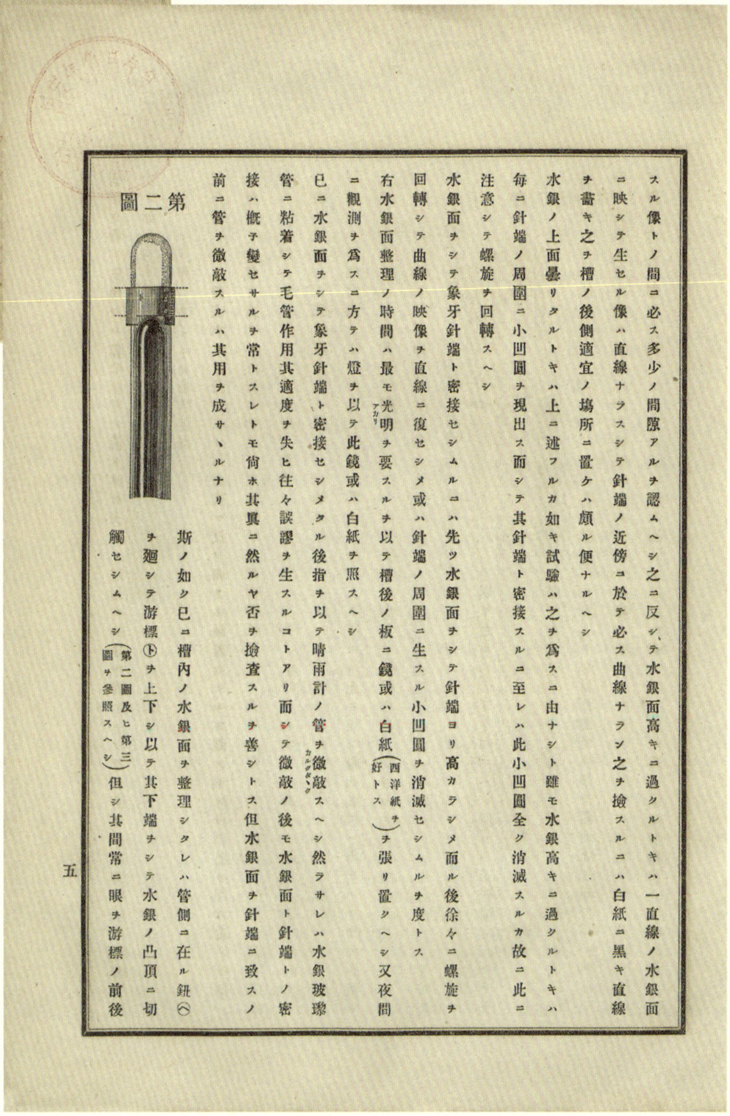

《气象观测法》
1886 年出版

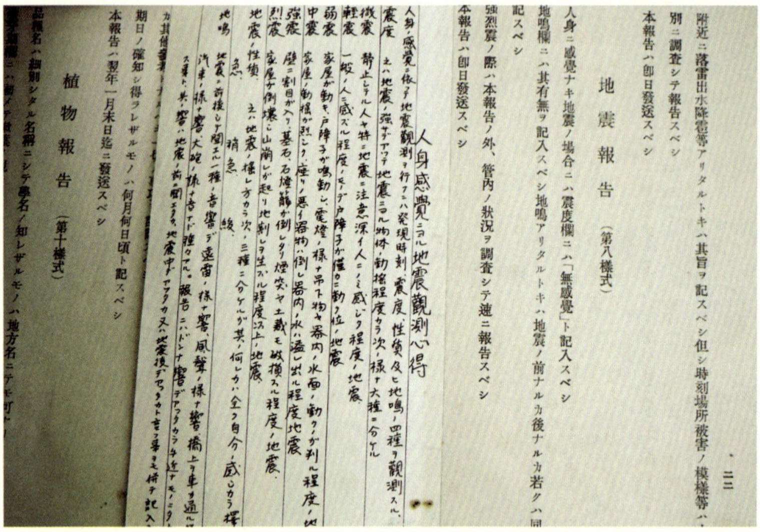

三

附近ニ落雷出水降雹等アリタルトキハ其旨ヲ記スベシ但シ時刻場所被害ノ模様等ハ
別ニ調査シテ報告スベシ
本報告ハ即日發送スベシ

地震報告　（第八樣式）

人身ニ感覺ナキ地震ノ場合ニハ震度欄ニハ「無感覺」ト記入スベシ
地鳴欄ニハ其有無ヲ記入スベシ地鳴アリタルトキハ地震ノ前ナルカ後ナルカ若クハ同
記スベシ
強烈震ノ際ハ本報告ノ外、管内ノ狀況ヲ調査シテ速ニ報告スベシ
本報告ハ即日發送スベシ

人身感覺ニ由ル地震觀測心得

植物報告　（第十樣式）

本報告ハ翌年一月末日迄ニ發送スベシ
期日ノ確知シ得ラレザルモノハ何月何日頃ト記スベシ
品種名ハ細別シタル名稱ニシテ學名ノ知レザルモノハ地方名ニテモ可

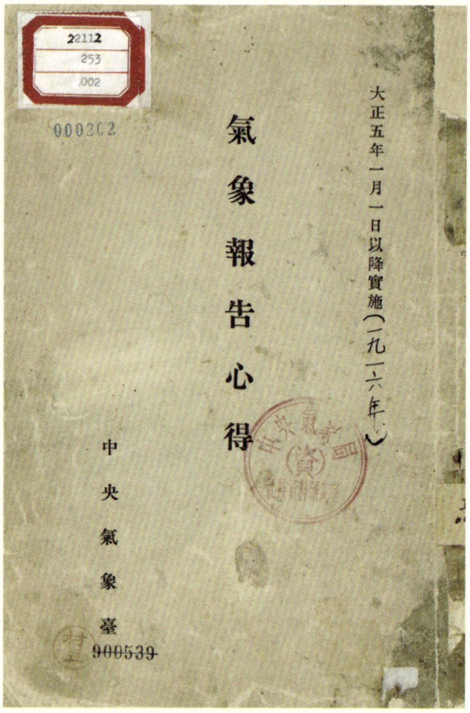

大正五年一月一日以降實施（一九一六年）

氣象報告心得

中央氣象臺

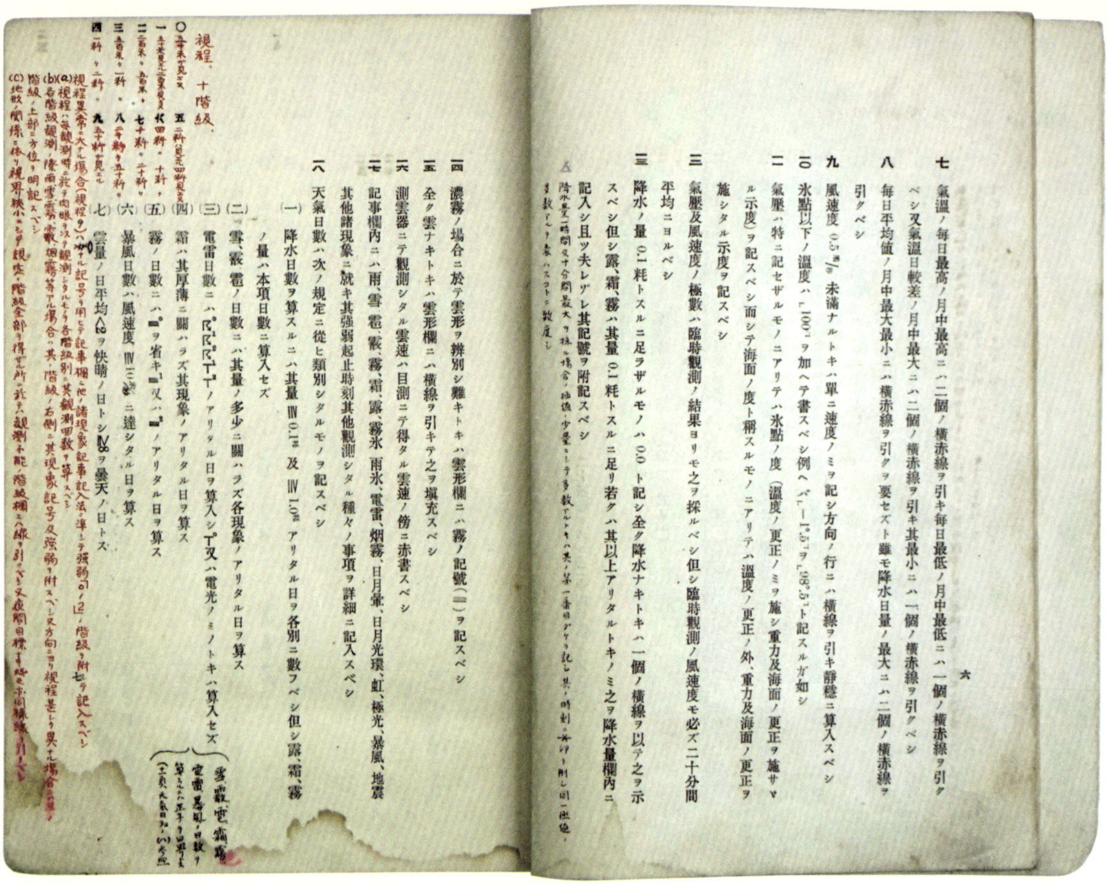

六

七　氣温ノ毎日最高ノ月中最高ニハ二個ノ横赤線ヲ引キ毎日最低ノ月中最低ニハ一個ノ横赤線ヲ引クベシ又氣温日較差ノ月中最大ニハ二個ノ横赤線ヲ引キ其最小ニハ一個ノ横赤線ヲ引クベシ

八　毎日平均値ノ月中最大最小ニハ横赤線ヲ引クヲ要セズト雖モ降水日量ノ最大ニハ二個ノ横赤線ヲ引クベシ

九　風速度（0.5m/s）未滿ナルトキハ單ニ速度ノミヲ記シ方向ノ行ニハ横線ヲ引キ靜穩ニ算入スベシ

一〇　氷點以下ノ温度ハ100°ヲ加ヘテ書スベシ例ヘバ−1°.5ヲ98°.5ト記スルガ如シ

一一　氣壓ハ特ニ記セザルモノニアリテハ氷點ノ度（温度ノ更正ノミヲ施シ重力及海面ノ更正ヲ施サヾル示度）ヲ記スベシ而シテ海面ノ度ト稱スルモノニアリテハ温度ノ更正ノ外、重力及海面ノ更正ヲ施シタル示度ヲ記スベシ

一二　氣壓及風速度ノ極數ハ臨時觀測ノ結果ヨリモ之ヲ採ルベシ但シ臨時觀測ノ風速度モ必ズ二十分間平均ニヨルベシ

一三　降水ノ量0.1粍トスルニ足ラザルモノハ0.0ト記シ全ク降水ナキトキハ一個ノ横線ヲ以テ之ヲ示スベシ但シ露、霜、霧ハ其量0.1粍トスルニ足リ若クハ其以上アリタルトキノミ之ヲ降水量欄内ニ記入シ且ツ夫レゾレ其記號ヲ附記スベシ

一四　濃霧ノ場合ニ於テ雲形ヲ辨別シ難キトキハ雲形欄ニハ霧ノ記號（≡）ヲ記スベシ

一五　全ク雲ナキトキハ雲形欄ニハ横線ヲ引キテ之ヲ塡充スベシ

一六　測雲器ニテ觀測シタル雲速ハ目測ニテ得タル雲速ノ傍ニ赤書スベシ

一七　記事欄内ニハ雨、雪、雹、霰、霧、霜、露、霧氷、雨氷、電雷、烟霧、日月暈、日月光環、虹、極光、暴風、地震其他諸現象ニ就キ其強弱起止時刻其他觀測シタル種々ノ事項ヲ詳細ニ記入スベシ

一八　天氣日數ハ次ノ規定ニ從ヒ類別シタルモノヲ記スベシ

（一）降水日數ヲ算スルニハ其量0.1粍及1.0粍アリタル日ヲ各別ニ數フベシ但シ露、霜、霧ノ量ハ本項日數ニ算入セズ

（二）雪、霰、雹ノ日數ニハ其量ノ多少ニ關ハラズ各現象ノアリタル日ヲ算ス

（三）電雷日數ニハ[illegible]ノアリタル日ヲ算入シ[illegible]又ハ電光ノミノトキハ算入セズ

（四）霜ハ其厚薄ニ關ハラズ其現象ノアリタル日ヲ算ス

（五）霧ノ日數ニハ[illegible]ノアリタル日ヲ算ス

（六）暴風日數ハ風速度[illegible]ニ達シタル日ヲ算ス

（七）雲量ノ日平均[illegible]ヲ快晴ノ日トシ[illegible]ヲ曇天ノ日トス

《气象报告心得》

1916 年

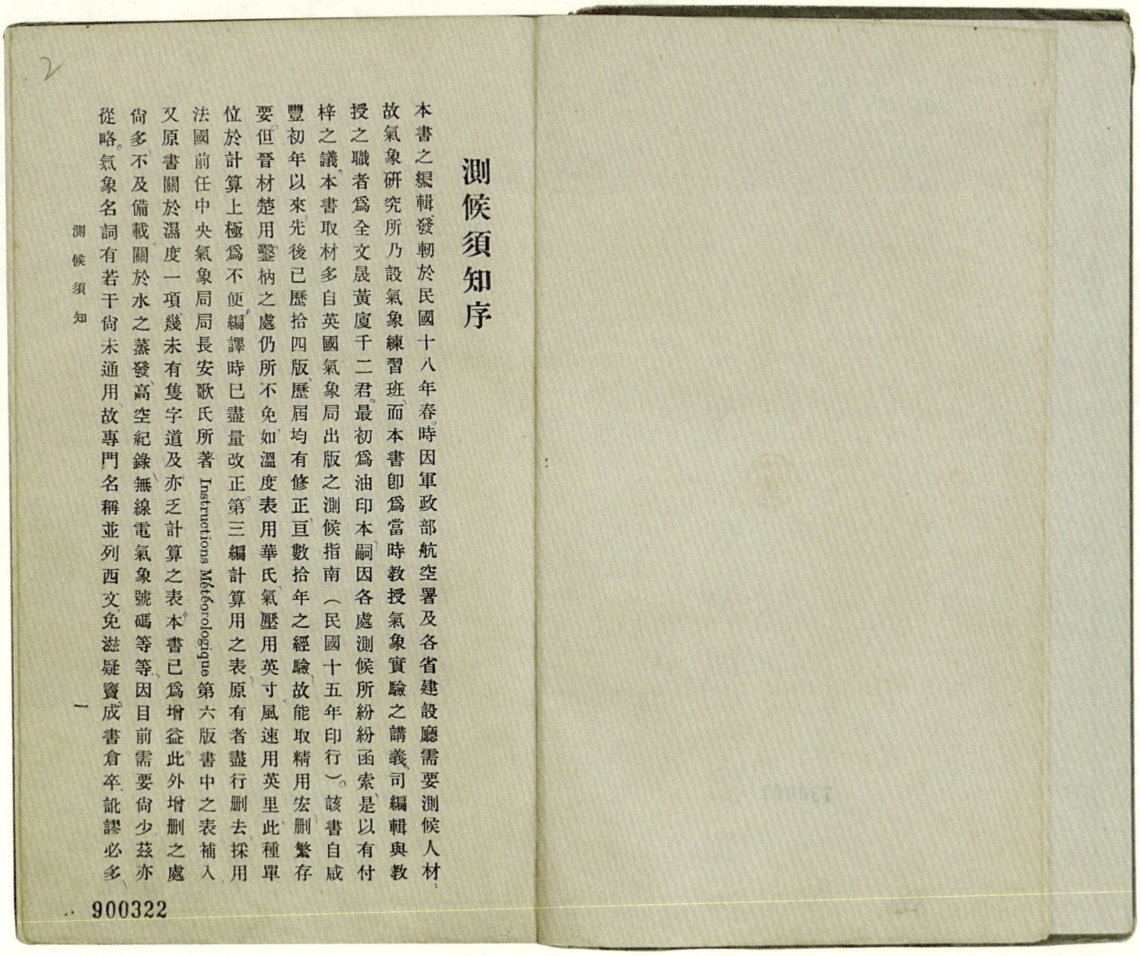

測候須知序

本書之編輯發軔於民國十八年春時因軍政部航空署及各省建設廳需要測候人材故氣象研究所乃設氣象練習班而本書即爲當時教授氣象實驗之講義司編輯與教授之職者爲全文晟黃廈千二君最初爲油印本嗣因各處測候所紛紛函索是以有付梓之議本書取材多自英國氣象局出版之測候指南（民國十五年印行）該書自咸豐初年以來先後已歷拾四版歷屆均有修正亘數拾年之經驗故能取精用宏删繁存要但晉材楚用鑿枘之處仍所不免如溫度表用華氏氣壓用英寸風速用英里此種單位於計算上極爲不便編譯時已盡量改正第三編計算用之表原有者盡行删去採用法國前任中央氣象局局長安歇氏所著 Instructions Météorologique 第六版書中之表補入又原書關於濕度一項幾未有隻字道及亦乏計算之表本書已爲增益此外增删之處尙多不及備載關於水之蒸發高空紀錄無線電氣象號碼等等因目前需要尙少茲亦從略氣象名詞有若干尙未通用故專門名稱並列西文免滋疑竇成書倉卒訛謬必多

測候須知　一

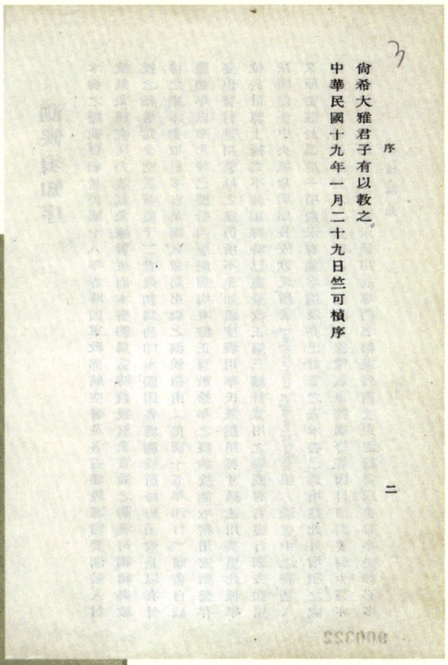

序

尙希大雅君子有以教之

中華民國十九年一月二十九日竺可楨序

二

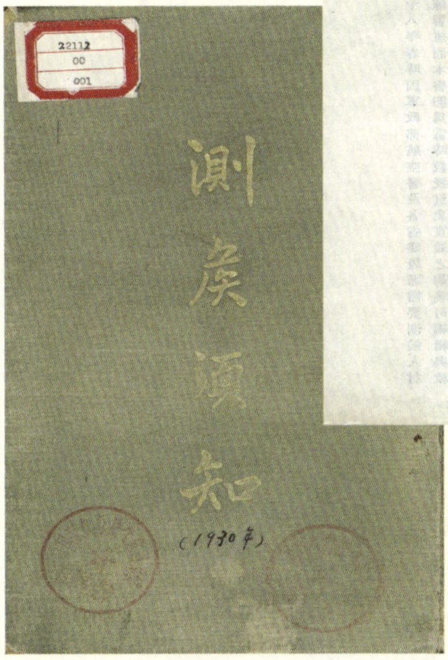

《测候须知》

1930 年

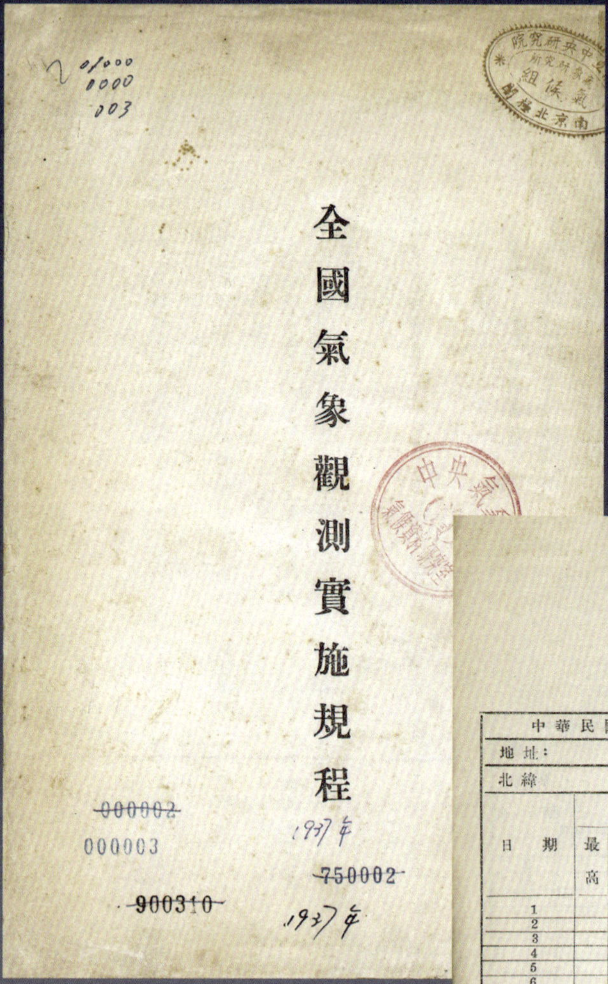

全國氣象觀測實施規程

1937年

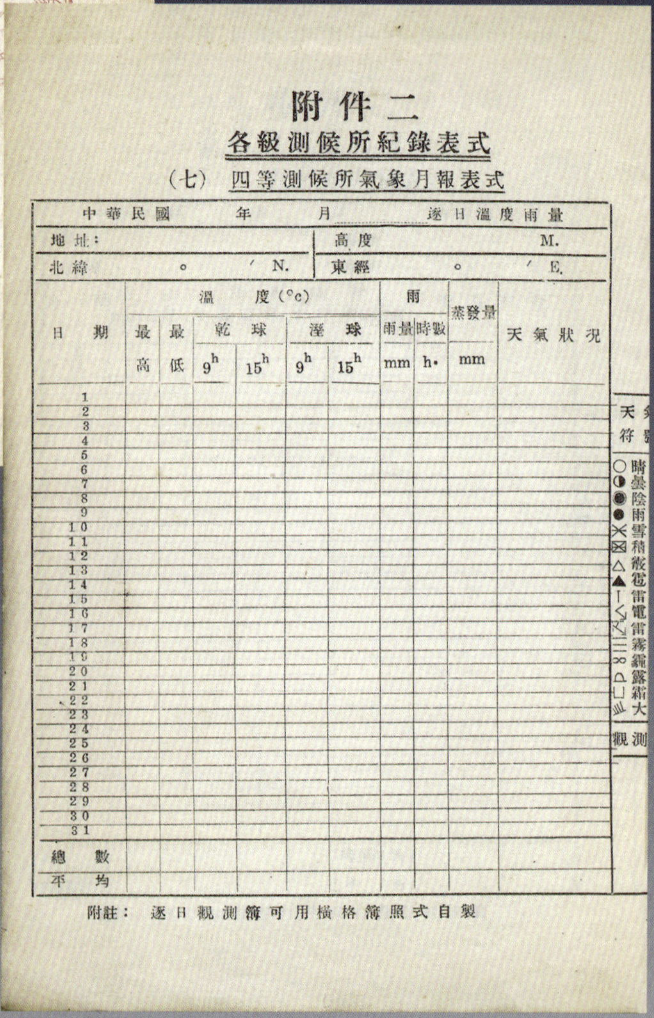

附件二

各級測候所紀錄表式

（七） 四等測候所氣象月報表式

中華民國　　年　　月　　逐日溫度雨量

地址：						高度				M.
北緯　　°　　′ N.						東經　　°　　′ E.				
日期	溫度（°c）						雨		蒸發量	天氣狀況
	最高	最低	乾球 9^h	乾球 15^h	溼球 9^h	溼球 15^h	雨量 mm	時數 h.	mm	
1										
2										
3										
4										
5										
6										
7										
8										
9										
10										
11										
12										
13										
14										
15										
16										
17										
18										
19										
20										
21										
22										
23										
24										
25										
26										
27										
28										
29										
30										
31										
總數										
平均										

附註： 逐日觀測簿可用橫格簿照式自製

《全国气象观测实施规程》

1937 年

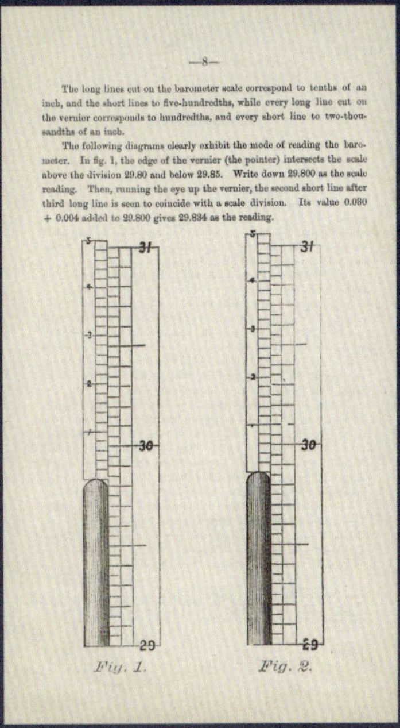

—8—

The long lines cut on the barometer scale correspond to tenths of an inch, and the short lines to five-hundredths, while every long line cut on the vernier corresponds to hundredths, and every short line to two-thousandths of an inch.

The following diagrams clearly exhibit the mode of reading the barometer. In fig. 1, the edge of the vernier (the pointer) intersects the scale above the division 29.80 and below 29.85. Write down 29.800 as the scale reading. Then, running the eye up the vernier, the second short line after third long line is seen to coincide with a scale division. Its value 0.030 + 0.004 added to 29.800 gives 29.834 as the reading.

Fig. 1. Fig. 2.

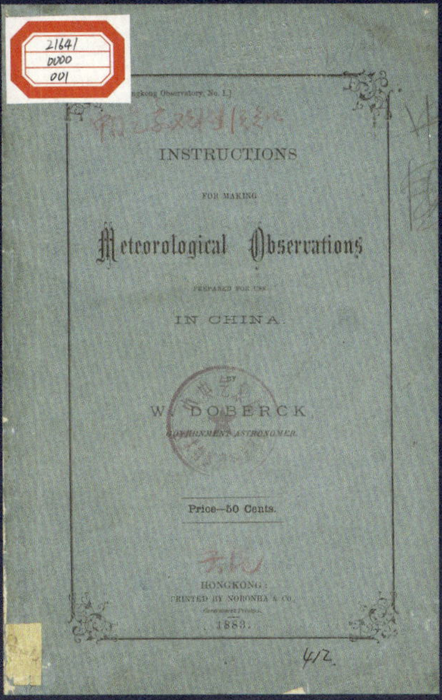

INSTRUCTIONS

FOR MAKING

Meteorological Observations

IN CHINA

W. DOBERCK

Price—50 Cents.

HONGKONG

1883.

中国境内使用的
《气象观测指南》
1883 年

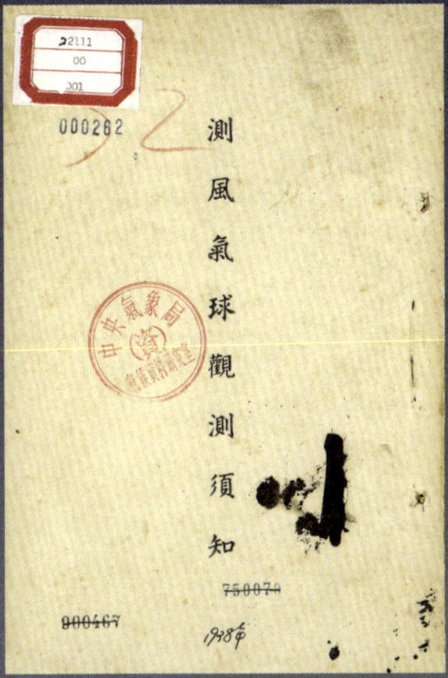

測風氣球觀測須知

1938年

《测风气球观测须知》
1938 年

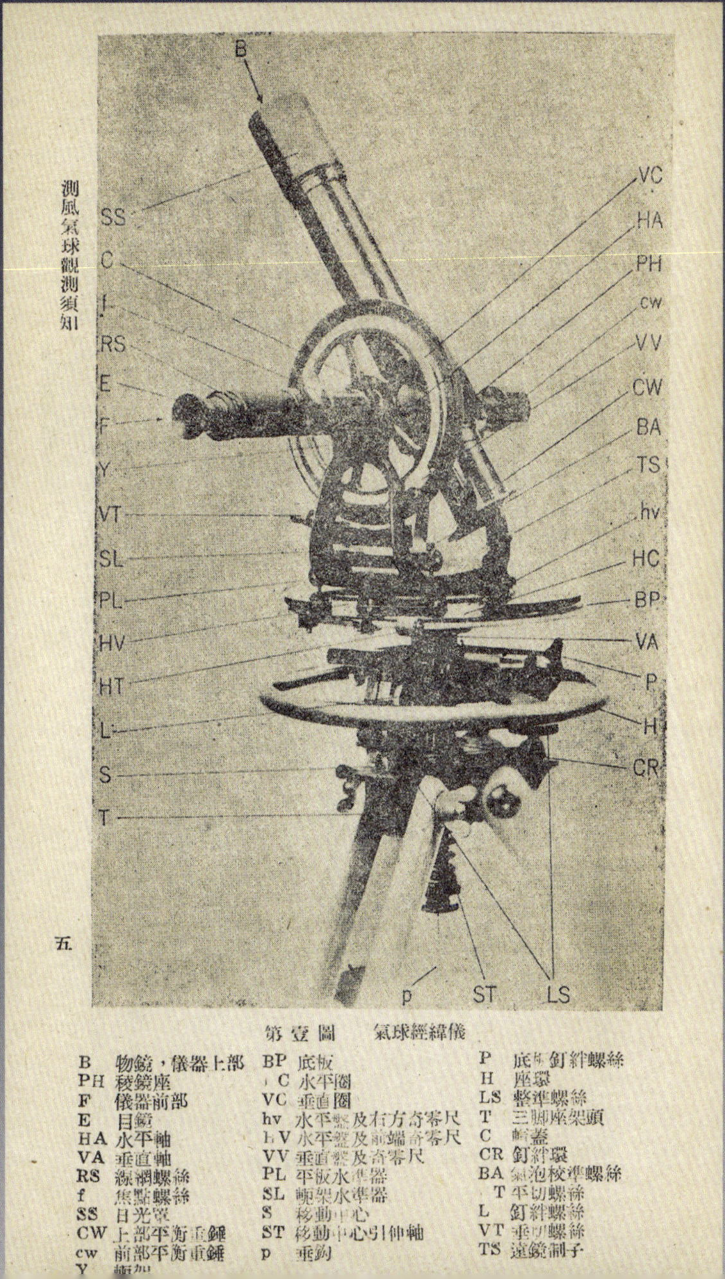

測風氣球觀測須知

五

第壹圖　氣球經緯儀

B 物鏡，儀器上部
PH 稜鏡座
F 儀器前部
E 目鏡
HA 水平軸
VA 垂直軸
RS 線網螺絲
f 焦點螺絲
SS 日光罩
CW 上部平衡重錘
cw 前部平衡重錘
BP 底板
C 水平圈
VC 垂直圈
hv 水平盤及右方奇零尺
VV 垂直盤及奇零尺
PL 平板水準器
SL 軛架水準器
S 移動中心
ST 移動中心引伸軸
p 垂鈎
P 底板釘絆螺絲
H 座環
LS 整準螺絲
T 三脚座架頭
C 軸蓋
CR 釘絆環
BA 氣泡校準螺絲
T 平切螺絲
L 釘絆螺絲
VT 垂切螺絲
TS 遠鏡制子

4

二十呎之矩形，上生淺草者尤佳。雨量器可同置其間，位於箱北十呎，惟切須遵守與障礙物相當距離之原則。

二、溫度觀測法

(1)百葉箱

測驗溫度主要儀器，爲乾球溫度表，溼球溫度表，最高溫度表及最低溫度表，均須安置於百葉箱中。我國所通用者，爲美國式或英國式百葉箱；箱頂共二層，頂板微向後傾斜，第二層板則平置，上鑿數孔，以通空氣；底板亦穿孔，與上層板相同。四周皆用雙層百葉相接以爲壁，使四壁皆能暢通空氣：雖置烈日中，可仍不受日光熱力之影響。門向下平垂，機練繫之。如圖所示。至其詳細之製造法，各國氣象台中均有單行本，茲不贅。

（本國各市縣立測候所所用之百葉箱可匯款本省建設廳彙匯國立中央研究院氣象研究所請爲代製）

附圖

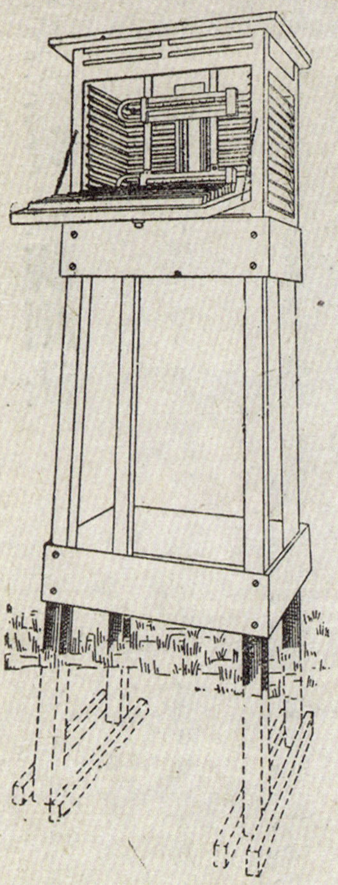

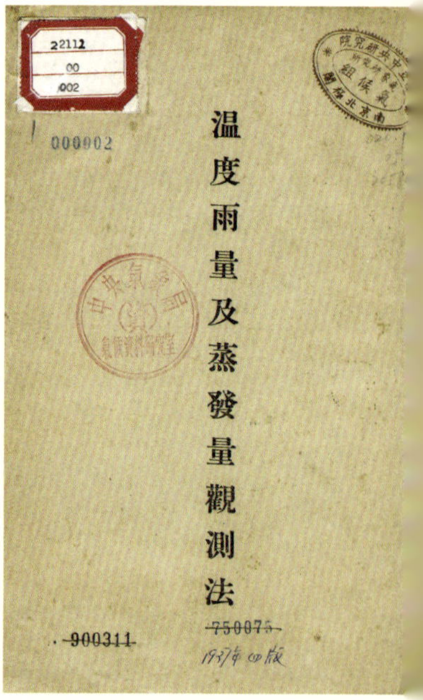

温度雨量及蒸發量觀測法

1937年四版

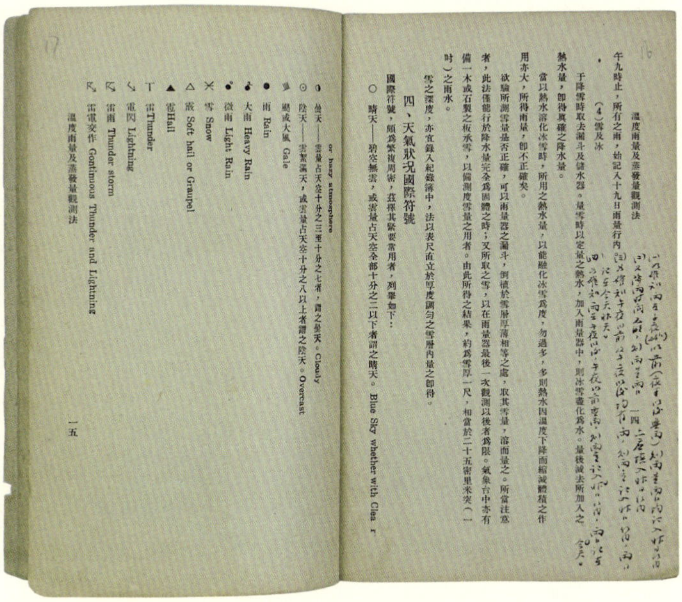

《温度雨量及蒸发量观测法》

1937 年出版

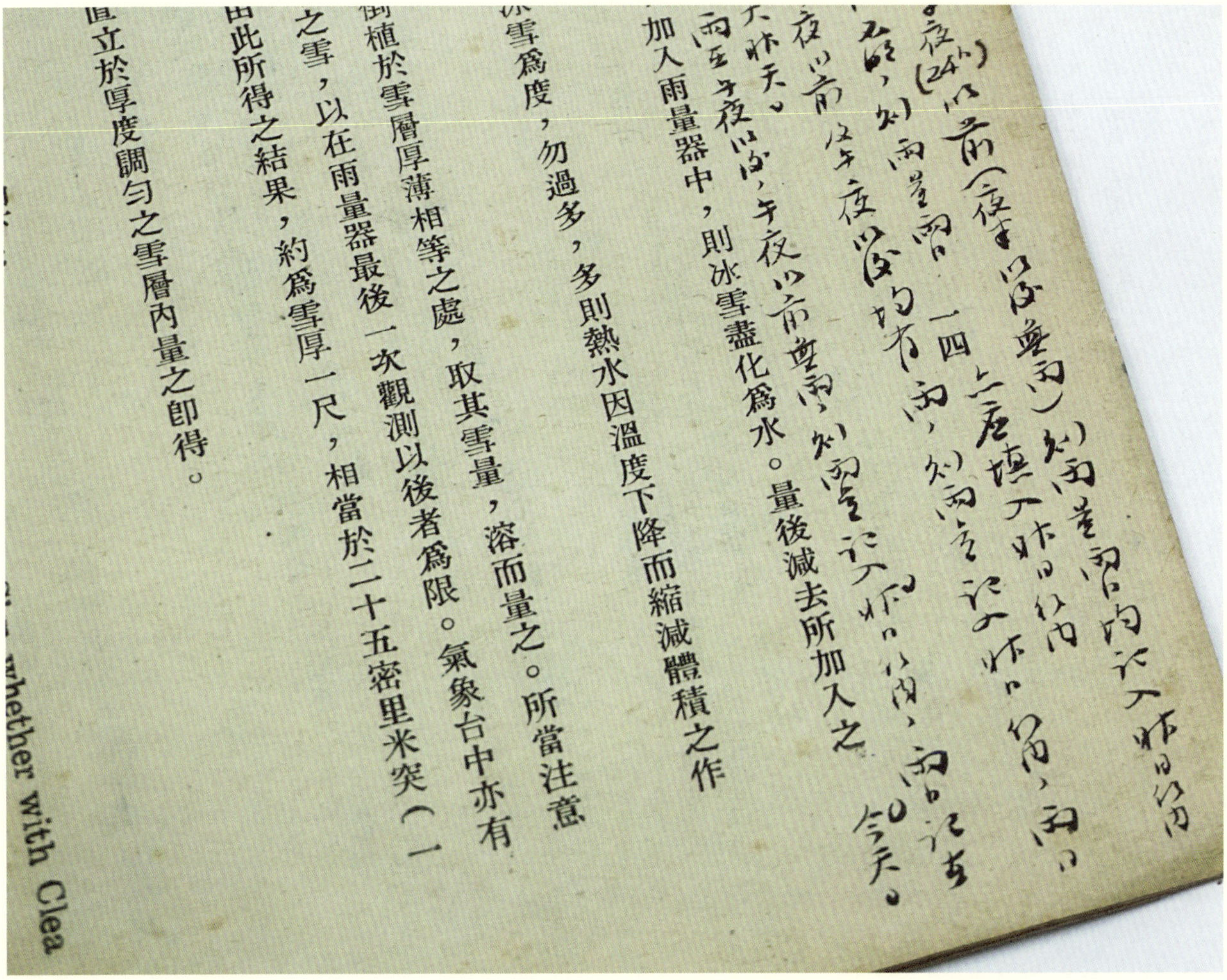

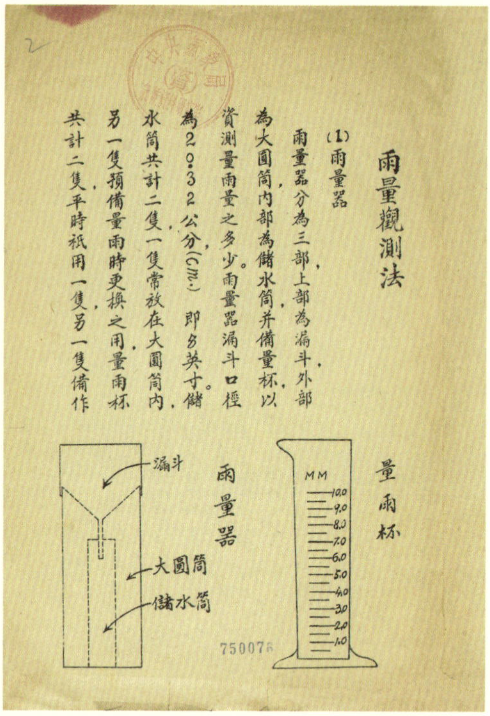

雨量觀測法

（1）雨量器

雨量器分為三部，上部為漏斗，外部為大圓筒，内部為儲水筒，并備量杯，以資測量雨量之多少。雨量器漏斗口徑為20.32公分(C.M.) 即8英寸。儲水筒共計二隻，一隻常放在大圓筒内，另一隻預備量雨時更換之用。量雨杯共計二隻，平時祇用一隻，另一隻備作

《雨量观测法》

1939 年出版

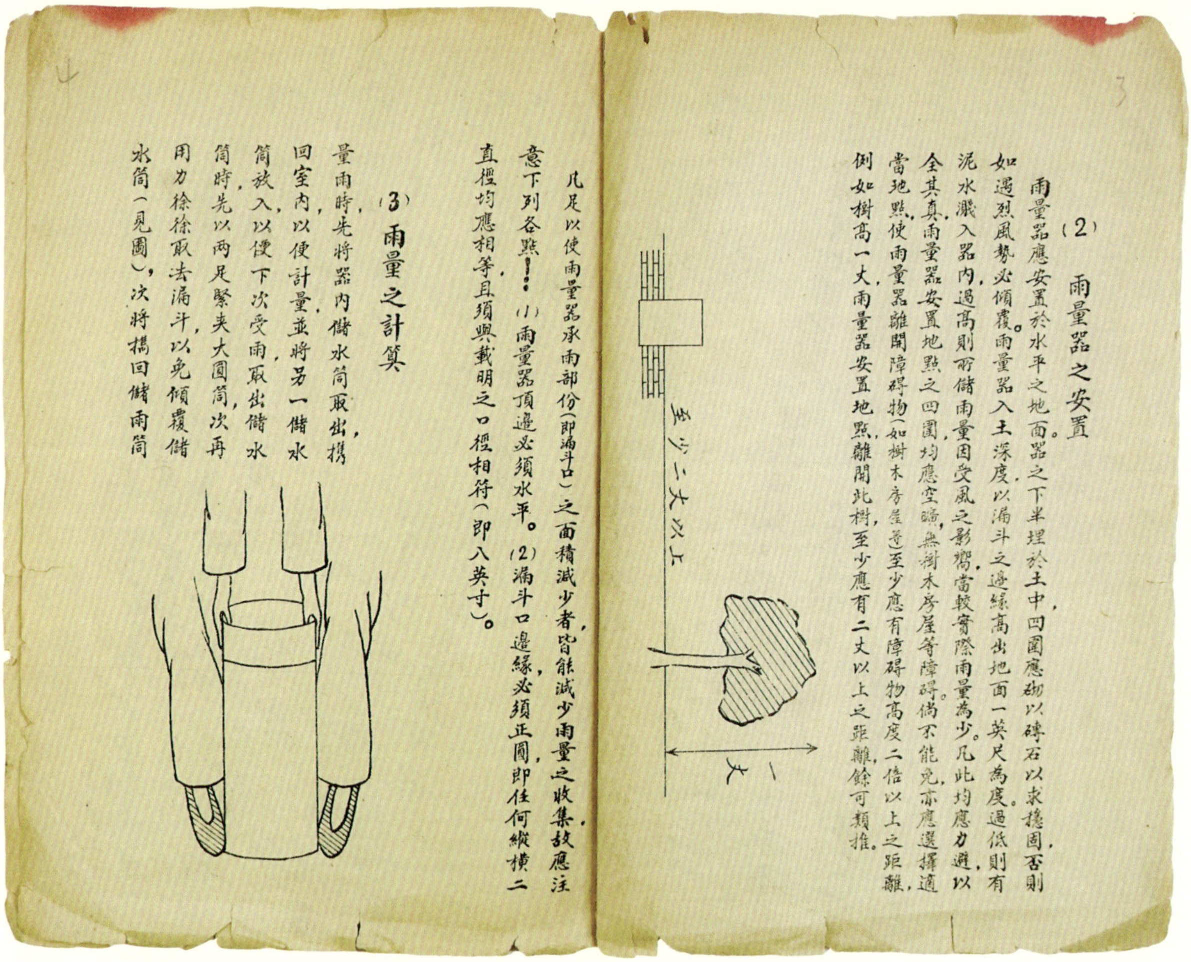

（2）雨量器之安置

雨量器應安置於水平之地面。器之下半埋於土中，四圍應砌以磚石以求穩固，否則如遇烈風勢必傾覆。雨量器入土深度，以漏斗之邊緣高出地面一英尺為度。過低則有泥水濺入器内，過高則所儲雨量因受風之影響，當較實際雨量為少。凡此均應力避，以全其真。雨量器安置地點之四圍，均應空曠，無樹木房屋等障碍。倘不能免，亦應選擇適當地點，使雨量器離開障碍物（如樹木房屋等）至少應有障碍物高度二倍以上之距離，例如樹高一丈，雨量器安置地點，離開此樹，至少應有二丈以上之距離，餘可類推。

凡足以使雨量器承雨部份（即漏斗口）之面積減少者，皆能減少雨量之收集，故應注意下列各點！！（1）雨量器頂邊必須水平。（2）漏斗口邊緣必須正圓，即任何縱横二直徑均應相等，且須與載明之口徑相符（即八英寸）。

（3）雨量之計算

量雨時，先將器内儲水筒取出，携回室内，以便計量，並將另一儲水筒放入，以便下次受雨。取出儲水筒時，先以兩足緊夾大圓筒，次再用力徐徐取法漏斗，以免傾覆儲水筒（見圖），次將携回儲雨筒

《气象工作须知》（海关）
1938 年出版

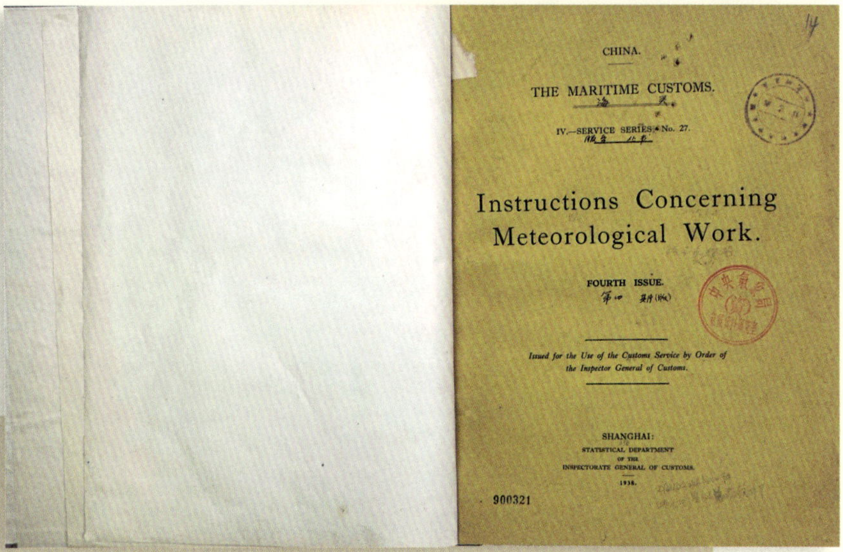

Instructions Concerning Meteorological Work.

GENERAL.

1.—THE work which the Service has so far taken upon itself in regard to meteorological matters is as follows:—

The recording of observations at practically all Custom Houses and light-stations and the supplying of such records, together with monthly and daily averages of the instrument readings, to various observatories and institutions in the Far East.

The daily telegraphing of observations from a limited number of stations to various observatories and institutions to serve as data for weather forecasts by them, particularly in the interests of shipping and aviation.

The signalling at certain stations of storm warnings.

2.—When Customs meteorological stations were first inaugurated in 1869 it was hoped that the movement would lead to the establishment of a Central Weather Bureau, and it is gratifying to record that the National Government have established an "Institute of Meteorology"; also, such excellent institutions as Siccawei Observatory in Shanghai and the Hongkong Observatory and others have been evolved and have served, and continue to serve, the public requirements in this respect in an admirable manner. In this fourth issue of these Instructions the various alterations are made in order to conform with requirements of the National Institute of Meteorology.

3.—It is under these circumstances that the Customs Service now confines itself to the collection of data and to the transmission of such to these and other observatories and institutions, and it is in the direction of serving their meteorological purposes that improvements in Customs meteorological work have moved.

4.—From a small beginning in 1869, with only a few recording stations, the meteorological work gradually developed and, in 1905, 41 stations were taking regular observations, and records were sent to five observatories in the Far East. In addition, 15 of these stations sent meteorological telegrams to a total of five observatories and institutions. In 1935, observations were recorded at 46 stations, of which 20 were light-stations; and meteorological telegrams were transmitted from 24 of these stations to nine different addresses, necessitating the sending of over 270 telegrams daily.

5.—The demand for the meteorological records has also increased and 13 observatories and institutions receive copies of the returns, involving the distribution of over 40,000 sheets annually.

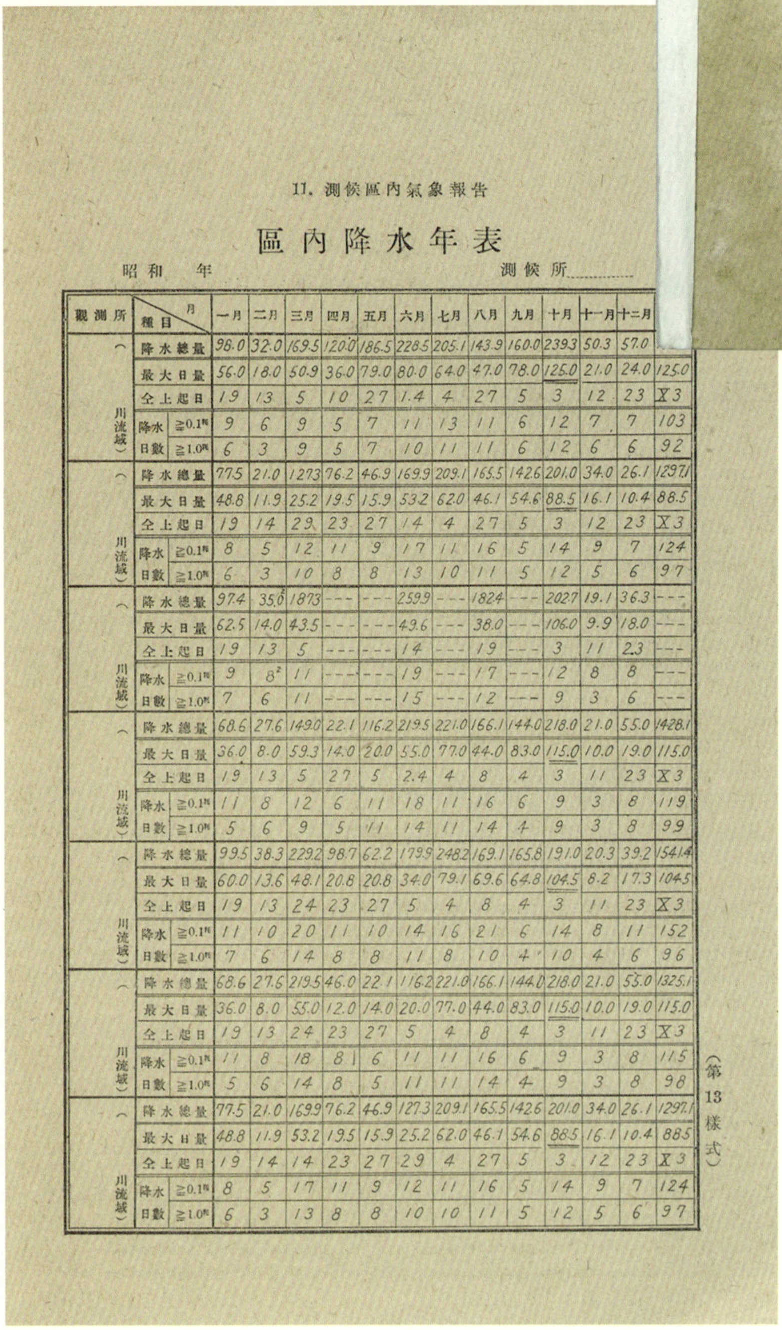

II. 測候區内氣象報告

區内降水年表

昭和　　年　　　　　　　　　　測候所..............

觀測所	種目＼月		一月	二月	三月	四月	五月	六月	七月	八月	九月	十月	十一月	十二月	[illegible]
（　川流域）	降水總量		98.0	32.0	169.5	120.0	186.5	228.5	205.1	143.9	160.0	239.3	50.3	57.0	[illegible]
	最大日量		56.0	18.0	50.9	36.0	79.0	80.0	64.0	47.0	78.0	125.0	21.0	24.0	125.0
	仝上起日		19	13	5	10	27	1.4	4	27	5	3	12	23	X 3
	降水日數	≧0.1粍	9	6	9	5	7	11	13	11	6	12	7	7	103
		≧1.0粍	6	3	9	5	7	10	11	11	6	12	6	6	92
（　川流域）	降水總量		77.5	21.0	127.3	76.2	46.9	169.9	209.1	165.5	142.6	201.0	34.0	26.1	1297.1
	最大日量		48.8	11.9	25.2	19.5	15.9	53.2	62.0	46.1	54.6	88.5	16.1	10.4	88.5
	仝上起日		19	14	29	23	27	14	4	27	5	3	12	23	X 3
	降水日數	≧0.1粍	8	5	12	11	9	17	11	16	5	14	9	7	124
		≧1.0粍	6	3	10	8	8	13	10	11	5	12	5	6	97
（　川流域）	降水總量		97.4	35.0	187.3	---	---	259.9	---	182.4	---	202.7	19.1	36.3	---
	最大日量		62.5	14.0	43.5	---	---	49.6	---	38.0	---	106.0	9.9	18.0	---
	仝上起日		19	13	5	---	---	14	---	19	---	3	11	2.3	---
	降水日數	≧0.1粍	9	8	11	---	---	19	---	17	---	12	8	8	---
		≧1.0粍	7	6	11	---	---	15	---	12	---	9	3	6	---
（　川流域）	降水總量		68.6	27.6	149.0	22.1	116.2	219.5	221.0	166.1	144.0	218.0	21.0	55.0	1428.1
	最大日量		36.0	8.0	59.3	14.0	20.0	55.0	77.0	44.0	83.0	115.0	10.0	19.0	115.0
	仝上起日		19	13	5	27	5	2.4	4	8	4	3	11	23	X 3
	降水日數	≧0.1粍	11	8	12	6	11	18	11	16	6	9	3	8	119
		≧1.0粍	5	6	9	5	11	14	11	14	4	9	3	8	99
（　川流域）	降水總量		99.5	38.3	229.2	98.7	62.2	179.9	248.2	169.1	165.8	191.0	20.3	39.2	1541.4
	最大日量		60.0	13.6	48.1	20.8	20.8	34.0	79.1	69.6	64.8	104.5	8.2	17.3	104.5
	仝上起日		19	13	24	23	27	5	4	8	4	3	11	23	X 3
	降水日數	≧0.1粍	11	10	20	11	10	14	16	21	6	14	8	11	152
		≧1.0粍	7	6	14	8	8	11	8	10	4	10	4	6	96
（　川流域）	降水總量		68.6	27.6	219.5	46.0	22.1	116.2	221.0	166.1	144.0	218.0	21.0	55.0	1325.1
	最大日量		36.0	8.0	55.0	12.0	14.0	20.0	77.0	44.0	83.0	115.0	10.0	19.0	115.0
	仝上起日		19	13	24	23	27	5	4	8	4	3	11	23	X 3
	降水日數	≧0.1粍	11	8	18	8	6	11	11	16	6	9	3	8	115
		≧1.0粍	5	6	14	8	5	11	11	14	4	9	3	8	98
（　川流域）	降水總量		77.5	21.0	169.9	76.2	46.9	127.3	209.1	165.5	142.6	201.0	34.0	26.1	1297.1
	最大日量		48.8	11.9	53.2	19.5	15.9	25.2	62.0	46.1	54.6	88.5	16.1	10.4	88.5
	仝上起日		19	14	14	23	27	29	4	27	5	3	12	23	X 3
	降水日數	≧0.1粍	8	5	17	11	9	12	11	16	5	14	9	7	124
		≧1.0粍	6	3	13	8	8	10	10	11	5	12	5	6	97

（第13樣式）

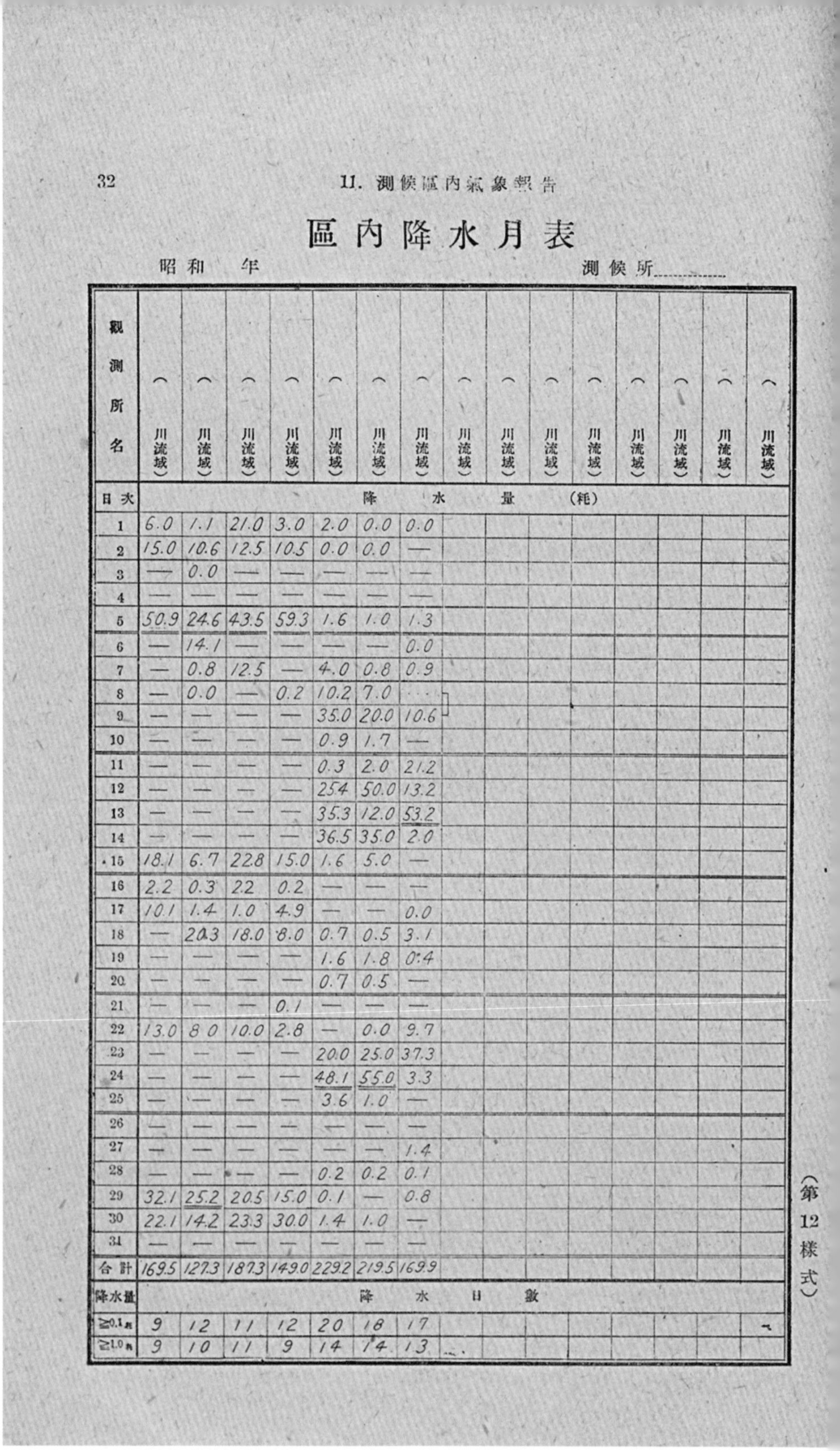

區內降水月表

昭和　　年　　　　　　　　　　　　測候所__________

観測所名	（川流域）	（川流域）	（川流域）	（川流域）	（川流域）	（川流域）	（川流域）	（川流域）	（川流域）	（川流域）	（川流域）	（川流域）	（川流域）	（川流域）	（川流域）
日次	降水量（粍）														
1	6.0	1.1	21.0	3.0	2.0	0.0	0.0								
2	15.0	10.6	12.5	10.5	0.0	0.0	—								
3	—	0.0	—	—	—	—	—								
4	—	—	—	—	—	—	—								
5	50.9	24.6	43.5	59.3	1.6	1.0	1.3								
6	—	14.1	—	—	—	—	0.0								
7	—	0.8	12.5	—	4.0	0.8	0.9								
8	—	0.0	—	0.2	10.2	7.0	···								
9	—	—	—	—	35.0	20.0	10.6								
10	—	—	—	—	0.9	1.7	—								
11	—	—	—	—	0.3	2.0	21.2								
12	—	—	—	—	254	50.0	13.2								
13	—	—	—	—	35.3	12.0	53.2								
14	—	—	—	—	36.5	35.0	2.0								
15	18.1	6.7	22.8	15.0	1.6	5.0	—								
16	2.2	0.3	22	0.2	—	—	—								
17	10.1	1.4	1.0	4.9	—	—	0.0								
18	—	20.3	18.0	8.0	0.7	0.5	3.1								
19	—	—	—	—	1.6	1.8	0.4								
20	—	—	—	—	0.7	0.5	—								
21	—	—	—	0.1	—	—	—								
22	13.0	8.0	10.0	2.8	—	0.0	9.7								
23	—	—	—	—	20.0	25.0	37.3								
24	—	—	—	—	48.1	55.0	3.3								
25	—	—	—	—	3.6	1.0	—								
26	—	—	—	—	—	—	—								
27	—	—	—	—	—	—	1.4								
28	—	—	—	—	0.2	0.2	0.1								
29	32.1	25.2	20.5	15.0	0.1	—	0.8								
30	22.1	14.2	23.3	30.0	1.4	1.0	—								
31	—	—	—	—	—	—	—								
合計	169.5	127.3	187.3	149.0	229.2	219.5	169.9								
降水量	降水日数														
≧0.1粍	9	12	11	12	20	18	17								
≧1.0粍	9	10	11	9	14	14	13								

（第12様式）

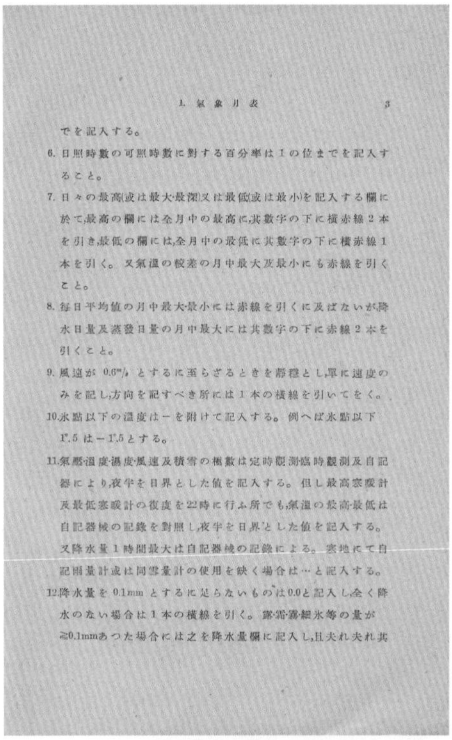

でを記入する。

6. 日照時數の可照時數に對する百分率は1の位までを記入すること。

7. 日々の最高(或は最大·最深)又は最低(或は最小)を記入する欄に於て,最高の欄には全月中の最高に,其數字の下に横赤線2本を引き,最低の欄には,全月中の最低に其數字の下に横赤線1本を引く。又氣溫の較差の月中最大及最小にも赤線を引くこと。

8. 每日平均值の月中最大·最小には赤線を引くに及ばないが,降水日量及蒸發日量の月中最大には其數字の下に赤線2本を引くこと。

9. 風速が 0.6m/s とするに至らざるときを靜穩とし,單に速度のみを記し,方向を記すべき所には1本の横線を引いてをく。

10. 氷點以下の溫度は－を附けて記入する。例へば氷點以下1°.5 は－1°.5とする。

11. 氣壓·溫度·濕度·風速及積雪の極數は定時觀測·臨時觀測及自記器により,夜半を日界とした值を記入する。但し最高寒暖計及最低寒暖計の復度を22時に行ふ所でも,氣溫の最高·最低は自記器械の記錄を對照し,夜半を日界とした值を記入する。又降水量1時間最大は自記器械の記錄による。寒地にて自記雨量計或は同雪量計の使用を缺く場合は…と記入する。

12. 降水量を 0.1mm とするに足らないものは0.0と記入し,全く降水のない場合は1本の横線を引く。露·霜·霧·細氷等の量が≧0.1mmあつた場合には之を降水量欄に記入し,且夫れ夫れ其

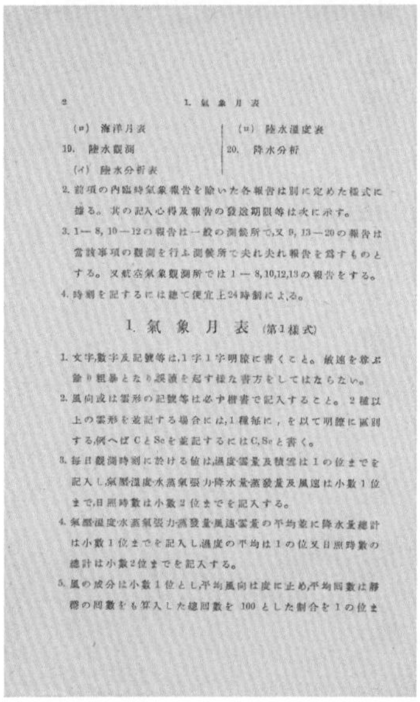

(ロ) 海洋月表　　　　　(ロ) 陸水溫度表

19. 陸水觀測　　　　　20. 降水分析

(イ) 陸水分析表

2. 前項の內臨時氣象報告を除いた各報告は別に定めた樣式に據る。其の記入心得及報告の發送期限等は次に示す。

3. 1—8, 10—12の報告は一般の測候所で,又9, 13—20の報告は當該事項の觀測を行ふ測候所で夫れ夫れ報告を爲すものとする。又航空氣象觀測所では1—8,10,12,13の報告をする。

4. 時刻を記するには總て便宜上24時制による。

1. 氣象月表（第1樣式）

1. 文字,數字及記號等は,1字1字明瞭に書くこと。敏速を尊ぶ餘り粗暴となり誤讀を起す樣な書方をしてはならない。

2. 風向或は雲形の記號等は必ず楷書で記入すること。2種以上の雲形を並記する場合には,1種每に，を以て明瞭に區別する,例へばCとScを並記するにはC,Scと書く。

3. 每日觀測時刻に於ける值は,濕度·雲量及積雪は1の位までを記入し,氣壓·溫度·水蒸氣張力·降水量·蒸發量及風速は小數1位まで,日照時數は小數2位までを記入する。

4. 氣壓·溫度·水蒸氣張力·蒸發量·風速·雲量の平均並に降水量總計は小數1位までを記入し,濕度の平均は1の位又日照時數の總計は小數2位までを記入する。

5. 風の成分は小數1位とし,平均風向は度に止め,平均回數は靜穩の回數をも算入した總回數を100とした割合を1の位ま

《气象报告规程》

1940 年

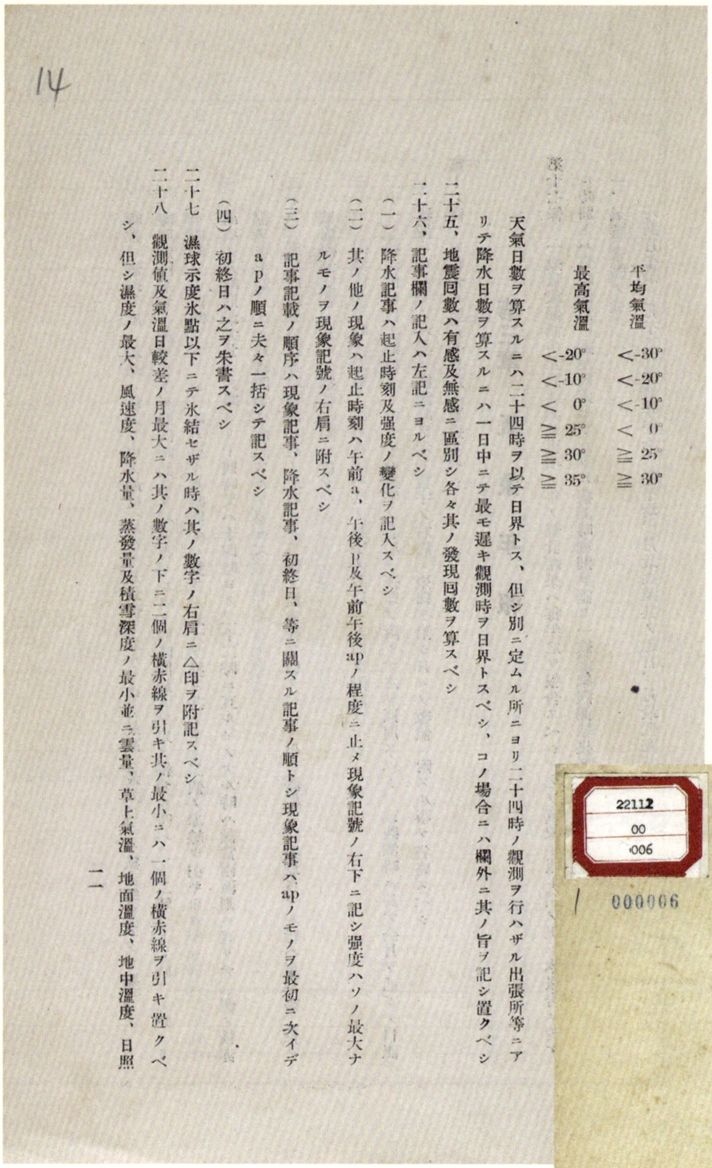

14

平均氣溫 <-30° <-20° <-10° <0° ≧25° ≧30°
最高氣溫 <-20° <-10° <0° <25° ≧30° ≧35°

天氣日數ヲ算スルニハ二十四時ヲ以テ日界トス、但シ別ニ定ムル所ニヨリ二十四時ノ觀測ヲ行ハザル出張所等ニアリテ降水日數ヲ算スルニハ一日中ニテ最モ遲キ觀測時ヲ日界トスベシ、コノ場合ニハ欄外ニ其ノ旨ヲ記シ置クベシ

二十五、地震回數ハ有感及無感ニ區別シ各々其ノ發現回數ヲ算スベシ

二十六、記事欄ノ記入ハ左記ニヨルベシ

（一）降水記事ハ起止時刻及强度ノ變化ヲ記入スベシ

（二）其ノ他ノ現象ハ起止時刻ハ午前a、午後p及午前午後apノ程度ニ止メ現象記號ノ右下ニ記シ强度ハソノ最大ナルモノヲ現象記號ノ右肩ニ附スベシ

（三）記事記載ノ順序ハ現象記事、降水記事、初終日、等ニ關スル記事ノ順トシ現象記事ハapノモノヲ最初ニ次イデa pノ順ニ夫々一括シテ記スベシ

（四）初終日ハ之ヲ朱書スベシ

二十七、濕球示度氷點以下ニテ氷結セザル時ハ其ノ數字ノ右肩ニ△印ヲ附記スベシ

二十八、觀測値及氣溫日較差ノ月最大ニハ其ノ數字ノ下ニ二個ノ横赤線ヲ引キ其ノ最小ニハ一個ノ横赤線ヲ引キ置クベシ、但シ濕度ノ最大、風速度、降水量、蒸發量及積雪深度ノ最小並ニ雲量、草上氣溫、地面溫度、地中溫度、日照

一二

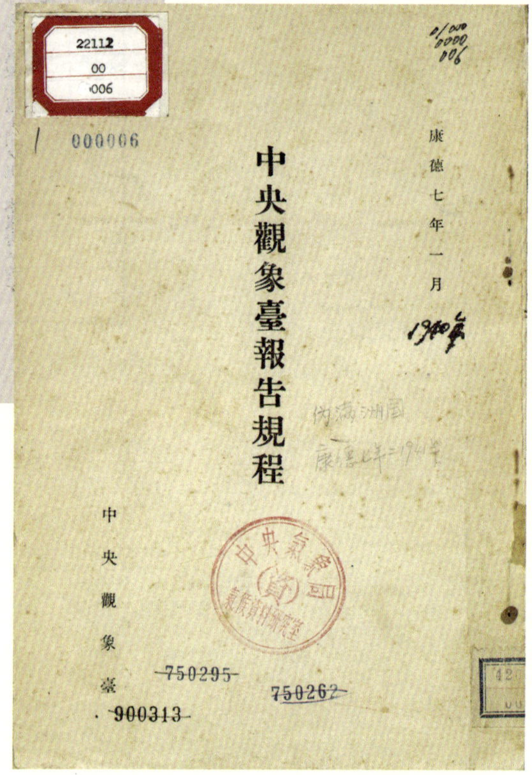

《中央观象台报告规程》
1940 年出版

经济部中央水工试验所水文测验规范

1941 年出版

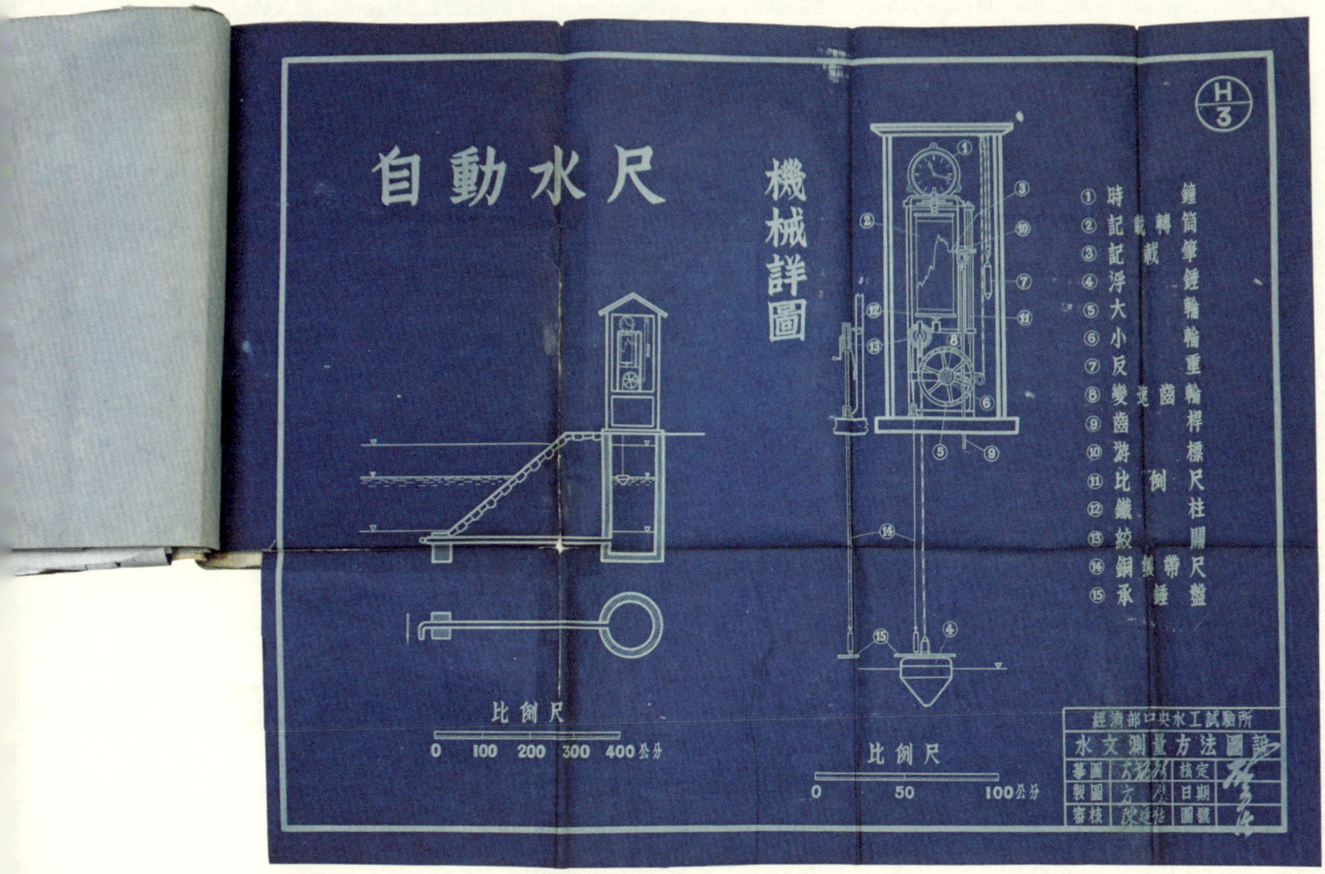

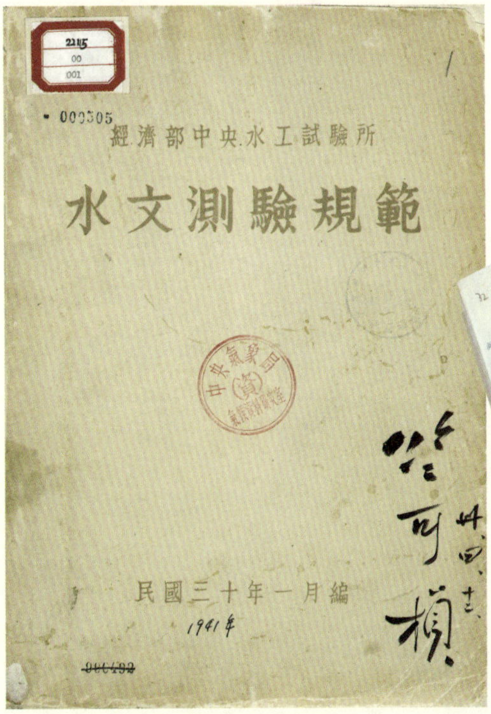

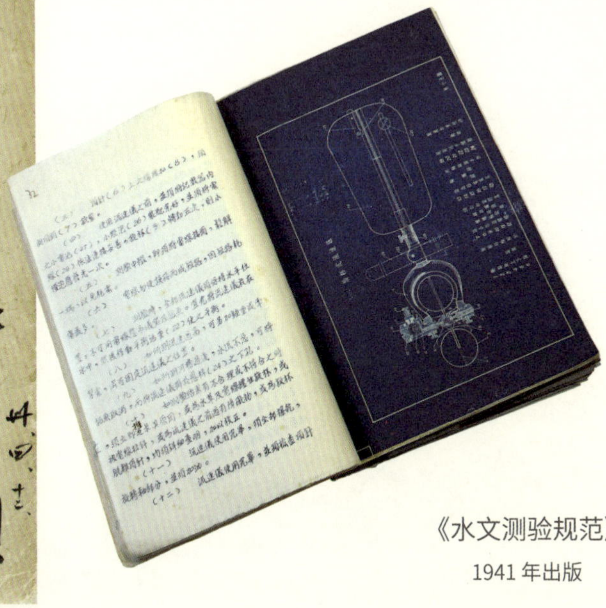

《水文测验规范》

1941 年出版

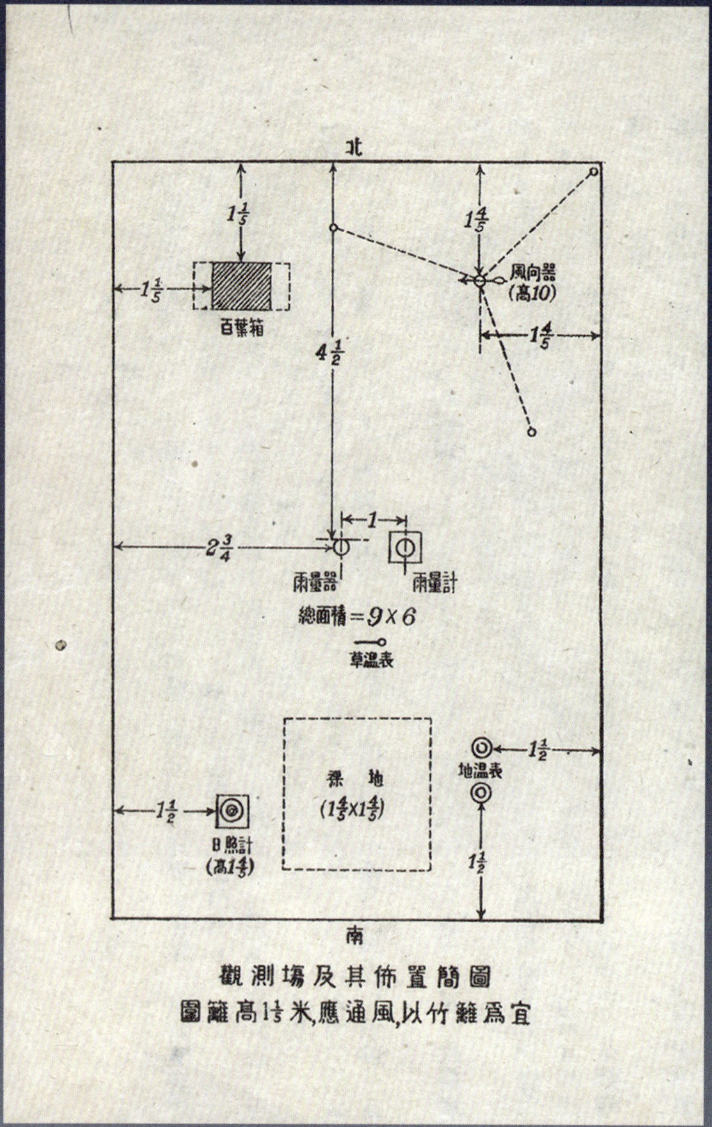

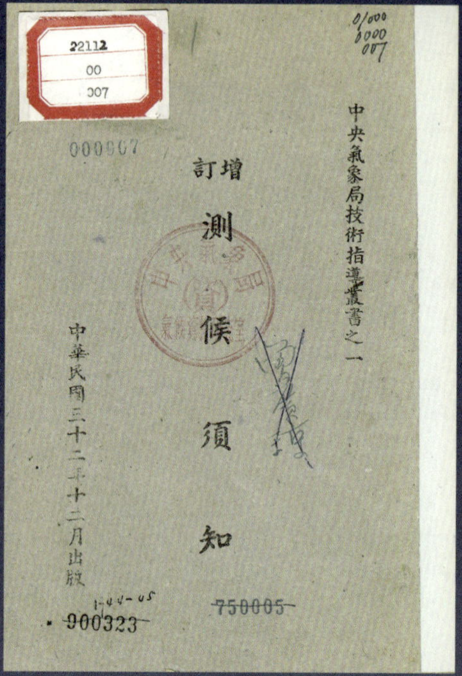

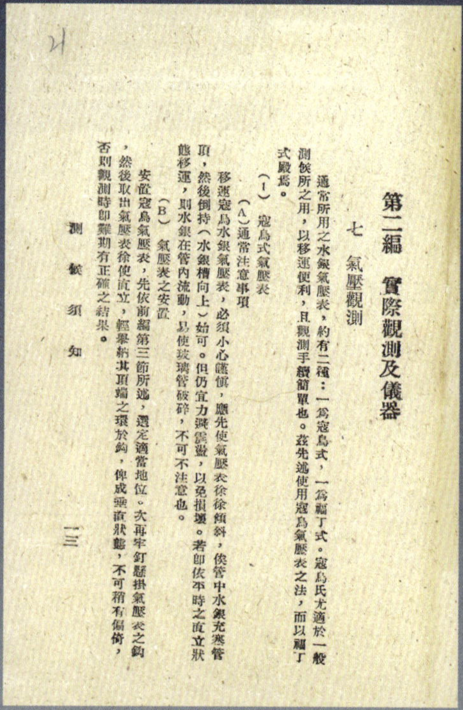

第二編　實際觀測及儀器

七　氣壓觀測

通常所用之水銀氣壓表，約有二種：一爲寇烏式，一爲福丁式。寇烏氏尤適於一般測候所之用，以移運便利，且觀測手續簡單也。玆先述使用寇烏氣壓表之法，而以福丁式殿焉。

（1）寇烏式氣壓表

（A）通常注意事項

移運寇烏水銀氣壓表，必須小心謹愼，應先使氣壓表徐徐傾斜，俟管中水銀充塞管頂，然後倒持（水銀槽向上）始可。但仍宜力避震盪，以免損壞。若即依平時之直立狀態移運，則水銀在管內流動，易使玻璃管破碎，不可不注意也。

（B）氣壓表之安置

安置寇烏氣壓表，先依前編第三節所述，選定適當地位。次再牢釘懸掛氣壓表之鈎，然後取出氣壓表徐使直立，輕舉納其頂端之環於鈎，俾成垂直狀態，不可稍有偏倚，否則觀測時即難期有正確之結果。

測候須知　一三

《测候须知》（增订版）

1943 年出版

《测候手册》
1947 年出版

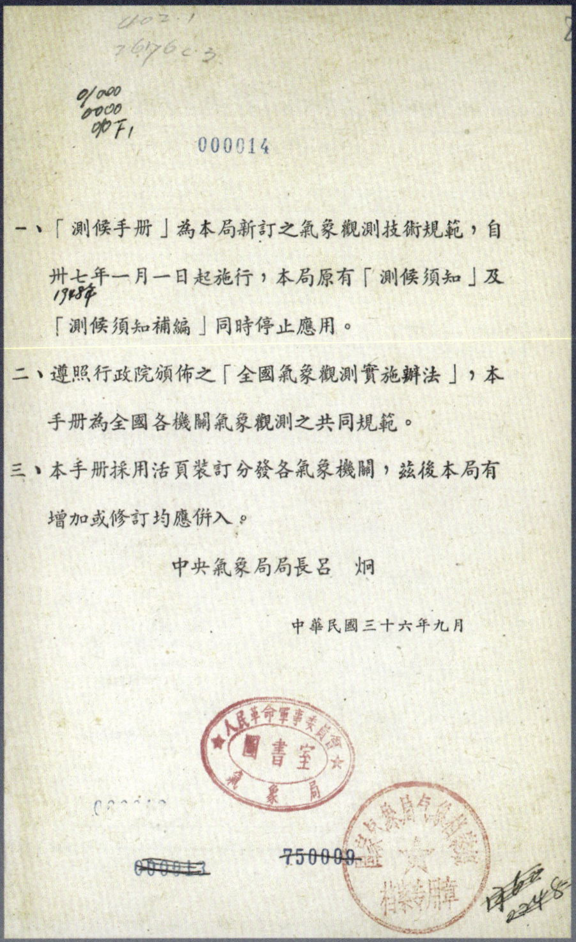
000014

一、「測候手冊」爲本局新訂之氣象觀測技術規範，自卅七年一月一日起施行，本局原有「測候須知」及「測候須知補編」同時停止應用。

二、遵照行政院頒佈之「全國氣象觀測實施辦法」，本手冊爲全國各機關氣象觀測之共同規範。

三、本手冊採用活頁裝訂分發各氣象機關，茲後本局有增加或修訂均應併入。

中央氣象局局長呂　炯

中華民國三十六年九月

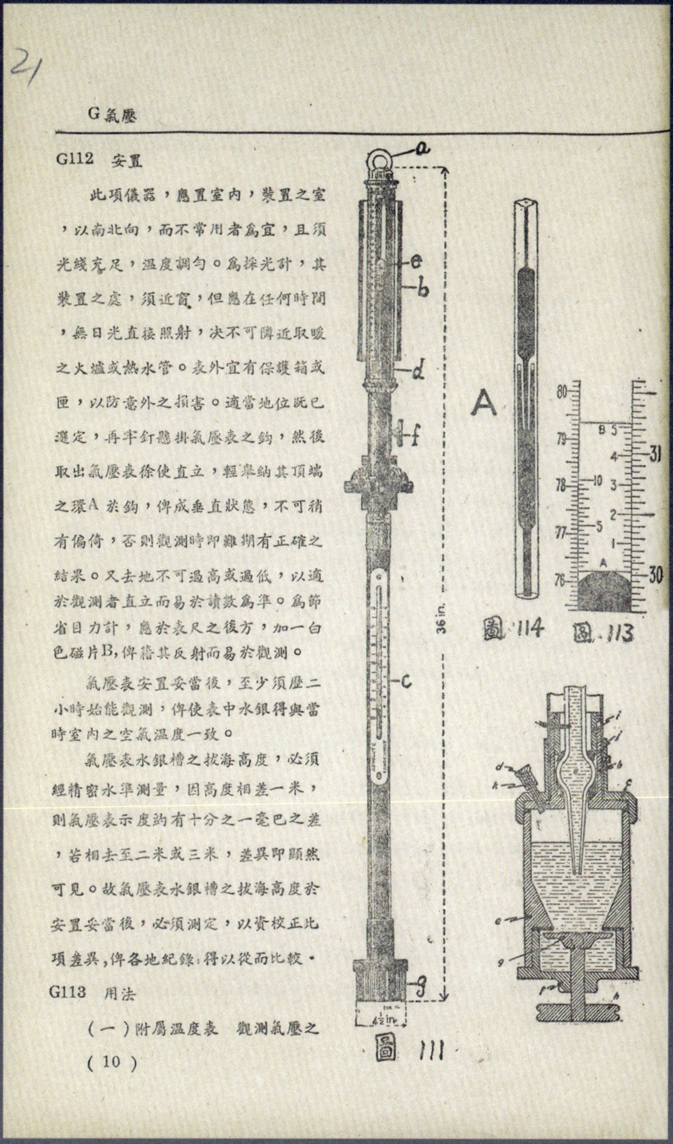
G氣壓

G112　安置

此項儀器，應置室內，裝置之室，以南北向，而不常用者爲宜，且須光綫充足，温度調勻。爲採光計，其裝置之處，須近窗，但應在任何時間，無日光直接照射，決不可靠近取暖之火爐或熱水管。表外宜有保護箱或匣，以防意外之損害。適當地位既已選定，再牢釘懸掛氣壓表之鈎，然後取出氣壓表徐使直立，輕舉納其頂端之環A於鈎，俾成垂直狀態，不可稍有偏倚，否則觀測時即難期有正確之結果。又去地不可過高或過低，以適於觀測者直立而易於讀數爲準。爲節省目力計，應於表尺之後方，加一白色磁片B，俾藉其反射而易於觀測。

氣壓表安置妥當後，至少須歷二小時始能觀測，俾使表中水銀得與當時室內之空氣温度一致。

氣壓表水銀槽之拔海高度，必須經精密水準測量，因高度相差一米，則氣壓表示度約有十分之一毫巴之差，若相去至二米或三米，差異即顯然可見。故氣壓表水銀槽之拔海高度於安置妥當後，必須測定，以資校正此項差異，俾各地紀錄得以從而比較。

G113　用法

（一）附屬温度表　觀測氣壓之

（10）

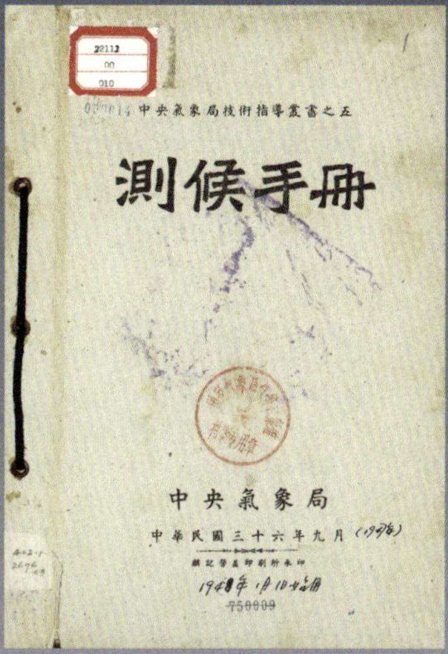
中央氣象局技術指導叢書之五
測候手冊
中央氣象局
中華民國三十六年九月

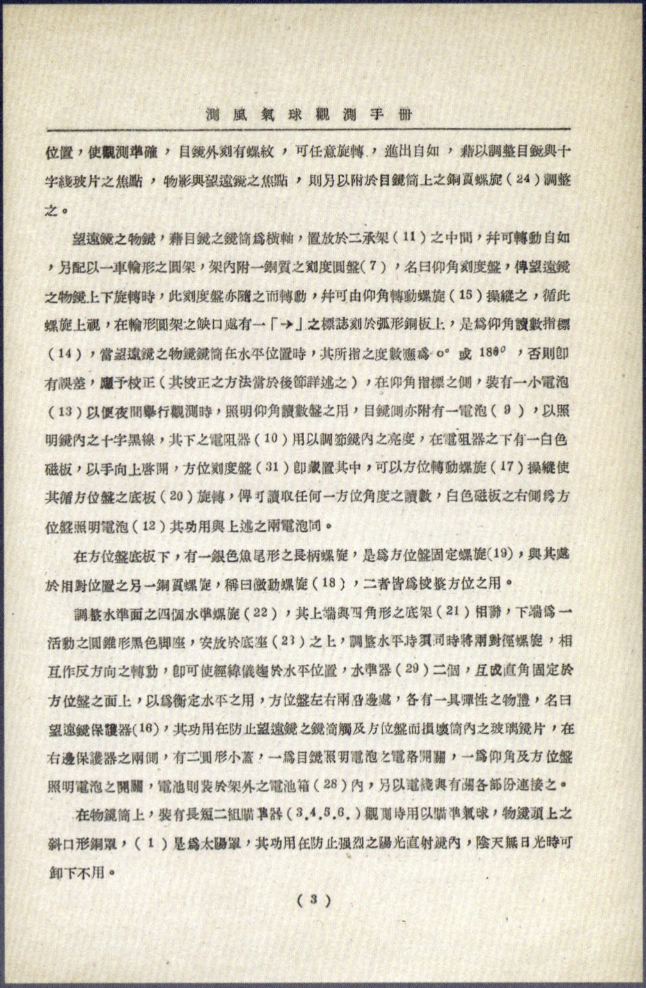

測風氣球觀測手册

位置，使觀測準確，目鏡外刻有螺紋，可任意旋轉，進出自如，藉以調整目鏡與十字綫玻片之焦點，物影與望遠鏡之焦點，則另以附於目鏡筒上之銅質螺旋（24）調整之。

望遠鏡之物鏡，藉目鏡之鏡筒爲横軸，置放於二承架（11）之中間，并可轉動自如，另配以一車輪形之圓架，架內附一銅質之刻度圓盤（7），名曰仰角刻度盤，俾望遠鏡之物鏡上下旋轉時，此刻度盤亦隨之而轉動，并可由仰角轉動螺旋（15）操縱之，循此螺旋上視，在輪形圓架之缺口處有一「→」之標誌刻於弧形銅板上，是爲仰角讀數指標（14），當望遠鏡之物鏡鏡筒在水平位置時，其所指之度數應爲 0° 或 180°，否則即有誤差，應予校正（其校正之方法當於後節詳述之），在仰角指標之側，裝有一小電泡（13）以便夜間舉行觀測時，照明仰角讀數盤之用，目鏡側亦附有一電泡（9），以照明鏡內之十字黑線，其下之電阻器（10）用以調節鏡內之亮度，在電阻器之下有一白色磁板，以手向上啓開，方位刻度盤（31）即藏置其中，可以方位轉動螺旋（17）操縱使其循方位盤之底板（20）旋轉，俾可讀取任何一方位角度之讀數，白色磁板之右側爲方位盤照明電泡（12）其功用與上述之兩電泡同。

在方位盤底板下，有一銀色魚尾形之長柄螺旋，是爲方位盤固定螺旋(19)，與其處於相對位置之另一銅質螺旋，稱曰微動螺旋（18），二者皆爲校整方位之用。

調整水準面之四個水準螺旋（22），其上端與四角形之底架（21）相聯，下端爲一活動之圓錐形黑色脚座，安放於底座（23）之上，調整水平時須同時將兩對徑螺旋，相互作反方向之轉動，即可使經緯儀趨於水平位置，水準器（29）二個，互成直角固定於方位盤之面上，以爲衡定水平之用，方位盤左右兩沿邊處，各有一具彈性之物體，名曰望遠鏡保護器(16)，其功用在防止望遠鏡之鏡筒觸及方位盤而損壞筒內之玻璃鏡片，在右邊保護器之兩側，有二圓形小蓋，一爲目鏡照明電泡之電路開關，一爲仰角及方位盤照明電泡之開關，電池則裝於架外之電池箱（28）內，另以電綫與有關各部份連接之。

在物鏡筒上，裝有長短二組瞄準器（3.4.5.6.）觀測時用以瞄準氣球，物鏡頭上之斜口形銅罩，（1）是爲太陽罩，其功用在防止强烈之陽光直射鏡內，陰天無日光時可卸下不用。

（3）

《测风气球观测手册》

1947 年出版

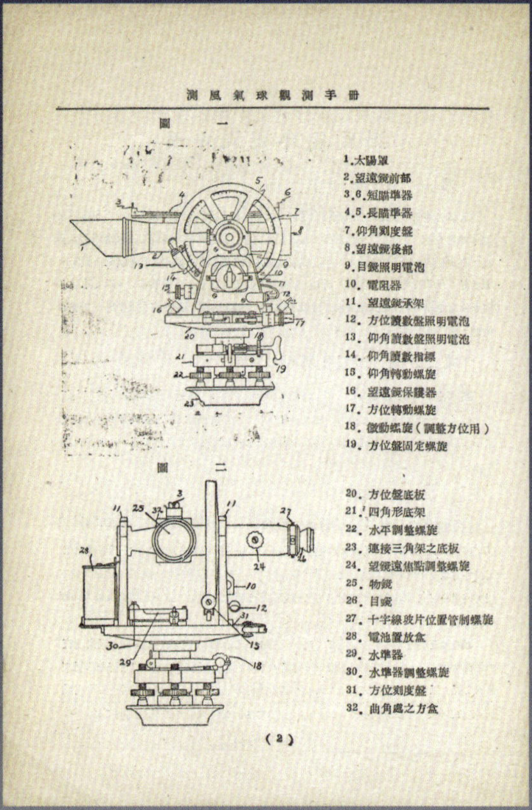

測風氣球觀測手册

圖一

1.太陽罩
2.望遠鏡前部
3.6.短瞄準器
4.5.長瞄準器
7.仰角刻度盤
8.望遠鏡後部
9.目鏡照明電泡
10.電阻器
11.望遠鏡承架
12.方位讀數盤照明電泡
13.仰角讀數盤照明電泡
14.仰角讀數指標
15.仰角轉動螺旋
16.望遠鏡保護器
17.方位轉動螺旋
18.微動螺旋（調整方位用）
19.方位盤固定螺旋

圖二

20.方位盤底板
21.四角形底架
22.水平調整螺旋
23.連接三角架之底板
24.望鏡遠焦點調整螺旋
25.物鏡
26.目鏡
27.十字線玻片位置管制螺旋
28.電池置放盒
29.水準器
30.水準器調整螺旋
31.方位刻度盤
32.曲角處之方盒

（2）

000296 中央氣象局技術指導叢書之六

測風氣球觀測手册

中央氣象局

中華民國三十六年十二月

154

中国珍贵气象档案（第一辑）

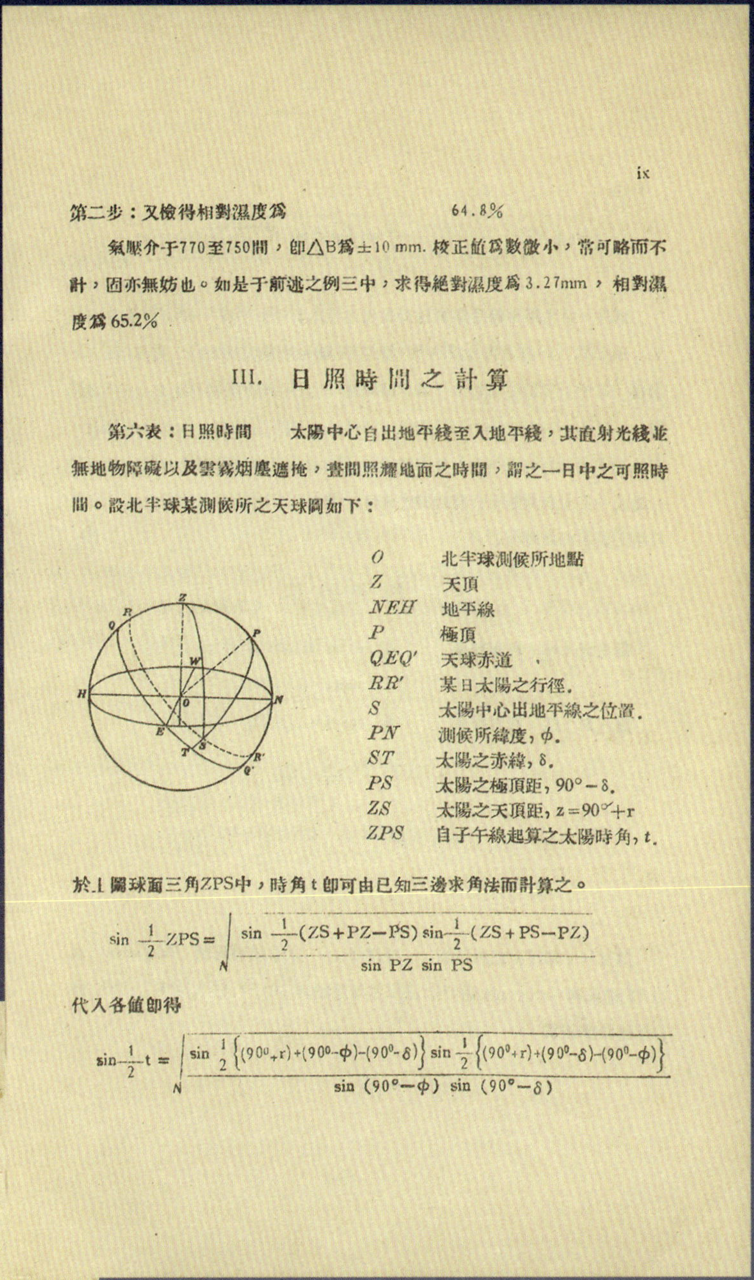

第二步：又檢得相對濕度爲　　64.8%

氣壓介于770至750間，卽△B爲±10 mm. 校正値爲數微小，常可略而不計，固亦無妨也。如是于前述之例三中，求得絕對濕度爲3.27mm，相對濕度爲65.2%

III. 日照時間之計算

第六表：日照時間　太陽中心自出地平綫至入地平綫，其直射光綫並無地物障礙以及雲霧烟塵遮掩，晝間照耀地面之時間，謂之一日中之可照時間。設北半球某測候所之天球圖如下：

O　北半球測候所地點
Z　天頂
NEH　地平線
P　極頂
QEQ'　天球赤道
RR'　某日太陽之行徑.
S　太陽中心出地平線之位置.
PN　測候所緯度，ϕ.
ST　太陽之赤緯，δ.
PS　太陽之極頂距，$90°-\delta$.
ZS　太陽之天頂距，$z=90°+r$
ZPS　自子午線起算之太陽時角，t.

於上圖球面三角ZPS中，時角t卽可由已知三邊求角法而計算之。

$$\sin\frac{1}{2}ZPS=\sqrt{\frac{\sin\frac{1}{2}(ZS+PZ-PS)\sin\frac{1}{2}(ZS+PS-PZ)}{\sin PZ\sin PS}}$$

代入各值卽得

$$\sin\frac{1}{2}t=\sqrt{\frac{\sin\frac{1}{2}\left\{(90°+r)+(90°-\phi)-(90°-\delta)\right\}\sin\frac{1}{2}\left\{(90°+r)+(90°-\delta)-(90°-\phi)\right\}}{\sin(90°-\phi)\sin(90°-\delta)}}$$

《气象常用表》
1950 年出版

《高空风观测简要》

1951 年出版

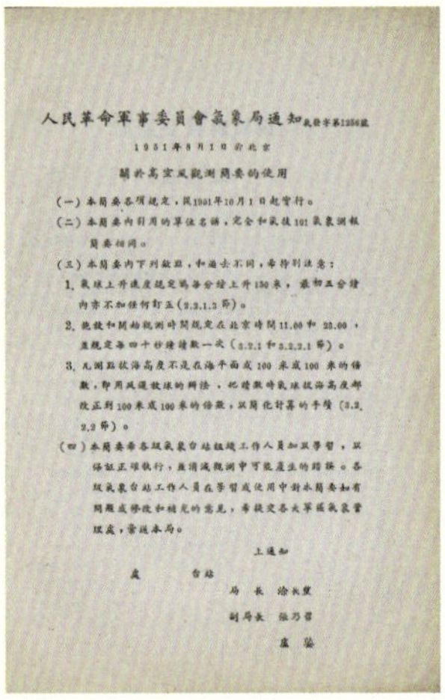

人民革命軍事委員會氣象局通知 氣發字第1256號

1951年8月1日於北京

關於高空風觀測簡要的使用

(一) 本簡要各項規定，從1951年10月1日起實行。

(二) 本簡要內引用的單位名稱，完全和氣技101氣象測報簡要相同。

(三) 本簡要內下列數點，和過去不同，希特別注意：

1. 氣球上升速度規定為每分鐘上升150米，最初三分鐘內亦不加任何訂正(3.2.1.3節)。

2. 施放和開始觀測時間規定在北京時間11.00和20.00，並規定每四十秒鐘讀數一次（3.2.1和3.2.2.1節）。

3. 凡測點拔海高度不是在海平面或100米或100米的倍數，即用風遷拔球的辦法，把讀數時氣球拔海高度都改正到100米或100米的倍數，以簡化計算的手續（3.2.2.2節）。

(四) 本簡要希各級氣象台站組織工作人員加强學習，以保証正確執行，並消滅觀測中可能產生的錯誤。各級氣象台站工作人員在學習或使用中對本簡要如有問題或修改和補充的意見，希提交各大軍區氣象管理處，彙送本局。

上通知

處　台站

局長 涂長望

副局長 張乃召

盧鋈

氣技801

高空風觀測簡要

氣象局技術指導書冊

第801號

中央人民政府人民革命軍事委員會 氣象局編印

·一九五一年八月·

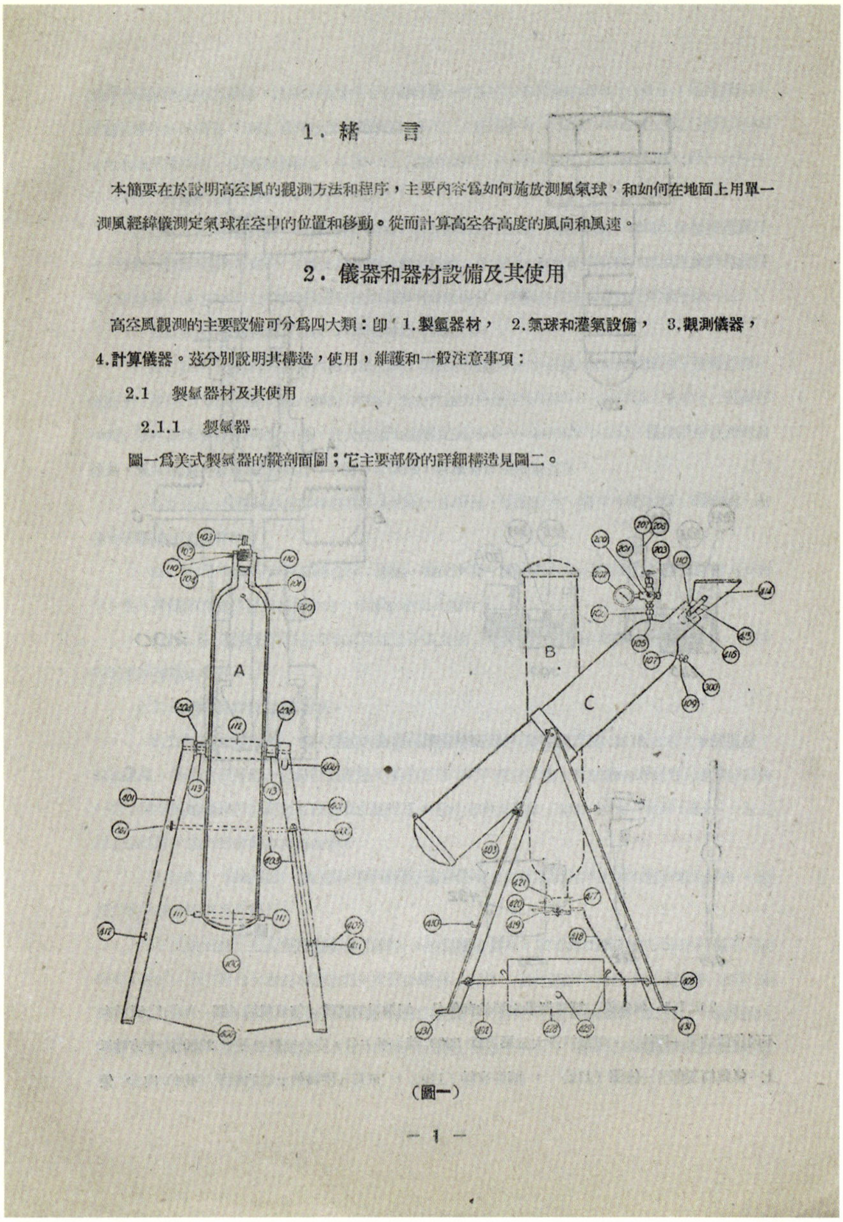

1. 緒　言

本簡要在於說明高空風的觀測方法和程序，主要內容爲如何施放測風氣球，和如何在地面上用單一測風經緯儀測定氣球在空中的位置和移動。從而計算高空各高度的風向和風速。

2. 儀器和器材設備及其使用

高空風觀測的主要設備可分爲四大類：即 1.製氫器材， 2.氣球和灌氣設備， 3.觀測儀器， 4.計算儀器。茲分別說明其構造，使用，維護和一般注意事項：

2.1　製氫器材及其使用

2.1.1　製氫器

圖一爲美式製氫器的縱剖面圖；它主要部份的詳細構造見圖二。

（圖一）

— 1 —

《气象观测暂行规范（地面部分）》
1954 年出版

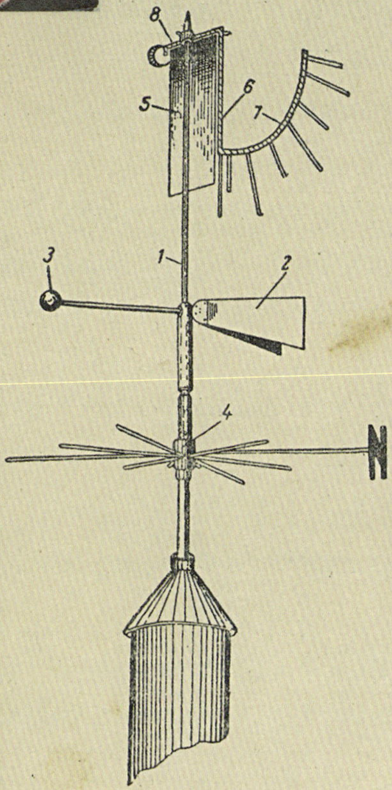

圖 8　維爾達風壓器圖

份(7)上裝有8個指針，板(5)可以繞水平軸(8)擺動。架與板固定於管上，與風向標的尾部同在一邊，並使垂直懸掛的板面垂直於風向標。由於架的弧形部份與風向標相平行，所以板的旋轉軸常與風向相垂直。當風作用於板上時，板就離開原來懸掛的位置而張開。風速愈大，板張開的傾斜角也愈大。板有輕型與重型兩種，其大小相同均爲長 300 毫米，寬 150 毫米，但重量不同，輕型板重200克，重型板重800克。

§92 **維爾達風壓器的安置**　風壓器應安置在柱子上，使風向標離開地面10—12米高，如附近有障礙物時，其安置高度至少須高出障礙物 6 米以上。常有大風的地方，除裝置帶有輕型板的風壓器外，還要在另一根同高的柱子上安置一個帶有重型板的第二個風壓器。

§93 **夜間風壓器的照明**　風壓器最好用電燈照明，電燈應安置在柱子的上端，比風壓器稍低一些，並要帶燈罩，使燈光向上投射在風壓器上。

如果台站上沒有電燈照明，則應在比風壓器略低的支柱上裝一滑車升上燈籠，而在燈籠的底下裝上小罩，使光線向上反射而不射到觀測員眼中。如用燈籠也有困難時，可用手電筒照明。

§94 儀器的檢查與校正　觀測員應當用正南北線檢查風壓器方向指桿的方向是否準確，每月至少一次。

檢查風壓器方向的工作，可以在任何時候任何天氣下進行。檢查者應當順着正南北線（通過安置風壓器木柱的正南北線）站好，再檢查與風壓器的垂直軸桿相連結的附有「北」字的指桿是否指向正北，如果方向相差超過5°，則必須校正。

校正工作要由兩個人來做，一個人登上柱子先擰鬆有符號「北」的指桿，把套筒放鬆，另一人站在下面指示上面的人轉動套筒，使指桿「北」與正南北線在同一方向，指向正北。校正完畢後重新擰緊。

后记

本书聚焦中国百年气象台站的人文与科技风采，以及重大气象历史事件，通过不同专题、不同视角，展示了我国气象历史的深厚底蕴。其宗旨在于弘扬和守护我国珍贵气象档案这份不可多得的历史遗产。本书收录的两百余件/组珍贵气象档案史料，皆选自中国气象局气象档案馆和部分省级气象档案馆的珍藏。后续，我们将围绕具体时期的档案内容和不同档案专题，开展更加深入的挖掘工作，充实“中国珍贵气象档案”系列图书。

经过多年努力，《中国珍贵气象档案（第一辑）》即将付梓。在编纂过程中，我们得到了中国气象局预报与网络司、上海市气象档案馆、福建省气象档案馆、北京市气象局气象档案馆、湖北省气象档案馆、辽宁省气象档案馆、云南省气象档案馆以及一得测候所（云南气象博物馆）的大力支持和鼎力相助。此外，我们还得到了众多同仁的密切配合与无私奉献。

在此，特别感谢上海市气象档案馆的吴永琪先生、福建省气象档案馆的郭庆燕女士、北京市气象局气象档案馆的胡天洁女士、云南省气象档案馆的蔡云女士、辽宁省气象档案馆的单薇薇女士、湖北省气象档案馆的院琨先生，为我们提供了珍贵的的档案与图片。正是有了这些单位和同仁的慷慨相助，才使得《中国珍贵气象档案（第一辑）》得以顺利编纂完成。

在此，我们向所有为本书编纂工作付出辛勤努力的单位和同仁表示最诚挚的感谢与敬意。愿“中国珍贵气象档案”系列图书能够成为传承气象文化、弘扬科学精神的重要载体，为我国的气象事业发展贡献绵薄之力。

图书在版编目（CIP）数据

中国珍贵气象档案. 第一辑 / 中国气象局气象档案馆编. -- 北京 : 气象出版社, 2024. 8. -- ISBN 978-7-5029-8276-8

Ⅰ. P468.2

中国国家版本馆 CIP 数据核字第 20246EY007 号

中国珍贵气象档案（第一辑）

Zhongguo Zhengui Qixiang Dang'an（Di-yi Ji）

中国气象局气象档案馆　编

出版发行：气象出版社

地　　址：北京市海淀区中关村南大街 46 号　　**邮政编码**：100081

电　　话：010-68407112（总编室）　010-68408042（发行部）

网　　址：http://www.qxcbs.com　　**E-mail**：qxcbs@cma.gov.cn

责任编辑：张盼娟　　**终　　审**：张　斌

责任校对：张硕杰　　**责任技编**：赵相宁

封面设计：楠竹文化

印　　刷：北京地大彩印有限公司

开　　本：889 mm × 1194 mm　1/16　　**印　　张**：10.5

字　　数：169 千字

版　　次：2024 年 8 月第 1 版　　**印　　次**：2024 年 8 月第 1 次印刷

定　　价：200.00 元
